实战从入门到精通（视频教学版）

Word Excel PowerPoint 2013 高效办公实战从入门到精通（视频教学版）

刘玉红　王攀登　编著

清华大学出版社

北京

内 容 提 要

本书以零基础讲解为宗旨，用实例引导读者深入学习，采取"Word 高效办公→ Excel 高效办公→PowerPoint 高效办公→行业应用案例→高手办公秘籍"的讲解模式，深入浅出地讲解 Office 办公操作及实战技能。

本书第 1 篇"Word 高效办公"主要讲解初级排版、图文混排、图表混排、高级排版等内容；第 2 篇"Excel 高效办公"主要讲解初级编辑、管理数据、公式与函数、巧用图表和制作日常消费计划表等内容；第 3 篇"PowerPoint 高效办公"主要讲解 PPT 基础，美化 PPT，PPT 的放映、安全与打包，制作店铺宣传演示文稿等内容；第 4 篇"行业应用案例"主要讲解 Word 2013 在高效办公中的应用、Excel 2013 在高效办公中的应用、PowerPoint 2013 在高效办公中的应用等内容；第 5 篇"高手办公秘籍"主要讲解 Word、Excel 和 PowerPoint 之间协作办公，现代网络高效办公应用等内容。

本书适合任何想学习 Office 2013 办公技能的人员，无论读者是否从事计算机相关行业，是否接触过 Office 2013，通过学习本书均可快速掌握 Office 2013 的操作方法和技巧。

图书在版编目(CIP)数据

Word Excel PowerPoint 2013 高效办公实战从入门到精通：视频教学版 / 刘玉红，王攀登编著 .—北京：清华大学出版社，2016

（实战从入门到精通：视频教学版）

ISBN 978-7-302-44343-8

Ⅰ . ① W… Ⅱ . ①刘… ②王… Ⅲ . ①办公自动化－应用软件 Ⅳ . ① TP317.1

中国版书图书馆CIP数据核字（2016）第166858号

责任编辑：张彦青
封面设计：张丽莎
责任校对：王　晖
责任印制：沈　露
出版发行：清华大学出版社
　　　　　网　　址：http://www.tup.com.cn，http://www.wqbook.com
　　　　　地　　址：北京清华大学学研大厦A座　　　　邮　　编：100084
　　　　　社 总 机：010-62770175　　　　　　　　　　邮　　购：010-62786544
　　　　　投稿与读者服务：010-62776969，c-service@tup.tsinghua.edu.cn
　　　　　质量反馈：010-62772015，zhiliang@tup.tsinghua.edu.cn
印 装 者：北京密云胶印厂
经　　销：全国新华书店
开　　本：190mm×260mm　　　　印　　张：28　　　　字　　数：583千字
　　　　　（附光盘1张）
版　　次：2016年9月第1版　　　　印　　次：2016年9月第1次印刷
印　　数：1～3000
定　　价：59.00元

产品编号：069571-01

前　言
PREFACE

　　"实战从入门到精通（视频教学版）"系列图书是专门为职场办公初学者量身定制的一套学习用书，整套书涵盖办公、网页设计等方面，具有以下特点。

前沿科技

　　无论是 Office 办公，还是 Dreamweaver CC、Photoshop CC，我们都精选较为前沿或者用户群最大的领域推进，帮助大家认识和了解最新动态。

权威的作者团队

　　组织国家重点实验室和资深应用专家联手编写该套图书，融合丰富的教学经验与优秀的管理理念。

学习型案例设计

　　以技术的实际应用过程为主线，全程采用图解和同步多媒体结合的教学方式，生动、直观、全面地剖析使用过程中的各种应用技能，降低难度，提升学习效率。

〰️ 为什么要写这样一本书

　　Office 在办公领域中有非常普遍的应用，正确熟练地操作 Office 已成为信息时代对每个人的要求。为满足广大读者的学习需要，我们针对不同学习对象的接受能力，总结了多位 Office 高手、实战型办公讲师的实战经验，精心编写了本书。主要目的是提高办公效率，让读者不再加班，轻松完成任务。

〰️ 通过本书能精通哪些办公技能

◇ 精通 Word 2013 办公文档的应用技能。

◇ 精通 Excel 2013 电子表格的应用技能。

◇ 精通 PowerPoint 2013 演示文稿的应用技能。

◇ 精通 Word 2013 在高效办公中的应用技能。

◇ 精通 Excel 2013 在高效办公中的应用技能。

◇ 精通 PowerPoint 2013 在高效办公中的应用技能。

◇ 精通 Office 2013 组件之间协作办公的应用技能。

◇ 精通现代网络高效办公的应用技能。

本书特色

▶ 零基础、入门级的讲解

无论读者是否从事计算机相关行业，是否接触过 Office，都能从本书中找到最佳起点。

▶ 超多实用、专业的范例和项目

本书在编排上紧密结合深入学习 Office 办公技术的先后过程，从 Office 软件的基本操作开始，带领读者逐步深入地学习 Office 的各种应用技巧，侧重实战技能，使用简单易懂的实际案例进行分析和操作指导，让读者读起来简明轻松，操作起来有章可循。

▶ 职业范例为主，一步一图，图文并茂

本书在讲解过程中，每一个技能点均配有与此行业紧密结合的行业案例辅助讲解，每一步操作均配有与此对应的操作截图，使知识易懂更易学。读者在学习过程中能直观、清晰地看到每一步的操作过程和效果，更利于加深理解和快速掌握。

▶ 随时检测自己的学习成果

每章开头均提供"学习目标"板块，以指导读者重点学习及学后检查。

多章最后的"课后练习疑难解答"板块均根据本章内容精选而成，读者可以随时检测自己的学习成果和实战能力，做到融会贯通。

▶ 细致入微、贴心提示

本书在讲解的过程中，还设置了"注意""提示"等小栏目，使读者在学习过程中更清楚地了解相关操作、理解相关概念，并轻松掌握各种操作技巧。

▶ 专业创作团队和技术支持

读者在学习过程中遇到任何问题，可加智慧学习乐园QQ群（群号：221376441）进行提问，随时有资深实战型讲师在旁指点，精选难点、重点在腾讯课堂直播讲授。

超值光盘

▶ 全程同步教学录像

涵盖本书所有知识点，详细讲解每个实例及项目的过程及技术关键点，使读者比看书更轻松地掌握书中所有 Office 2013 的相关技能，扩展的讲解部分使读者能得到比书中更多的收获。

▶ 超多容量王牌资源大放送

赠送大量王牌资源，包括本书实例完整素材和结果文件、教学幻灯片、本书精品教学视频、600 套涵盖各个办公领域的实用模板、Office 2013 快捷键速查手册、Office 2013 常见问题解

答 400 例、Excel 公式与函数速查手册、常用的办公辅助软件使用技巧、办公好助手——英语课堂、做个办公室的文字达人、打印机／扫描仪等常用办公设备使用与维护、快速掌握必需的办公礼仪等内容。

读者对象

▶ 没有任何 Office 2013 办公基础的初学者。

▶ 有一定的 Office 2013 办公基础，想实现 Office 2013 高效办公的人员。

▶ 大专院校及培训学校的老师和学生。

创作团队

本书由刘玉红主编，参加编写的人员还有刘玉萍、周佳、付红、李园、王攀登、郭广新、侯永岗、蒲娟、刘海松、孙若淞、王月娇、包慧利、陈伟光、胡同夫、梁云梁和周浩浩。

在编写过程中，我们竭尽所能地将最好的讲解呈现给读者，但也难免有疏漏和不妥之处，敬请不吝指正。若您在学习中遇到困难、疑问，或有何建议，可写信至邮箱：357975357@qq.com。

编　者

目　录

第1篇　Word高效办公

第1章　初级排版：制作商品报价表

第2章　图文混排：制作广告宣传海报

第3章　图表混排：制作员工招聘流程

第4章　高级排版：制作项目方案书

第2篇　Excel高效办公

第5章　初级编辑：制作材料采购清单

第6章 管理数据：制作公司日常费用表

第7章 公式与函数：制作学生成绩统计表

第8章 巧用图表：制作产品销量统计表

第9章 综合实例：制作日常消费计划表

第3篇 PowerPoint高效办公

第10章 PPT基础：制作产品调查报告

第11章 美化PPT：制作企业宣传PPT

第12章　PPT的放映、安全与打包

第13章　综合实例：制作店铺宣传演示文稿

第4篇　行业应用案例

第14章　Word 2013在高效办公中的应用

第15章　Excel 2013在高效办公中的应用

第16章　PowerPoint 2013在高效办公中的应用

第5篇　高手办公秘籍

第17章　Word、Excel和PowerPoint之间协作办公

第18章　现代网络高效办公应用

第 **1** 篇
Word 高效办公

电脑办公是玩目前最常用的办公方式，使用电脑可以轻松步入无纸化办公时代，节约能源，提高效率。本篇学习 Word 2013 的相关知识。

第 **1** 章

初级排版：制作商品报价表

● **本章导读：**

　　Word 2013 是 Microsoft 公司推出的最新版本的 Word 文字处理软件，它直观的图标按钮设计让用户能够方便地进行文字、图形图像和数据的处理。本章就通过制作商品报价表来具体了解并掌握 Word 2013 的表格制作及编辑功能。

● **学习目标：**

◎ 设计商品报价表表格
◎ 编辑和调整商品报价表
◎ 对表格进行修饰
◎ 表格排版处理
◎ 保存文档与文档安全控制

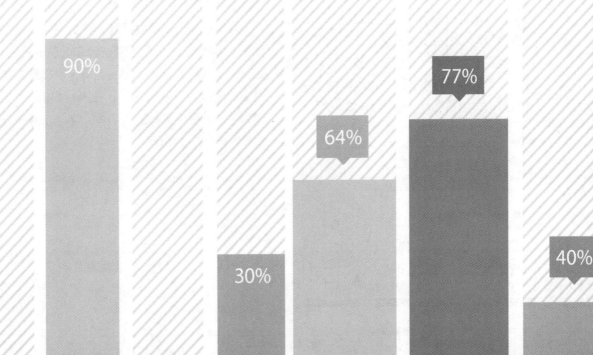

1.1 设计商品报价表表格

制作商品报价表不能一蹴而就，需要一步一步地实现，首先第一步就是设计商品报价表的表格。

1.1.1 使用结构计算法创建表格

在 Word 中，创建表格的方法有很多种，这里介绍的是最为常见的结构计算法。运用结构计算法创建表格需要从以下几个方面入手。

 明确管理目标

创建表格之前，用户应该对自己创建的表格有一个明确的目标，只有这样，才能快速准确地创建需要的表格。针对商品报价表表格来说，在创建之前，用户应该了解要创建的商品报价表中所含商品的名称、尺寸、类型、价格、质地、性能等信息，做到胸有成竹。

 确定表格结构

通常情况下，表格可分为标题区、表头区和正文区 3 部分。针对此种情况，用户需要根据实际情况来确定自己表格的结构，可以把"商品报价表"作为表格的标题部分，把"名称""尺寸""类型""价格"等信息作为表格的表头部分，还可以将单位名称作为表格的落款区，当然也可以不要落款区，如图 1-1 所示。

 确定表格的行数和列数

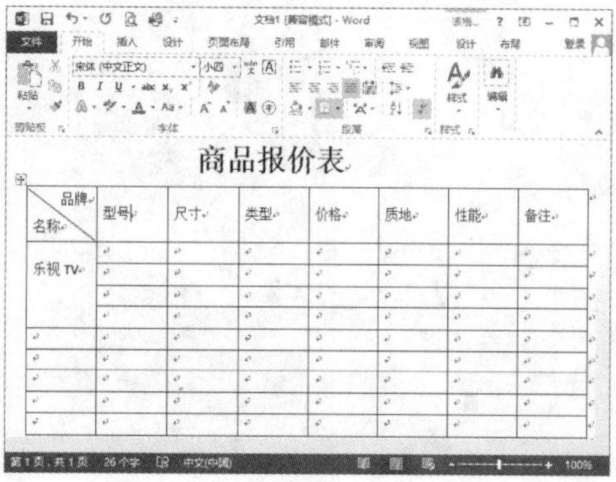

确定了表格结构之后，还需要根据表格的结构及内容，确定表格的行数和列数。对于列数，一般根据表格结构确定；对于行数，要根据表格具体内容多少确定。当然，为了使用方便，还可以先预估一个行数，在使用过程中，如果不够，可以通过插入行的方法继续插入。

> **注意** 在确定表格的行数时，应将表头行计算在内。

 创建商品报价表

众所周知，表格根据其内容的不同其格式也在发生着变化，但是不管是什么性质的表格，都有一个共同的特点，那就是每个表格都需要相应的标题。一般情况下，在 Word 中输入标题名称，然后设置标题的字体、字号、对齐方式等，如图 1-2 所示。

图 1-1　创建表格结构

图 1-2　输入并设置表格的标题

表格标题设置完毕后，下面开始根据需要创建相应的表格，具体的操作步骤如下：

步骤 1 切换到【插入】选项卡，在【表格】选项组中单击【表格】按钮，弹出【表格】下拉菜单，如图1-3所示。

步骤 2 选择【插入表格】命令，打开【插入表格】对话框，在【列数】和【行数】文本框中输入要创建的表格的列数和行数，并根据实际情况选中相应的单选按钮和复选框，如图1-4所示。

图1-3 【表格】下拉菜单

图1-4 【插入表格】对话框

【插入表格】对话框中主要参数的含义如下。

☆ 选中【固定列宽】单选按钮，创建的表格的列宽以"厘米"为单位。

☆ 选中【根据内容调整表格】单选按钮，创建的表格将根据内容量来调整列宽。

☆ 选中【根据窗口调整表格】单选按钮，创建的表格的列宽以百分比为单位。

☆ 选中【为新表格记忆此尺寸】复选框，则以后可使用上次设置的行列数来创建表格。

步骤 3 单击【确定】按钮，即可完成表格的创建，该表格的行数与列数分别为10和8，如图1-5所示。

图1-5 创建的文档表格

1.1.2 快速创建表格

除使用结构计算法创建表格外，还可以使用快速创建表格的方法创建表格，其方法很简单，具体的操作步骤如下。

步骤 1 将光标定位到要插入表格的位置，然后切换到【插入】选项卡，在【表格】选项组中单击【表格】按钮，弹出下拉菜单。

步骤 2 下拉菜单中列出了一个10列8行的列表，将光标移动到列表中并移动鼠标，选定所需要的行与列（选定的行与列会变成黄色），如图1-6所示。

图 1-6　选择创建表格的行与列

步骤 3 单击，即可创建具有选定的行与列的表格，如图 1-7 所示。

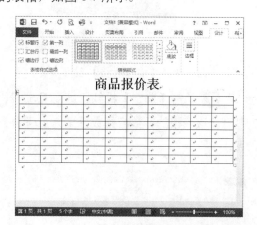

图 1-7　快速创建表格

1.1.3　使用手工绘图法创建表格

对于普通的表格，用户可以采取结构计算法或者是快速创建表格的方法实现，但是如果需要某些特殊的表格，就可以通过手工绘图法来创建，具体的操作步骤如下。

步骤 1 将光标定位到要插入表格的位置，然后切换到【插入】选项卡，在【表格】选项组中单击【表格】按钮，弹出下拉菜单，如图 1-8 所示。

步骤 2 从下拉菜单中选择【绘制表格】命令，此时光标呈 ✐ 形状，按住鼠标左键拖动绘

制表格的边框，虚线表示表格边框的大小，如图 1-9 所示。

图 1-8　单击【表格】按钮

图 1-9　绘制表格边框

步骤 3 释放鼠标左键，即可绘制好表格的边框线，如图 1-10 所示。

图 1-10　表格边框线

步骤 4 拖动鼠标左键用 ∥ 在表格的框线内绘制所需的横线、竖线、斜线等，如图1-11所示。

图 1-11　绘制完整的表格

步骤 5 绘制完毕后，再次单击【表格】下拉菜单中的【绘制表格】命令，或者双击，鼠标即恢复原状。

1.1.4　设置绘制表格

前面介绍的方法创建出来的表格都是系统默认的，用户如果对创建的表格边框粗细、边框颜色等不满意的话，可以利用如图1-12所示的【边框】选项组设置表格，具体的操作步骤如下。

图 1-12　【边框】选项组

步骤 1 选中绘制的表格，然后切换到【表格工具】下的【设计】选项卡，进入到【设计】界面。

步骤 2 在【边框】选项组中，单击【线型】下拉列表框右侧的下拉按钮，从弹出的如图1-13所示的下拉列表中选择所需的线型，然后进行绘制。

步骤 3 单击【粗细】下拉列表框右侧的下拉按钮，从弹出的如图1-14所示的下拉列表中选择所需的线型粗细。

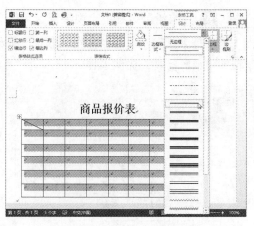

图 1-13　选择绘制表格线型

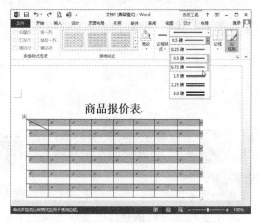

图 1-14　选择线型粗细

步骤 4 单击【绘制表格】按钮，此时光标呈 ∥ 形状，用 ∥ 在表格内绘制所需的各种线条，再次单击【绘制表格】按钮，鼠标即恢复原状，如图1-15所示。

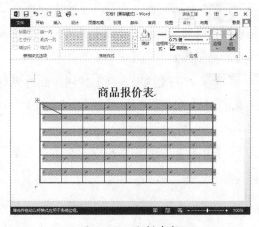

图 1-15　绘制表格

步骤 5 如果绘制过程中出现错误，可以单击【橡皮擦】按钮，此时光标呈 形状，拖动鼠标即可擦除线条，如图 1-16 所示。

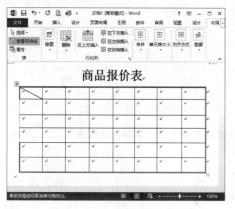

图 1-16　擦除线条

步骤 6 如果想改变 绘制的线条颜色，单击【笔颜色】右侧的下拉按钮，从弹出的如图 1-17 所示的下拉菜单中选择所需的颜色。

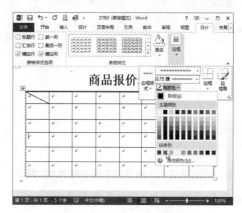

图 1-17　选择边框颜色

1.2　编辑和调整商品报价表

通常情况下，创建的表格的结构是单一的，如果要想更改表格结构，就需要对插入的表格进行编辑和调整，以满足使用的需要。

1.2.1　添加斜线表头

在表格的输入过程中，为了使用需要，用户要用斜线表头来分隔表头文本，具体的操作步骤如下。

步骤 1 打开创建的表格，并将光标定位于要绘制斜线表头的第一个单元格内，然后切换到【表格工具】下的【设计】选项卡。

步骤 2 单击【绘制表格】按钮，此时光标呈现 形状，用 在表格内绘制斜线，如图 1-18 所示。

步骤 3 根据需要输入相应的文本，至此，斜线表头即添加成功，如图 1-19 所示。

图 1-18　绘制斜线

图 1-19　输入表头文本内容

1.2.2 输入表格数据

在表格中输入文字，只需将光标定位到第 1 行第 2 个单元格内，直接输入相应文字，如图 1-20 所示。用户如果希望提高表格数据的输入效率，可以利用一些快捷键来完成其他表格内容的输入操作，如图 1-21 所示。

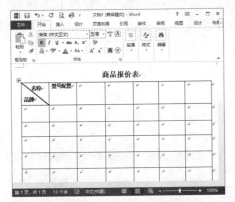

图 1-20　输入文字内容

图 1-21　完成所有文字输入

提示　常用的快捷键有：① Tab 键，按 Tab 键光标会向下一个单元格移动；② Shift+Tab 组合键，按 Shift+Tab 组合键光标会向前一个单元格移动；③方向键，按方向键光标会向上下左右移动。

1.2.3 选择表格

选择表格包括选择表格的行、表格的列、一个单元格和整个表格等几种情况，不同的情况下选择的方式也不尽相同。

如果要选择一行，则需要将光标移动到要选择行的最左侧，当光标变成 ⌐ 时单击即可选中光标右侧对应的一行，如图 1-22 所示。如果要选择一列，则需要将光标移动到表格列的上方，当光标变成 ↓ 时单击即可选中光标下方对应的一列，如图 1-23 所示。

图 1-22　选择一行

图 1-23　选择一列

如果要选择多个连续的行，则需要将光标移动到要选择的第一行的最左侧，当光标变成 ↗ 时按住鼠标左键向下或向上拖动即可选中光标经过的多个行，如图 1-24 所示。如果要选择多个连续的列，则需要将光标移动到表格列的上方，当光标变成 ↓ 时按住鼠标左键向左或向右拖动即可选中光标经过的多个列，如图 1-25 所示。

图 1-24　选择多个连续的行

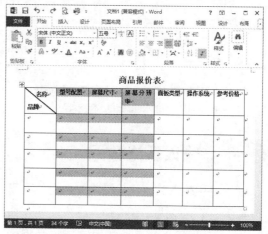

图 1-25　选择多个连续的列

如果要选择多个不连续的行，则需要将光标移动到要选择的第一行的最左侧，当光标变成 ↗ 时按住 Ctrl 键并单击多个行的左侧，即可选中单击过的多个不连续的行，如图 1-26 所示。如果要选择多个不连续的列，则需要将光标移动到表格列的上方，当光标变成 ↓ 时按住 Ctrl 键并单击多个列的上方，即可选中多个不连续的列，如图 1-27 所示。

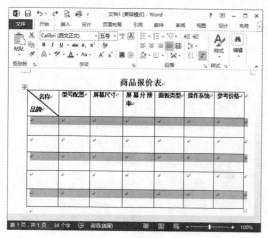

图 1-26　选择多个不连续的行

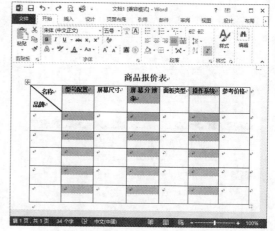

图 1-27　选择多个不连续的列

选择表格中的单元格与选择表格中的行和列是一样的，分 3 种情况进行选择。如果选择一个单元格，则需要将光标移动到单元格内的左边缘，当光标变成 ↗ 时单击即可选中该单元格，如图 1-28 所示。如果要选择多个连续的单元格，则单击某个单元格，然后按住鼠标左键并向上、下、左、右拖动，将选中相应方向上的单元格，如图 1-29 所示。

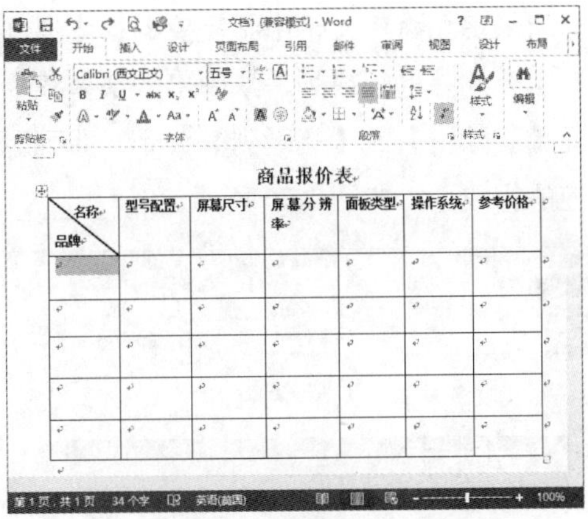

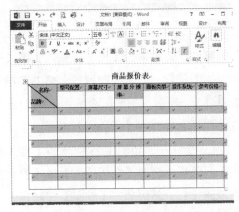

图 1-28　选择一个单元格

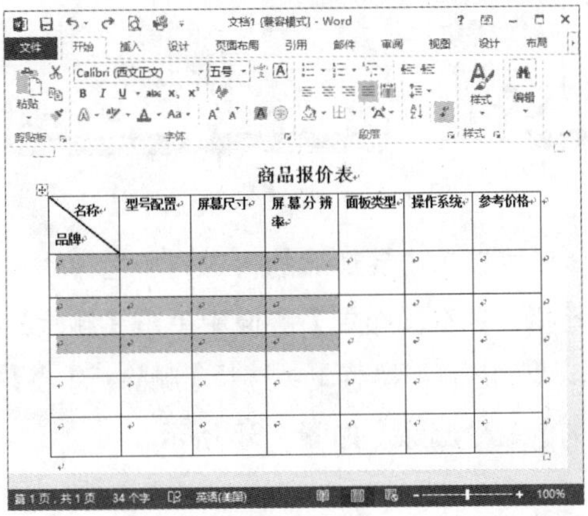

图 1-29　选择多个连续的单元格

如果要选择多个不连续的单元格，则需要将光标移动到表格中单元格内的左边缘，当光标变成↗时按住 Ctrl 键并单击，即可选中多个不连续的单元格，如图 1-30 所示。

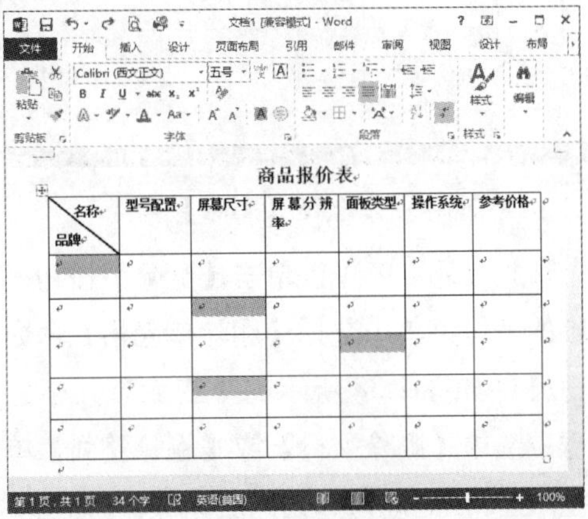

图 1-30　选择多个不连续的单元格

除此之外，用户还可以通过单击表格【布局】选项卡的【表】组中的【选择】按钮选择表格元素，不过此种选择的单元格是以当前光标所在单元格为依据，即选择以当前单元格为主的单元格、行和列或整个单元格。还可以将光标盘旋于表格范围内，当表格左上角出现 ⊞ 标记时单击，即可选中整个表格，如图 1-31 所示。

图 1-31　选择整个表格

1.2.4 插入与删除表格

表格的插入与删除操作包括在表格中插入与删除行和列、在表格中插入与删除单元格、在表格中插入与删除表格三种情况，下面分别对这三种情况进行详细的介绍。

1. 在表格中插入与删除行和列

在表格中插入行和列的方法有多种，可以单击表格中的某个单元格，然后切换到【布局】选项卡，进入到【布局】界面，在如图 1-32 所示的【行和列】选项组中单击【在上方插入】按钮或【在下方插入】按钮，即可在所选单元格的上方或下方插入一行，如图 1-33 所示。

图 1-32　【行和列】选项组

图 1-33　插入行

同样的，如果单击【在左侧插入】或【在右侧插入】按钮，即可在所选单元格的左侧或是右侧插入一列，如图 1-34 所示。同时还可以在【布局】界面的【行和列】选项组中单击按钮，在打开的如图 1-35 所示的【插入单元格】对话框中选中【整行插入】或【整列插入】单选按钮，然后单击【确定】按钮插入一行或是一列。

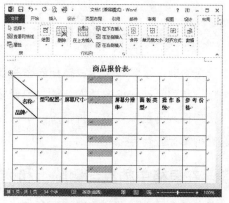

图 1-34　插入列

图 1-35　【插入单元格】对话框

如果要删除单元格中不需要的行或列，可以右击要删除的行或列，从弹出的快捷菜单中选择【删除行】或【删除列】命令，即可删除相应的行或列，如图 1-36 所示。

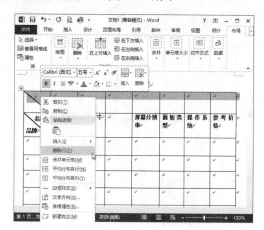

图 1-36　右键快捷菜单

还可以单击要删除的行或列所包含的一个单元格，并在【布局】界面中单击【删除】按钮，从弹出的下拉菜单中选择【删除行】或【删除列】命令删除，如图 1-37 所示。

图 1-37　选择【删除】命令

除此之外，还可以单击【删除】按钮，从弹出的下拉菜单中选择【删除单元格】命令，在打开的如图 1-38 所示的【删除单元格】对话框中选中【删除整行】或【删除整列】单选按钮，也可以完成行和列的删除操作，如图 1-39 所示。

图 1-38 【删除单元格】对话框

图 1-39 删除选中的列

2. 在表格中插入与删除单元格

插入与删除单元格的具体操作步骤如下。

步骤 1 选定表格中的单元格，然后切换到【布局】选项卡，在【行和列】选项组中单击按钮，打开【插入单元格】对话框，如图 1-40 所示。

图 1-40 【插入单元格】对话框

步骤 2 选中【活动单元格右移】单选按钮，然后单击【确定】按钮，即可在选定的单元格左侧插入新的单元格，如图 1-41 所示。

图 1-41 插入单元格

步骤 3 如果要删除多余的单元格，只需右击这个多余的单元格，从弹出的快捷菜单中选择【删除单元格】命令，打开【删除单元格】对话框，在其中选中【右侧单元格左移】单选按钮，如图 1-42 所示。

图 1-42 【删除单元格】对话框

步骤 4 单击【确定】按钮，即可删除该单元格，如图 1-43 所示。

图 1-43 删除多余的单元格

3. 在表格中插入与删除表格

在表格中插入与删除表格的具体操作步骤如下。

步骤 1 将光标定位于要插入表格的单元格中，然后切换到【插入】选项卡，在【表格】选项组中单击【表格】按钮，从弹出的下拉菜单中选择【插入表格】命令，即可打开【插入表格】对话框，如图 1-44 所示。

图 1-44 【插入表格】对话框

步骤 2 在【列数】和【行数】文本框中输入要创建的表格的列数和行数，并根据实际情况选中相应的单选按钮和复选框，单击【确定】按钮，即可完成表格在单元格中的插入操作，如图 1-45 所示。

图 1-45 插入表格

步骤 3 如果要删除插入的表格，只需选中此表格，然后右击，从弹出的如图 1-46 所示

的快捷菜单中选择【删除表格】命令，即可删除插入到单元格中的表格。

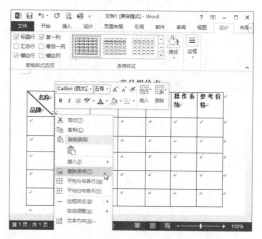

图 1-46 选择【删除表格】命令

> **提示** 除使用菜单命令删除表格外，用户还可以通过【布局】选项卡下的【行和列】选项组中的【删除】按钮来删除表格。单击【删除】按钮，在弹出的下拉菜单中选择【删除表格】命令即可，如图 1-47 所示。另外，最直接的删除表格的方法是选中表格后，按 Enter 键。

图 1-47 【删除】按钮下的菜单

1.2.5 合并与拆分单元格

运用表格可以实现多种功能效果，在编辑调整表格时，有时候还需要将几个单元格合并

成一个单元格，或是将一个单元格拆分成两个或两个以上的单元格，以满足使用的需要。

图 1-50 合并单元格

1. 合并单元格

合并单元格的具体操作步骤如下。

步骤 1 在表格中选中需要合并的单元格区域，如图 1-48 所示。

图 1-48 选中合并单元格区域

步骤 2 切换到【表格工具】下的【布局】选项卡，然后单击如图 1-49 所示的【合并】选项组中的【合并单元格】按钮。

图 1-49 【合并】选项组

步骤 3 此时即可实现单元格合并操作，如图 1-50 所示。

步骤 4 选定第二个需要合并的单元格区域，然后右击，从弹出的如图 1-51 所示的快捷菜单中选择【合并单元格】命令，可以将选定的第二个单元格区域合并成一个单元格。

图 1-51 选择【合并单元格】命令

2. 拆分单元格

能将单元格合并，自然就能将其拆分，其方法与合并相似，具体的操作步骤如下。

步骤 1 选中需要拆分的单元格，然后切换到【表格工具】下的【布局】选项卡，单击【合并】选项组中的【拆分单元格】按钮，即可打开【拆分单元格】对话框，如图 1-52 所示。

图 1-52 【拆分单元格】对话框

步骤 2 在【列数】和【行数】文本框中输入需要拆分的列数和行数，然后单击【确定】按钮，即可完成单元格的拆分操作，如图 1-53 所示。

图 1-53　拆分单元格

3. 拆分表格

一个文档中存在两个以及两个一样的表格很正常，如果要合并这些表格，只需要删除表格之间的换行符即可，如图 1-54 所示。

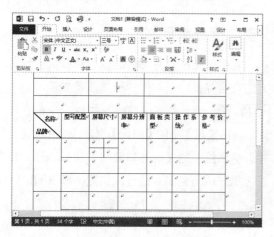

图 1-54　合并表格

如果希望将表格拆分成两个，则需要将光标定位到要作为拆分后第二个表格的第 1 行的任意一个单元格中，然后切换到【表格工具】下的【布局】选项卡，单击【合并】选项组中

的【拆分表格】按钮，即可将表格拆分成两个表格，如图 1-55 所示。

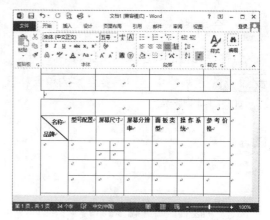

图 1-55　拆分表格

1.2.6　设置单元格对齐方式

在 Word 文档中设置文本的对齐方式，首先需要选中要设置的文本，然后在【开始】选项卡的【段落】选项组中单击相应的对齐按钮进行设置，而表格中的文本对齐方式则需要在【表格工具】下的【布局】选项卡中的【对齐方式】选项组中进行设置，具体的操作步骤如下。

步骤 1 根据实际情况输入"商品报价表"表格中的内容，如图 1-56 所示。

图 1-56　输入表格内容

步骤 2 选中要设置的表格文本，然后切换到【表格工具】下的【布局】选项卡，在【对齐方式】选项组中可以看到设置好的对齐方式按钮，如图1-57所示。

图1-57 【对齐方式】选项组

步骤 3 在【对齐方式】选项组中单击相应的对齐按钮，即可实现对齐方式的设置操作，如这里单击【水平居中】按钮，即可将表格中的文本水平居中显示，如图1-58所示。

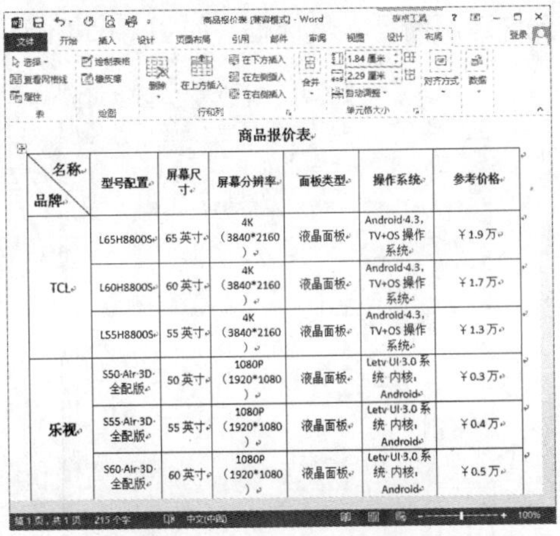

图1-58 设置对齐方式

> **提示** 从图1-57中可以看出表格中的文本对齐方式有9种，用户根据需要选择相应的按钮即可实现格式的设置操作。
> 如果设置一个单元格的对齐方式，则将光标定位于要设置对齐方式的单元格内，在单元格内右击，从弹出的快捷菜单中选择【表格属性】命令，打开【表格属性】对话框，切换到【单元格】选项卡，在其中设置单元格文字的对齐方式即可，如图1-59所示。如果要设置列或行的对齐方式，则选择列或行，然后进行设置。

图1-59 【表格属性】对话框

1.2.7 调整行高和列宽

表格创建完成后，表格的行高和列宽不是一成不变的，用户可以根据实际需要进行相应的调整。

1. 通过鼠标改变表格行高和列宽

运用鼠标改变表格行高和列宽的具体操作步骤如下。

步骤 1 将光标定位到要调整列宽表格的边框线上，此时光标指针变成如图1-60所示的形状，双击即可自动调整列宽。

图1-60 左右双箭头

步骤 2 将光标定位到要调整行高表格的边框线上，此时光标指针变成如图1-61所示的形状。

步骤 3 按住鼠标左键，此时出现一条与边框线重叠的虚线，如图1-62所示，拖动鼠标上下移动即可随意调整表格的行高。如果拖动的同时按住 Alt 键，垂直标尺会显示出改变后行高的精确数值。

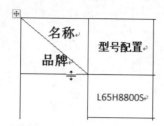

图 1-61　上下双箭头

图 1-62　调整表格的行高

通过对话框控制表格属性

前面介绍的调整行高和列宽的方法只是一个大概的调整，用户如果想进行精确的调整，就需要通过对话框控制表格属性的方法来实现，具体的操作步骤如下。

步骤 1 将光标定位到"商品报价表"中的 TCL 行，然后切换到【表格工具】下的【布局】选项卡，在其中可以看到【单元格大小】选项组，如图 1-63 所示。

图 1-63　【单元格大小】选项组

步骤 2 单击【单元格大小】选项组中右下角的 按钮，即可打开【表格属性】对话框，如图 1-64 所示。

图 1-64　【表格属性】对话框

步骤 3 切换到【行】选项卡，进入到【行】设置界面，选中【指定高度】复选框，并在后面的微调框中输入相应的数字，在【行高值是】下拉列表框中选择【最小值】选项，然后选中【允许跨页断行】复选框，如图 1-65 所示。

图 1-65　【行】选项卡

步骤 4 单击【确定】按钮，即可完成表格行高的调整操作，如图 1-66 所示。

步骤 5 将光标定位到"商品报价表"中的"参考价格"列，单击【单元格大小】选项组中右下角的 按钮，打开【表格属性】对话框，在【列】设置界面中选中【指定宽度】复选框，并在后面的微调框中输入相应的数值，在【度量单位】下拉列表框中选择【厘米】选项，如图 1-67 所示。

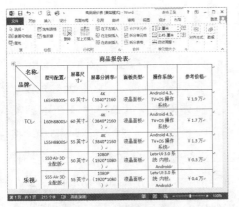

图 1-66 调整行高

图 1-67 【列】设置界面

步骤 6 单击【确定】按钮，即可完成表格列宽的调整操作，如图 1-68 所示。

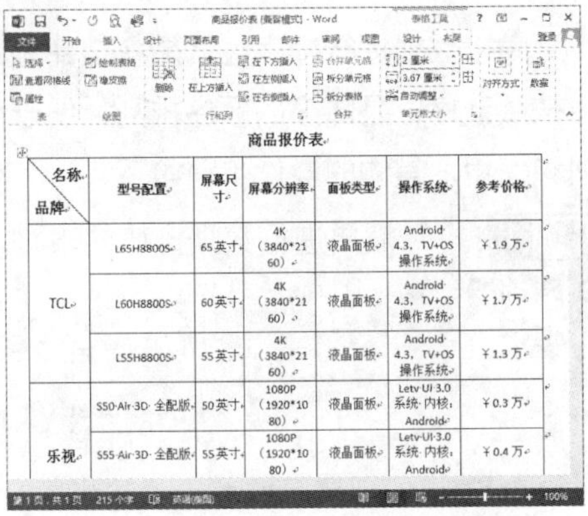

图 1-68 调整列宽

1.2.8 行、列的平均分布

如果需要平均分布各列，只要选中需要平

均分布的列，然后切换到【表格工具】下的【布局】选项卡，单击【单元格大小】选项组中的【分布列】按钮，即可将选定的列进行平均分布，如图 1-69 所示。

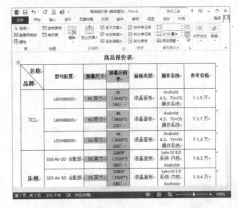

图 1-69 平均分布各列

如果要平均分布各行，则需要选中要平均分布的行，然后右击，从弹出的快捷菜单中选择【平均分布各行】命令，如图 1-70 所示，即可将选定的行进行平均分布。

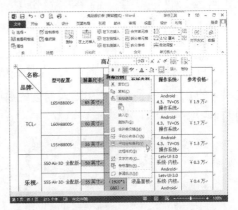

图 1-70 选择【平均分布各行】命令

1.2.9 调整表格大小

在制作商品报价表的过程中，还有可能需要调整表格的大小，此时只要将插入点定位于表格内，在表格的右下角会出现一个 □ 标记，这个标记称为句柄。将光标指向该句柄时，鼠标指针呈 形状，按住鼠标左键拖动，如图 1-71

19

所示，然后释放鼠标左键即可将表格设置为指定的大小。

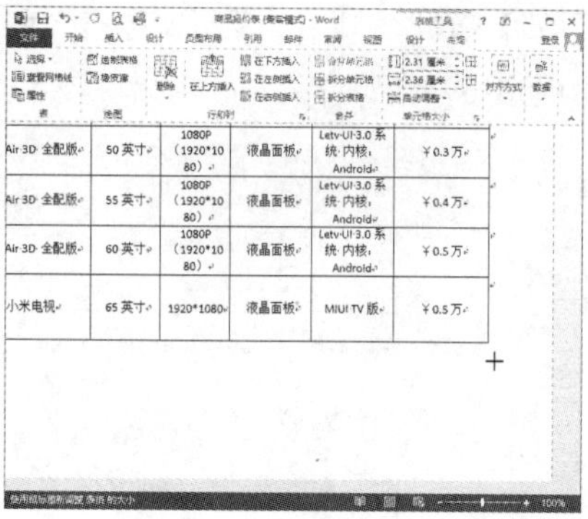

图 1-71　调整表格大小

1.2.10　调整表格的位置

用户不仅可以调整表格的大小，也可以调整表格的位置，以满足使用的需要，具体的操作步骤如下。

步骤 1 将光标定位于表格内的任意位置，并切换到【表格工具】下的【布局】选项卡，进入到【布局】界面。

步骤 2 单击【单元格大小】选项组中的 按钮，打开【表格属性】对话框，在【表格】选项卡的【左缩进】微调框中输入缩进的数值，如图 1-72 所示。

图 1-72　设置缩进数值

步骤 3 单击【确定】按钮，即可完成表格位置的调整操作。

除此之外，用户还可以通过移动鼠标的方式来调整表格的位置。只需将光标定位于表格中，此时表格的左上角出现一个 箭头，将光标指向此箭头，此时光标呈 形状，按住鼠标左键进行拖动，此时会出现一个虚线框，如图 1-73 所示，表明表格移动后的位置。释放鼠标左键，即可将表格移动到指定的位置。

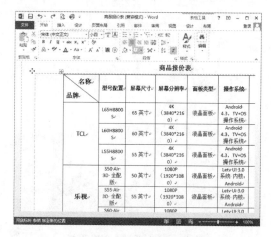

图 1-73　移动表格的位置

1.2.11　实现表格中数据的排序

对表格数据进行排序也就是将杂乱无章的数据按照升序或是降序的顺序排列，便于用户查阅和使用，具体的操作步骤如下。

步骤 1 打开需要进行数据排序的表格，如图 1-74 所示。

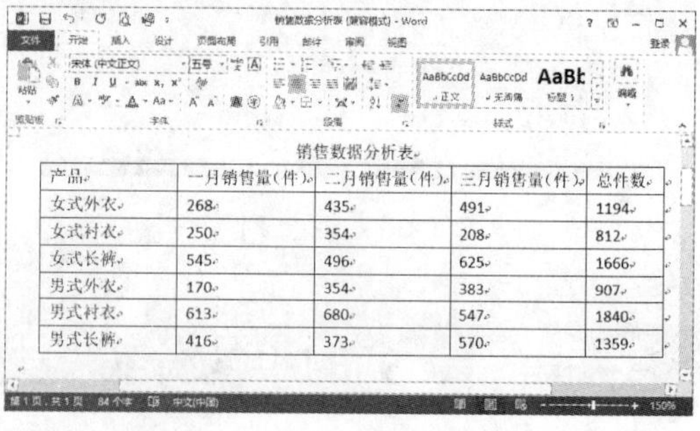

图 1-74　需要排序的表格

步骤 2 将光标定位到数据所在列的任意一个单元格中，然后切换到【布局】选项卡，在如图1-75所示的【数据】选项组中单击【排序】按钮。

图 1-75 【数据】选项组

步骤 3 打开【排序】对话框，在【主要关键字】下拉列表框中选择【总件数】选项，在【类型】下拉列表框中选择【数字】选项，然后选中【降序】单选按钮，如图1-76所示。

图 1-76 【排序】对话框

步骤 4 单击【确定】按钮，即可完成数据的排序操作，如图1-77所示。

图 1-77 排序后的表格

1.2.12 文本和表格的转换

在 Word 2013 中，表格和文本之间可以根

据使用需要进行相应的转换操作。

1. 将表格转换成文本

将表格转换成文本需要进行如下的操作步骤。

步骤 1 选定要转换成文本的表格，然后切换到【表格工具】下的【布局】选项卡，进入到【布局】界面。

步骤 2 单击【数据】选项组中的【转换为文本】按钮，即可打开【表格转换成文本】对话框，选中【制表符】单选按钮，如图1-78所示。

图 1-78 【表格转换成文本】对话框

步骤 3 单击【确定】按钮，即可实现文本和表格的转换操作，如图1-79所示。

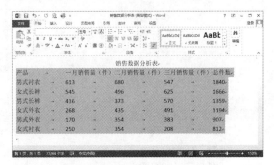

图 1-79 表格转换成文本

2. 将文本转换成表格

任意的表格都可以转换成文本，但是并不是所有的文本都能转换成表格，只有有规律的

文本才能实现表格的转换操作。所谓的有规律就是指在一个文本输入完毕后需要按 Tab 键才能输入下一个文本，标题输入完毕后按 Enter 键输入第二行；或者利用英文输入法状态下的逗号作为分隔符。将文本转换成表格具体的操作步骤如下。

步骤 1 打开需要将文本转换为表格的 Word 文档，在其中选择文本内容，如图 1-80 所示。

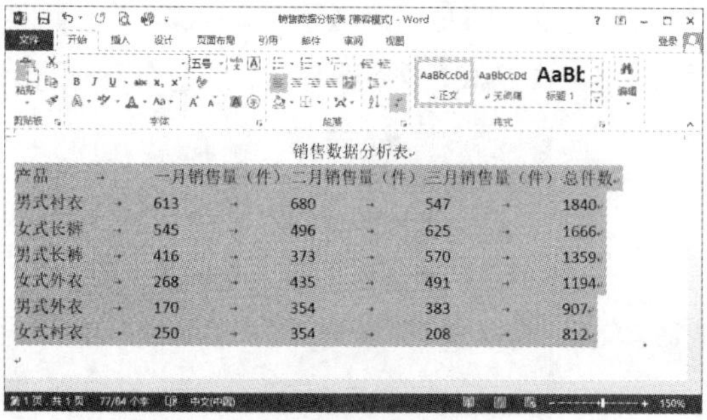

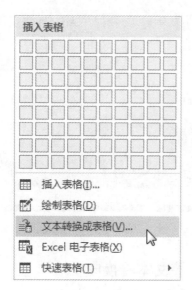

图 1-80 选择要转换为表格的文本

步骤 2 切换到【插入】选项卡，在【表格】选项组中单击【表格】按钮，从弹出的如图 1-81 所示的下拉菜单中选择【文本转换成表格】命令。

图 1-81 选择【文本转换成表格】命令

步骤 3 打开【将文字转换成表格】对话框，在【列数】微调框中输入列数，选中【固定列宽】和【制表符】两个单选按钮，如图 1-82 所示。

图 1-82 【将文字转换成表格】对话框

步骤 4 单击【确定】按钮，即可完成文本到表格的转换操作，如图 1-83 所示。

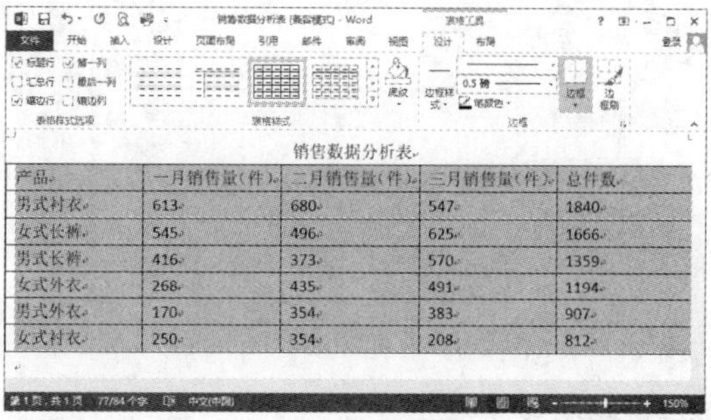

图 1-83 文本转换的表格

1.2.13 重复标题行

并不是所有的表格都只占一个页面，对于那些被排列在两个页面中的表格，第一个页面的表格中可以看见标题行（即表头），但是第二个页面的表格中就没有标题行，如图 1-84 所示，这样就不能清晰地表明单元格中的内容。这时就需要使用重复标题行。

方法很简单，只要将光标定位于标题行，然后切换到【表格工具】下的【布局】选项卡，单击【数据】选项组中的【重复标题行】按钮，即可实现标题行的重复操作，如图 1-85 所示。

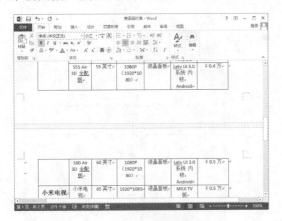

图 1-84 没有标题行的表格

图 1-85 设置重复标题行

1.3 对表格进行修饰

为了使创建的表格更实用更美观，还需要对创建的表格进行相应的修饰，从而美化创建的表格。

1.3.1 设置表格框线

修饰表格包括对表格框线的设置、单元格的设置以及整个表格的设置等，本节介绍的是对表格框线进行的设置，从而突出表格的结构，具体的操作步骤如下。

步骤 1 选定要修饰的整个表格，然后切换到【表格工具】下的【设计】选项卡，进入到【设计】界面，如图 1-86 所示。

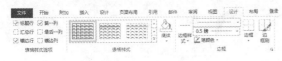

图 1-86 【设计】界面

步骤 2 单击【边框】选项组中的【边框】按钮，弹出如图 1-87 所示的下拉菜单，在其中选择【边框和底纹】命令。

图 1-87 选择【边框和底纹】命令

步骤 3 打开【边框和底纹】对话框，选择【虚框】选项，在【样式】列表框中选择相应的线型，在【宽度】下拉列表框中选择相应的宽度，如图 1-88 所示。

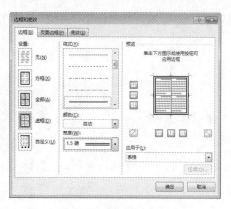

图 1-88　设置边框线

步骤 4 单击【确定】按钮，即可完成表格线型的设置操作，如图 1-89 所示。

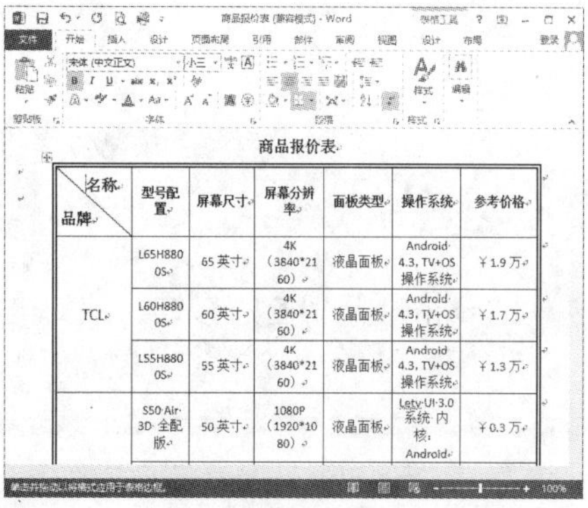

图 1-89　设置边框线后的表格

步骤 5 切换到【表格工具】下的【设计】选项卡，进入到【设计】界面，然后单击【边框】选项组中的【边框刷】按钮，此时光标呈 形状，按住鼠标左键拖动绘制下边框线，如图 1-90 所示。

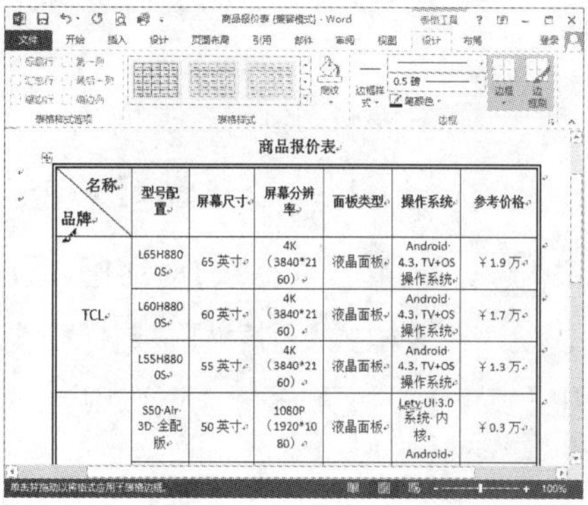

图 1-90　绘制下边框线

步骤 6 释放鼠标左键，即可得到如图 1-91 所示的表格。

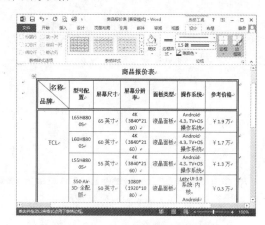

图 1-91　添加了内框线后的表格

1.3.2　设置单元格背景颜色

设置单元格背景颜色的方法很简单，只要选定要添加背景色的单元格，然后切换到【表格工具】下的【设计】选项卡，单击【表格样式】选项组中的【底纹】按钮，即可从弹出的下拉菜单中选择所需的颜色，当鼠标指向颜色时，选定的单元格即显示出填充后的效果，如图 1-92 所示。

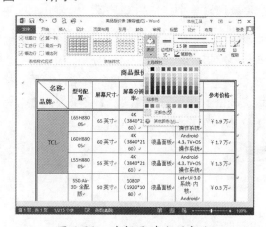

图 1-92　选择要填充的颜色

提示 单击选择所需的颜色，选定单元格则填充相应的颜色，然后再依次填充其他单元格中的底纹颜色。

1.3.3 设置表格背景颜色

能够设置单元格的背景颜色，自然也就能对整个表格设置相应的背景颜色。表格背景颜色的设置方法有以下两种。

1. 填充表格背景颜色

填充表格背景颜色的具体操作步骤如下。

步骤 1 选定整个表格，右击，从弹出的快捷菜单中选择【表格属性】命令，如图 1-93 所示。

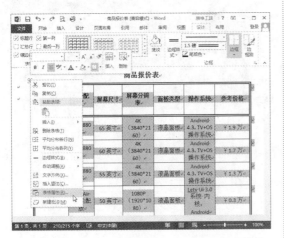

图 1-93 选择【表格属性】命令

步骤 2 打开【表格属性】对话框，如图 1-94 所示。

图 1-94 【表格属性】对话框

步骤 3 单击【边框和底纹】按钮，打开【边框和底纹】对话框，切换到【底纹】选项卡，进入到【底纹】设置界面。单击【填充】下拉按钮，从弹出的下拉列表中选择所需的颜色，单击【图案】选项组中的【样式】下拉按钮，从下拉列表中选择所需的图案，单击【颜色】下拉按钮，从弹出的下拉列表中选择所需的颜色，如图 1-95 所示。

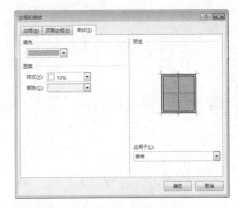

图 1-95 【底纹】设置界面

步骤 4 单击【确定】按钮，返回到【表格属性】对话框中，再单击【确定】按钮，即可得到填充图案后的表格，如图 1-96 所示。

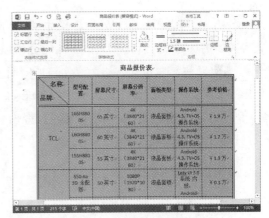
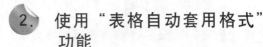

图 1-96 填充图案后的表格

2. 使用"表格自动套用格式"功能

在美化表格的过程中，可以自己设置需要

的表格，但与此同时，还可以运用 Word 提供的多种表格外观方案，从中选择一个方案来美化自己的表格，这种方法非常快捷方便，具体的操作步骤如下。

步骤 1 打开需要套用格式的文档，并将光标定位到表格内，然后切换到【设计】选项卡，在【表格样式】选项组中单击【其他】按钮，弹出下拉菜单。

步骤 2 将光标指向下拉菜单中的样式，编辑区表格则显示出相应的样式，如图 1-97 所示。

步骤 3 选择所需的样式并单击，即可为选定的表格套用此样式，如图 1-98 所示。

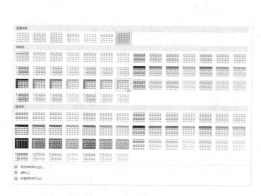

图 1-97 选择表样式

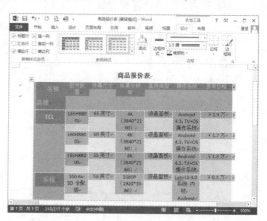

图 1-98 自动套用样式后的表格

1.4 表格排版处理

与 Word 2007 一样，Word 2013 也提供了文字环绕表格排版的功能，可以设置左对齐环绕、居中环绕和右对齐环绕 3 种形式，下面就以居中环绕为例进行介绍，具体的操作步骤如下。

步骤 1 将光标定位在表格中，然后切换到【表格工具】下的【布局】选项卡，单击如图 1-99 所示的【表】选项组中的【属性】按钮，打开【表格属性】对话框。

图 1-99 【表】选项组

图 1-100 【表格】选项卡

步骤 2 在【表格】选项卡中单击【对齐方式】选项组中的【居中】按钮，再单击【文字环绕】选项组中的【环绕】按钮，如图 1-100 所示。

步骤 3 单击【定位】按钮，打开【表格定位】对话框，在【水平】选项组的【位置】下拉列表框中选择【居中】选项，在【相对于】下拉列表框中选择【栏】选项；在【垂直】选项组的【位置】下拉列表框中输入需要的数值，在【相对于】下拉列表框中选择【段落】选项；在【距正文】选项组的【左】和【右】微调框中输入相应的数值，并选中【允许重叠】复选框，如图 1-101 所示。

步骤 4 连续两次单击【确定】按钮，即可使设置生效，如图 1-102 所示。

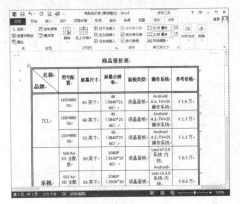

图 1-101　【表格定位】对话框　　　　　图 1-102　设置生效

1.5　保存文档与文档安全控制

由于商品报价表是创建在 Word 文档中的，所以保存商品报价表就是保存 Word 文档，并根据需要对这个文档进行加密，从而保护文件的安全性。

1.5.1　保存为加密文档

保存文档的方法很简单，但是如果要保存为加密文档，就需要进行如下的操作才能完成。

步骤 1 在 Word 文档中，切换到【文件】选项卡，进入到【文件】设置界面，选择【另存为】选项，如图 1-103 所示。

步骤 2 单击【浏览】按钮，打开【另存为】对话框，如图 1-104 所示。

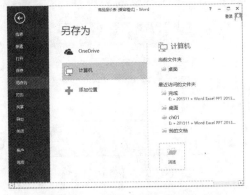

图 1-103　【文件】设置界面

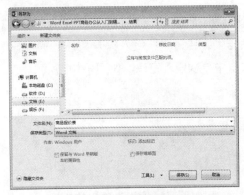

图 1-104　【另存为】对话框

步骤 3 单击【工具】按钮，即可弹出一个下拉菜单，从菜单中选择【常规选项】命令，如图 1-105 所示。

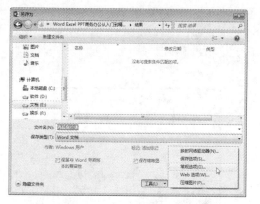

图 1-105　选择【常规选项】命令

步骤 4 打开【常规选项】对话框，并在【此文档的文件加密选项】选项组的【打开文件时的密码】文本框中输入要给文档加密的密码，如图 1-106 所示。

图 1-106　【常规选项】对话框

步骤 5 单击【确定】按钮，打开【确认密码】对话框，在【请再次键入打开文件时的密码】文本框中再次输入密码，如图 1-107 所示。

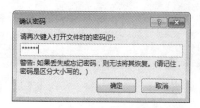

图 1-107　【确认密码】对话框

步骤 6 单击【确定】按钮，返回到【另存为】对话框，在【文件名】文本框中输入要保存文件的名称，选择相应的保存路径和保存类型，然后单击【保存】按钮，即可完成文档的保存操作。

> **提示** 如果想要在低版本的 Word 中打开使用 Word 2013 创建的文本，在保存文档时需要将保存类型设置为【Word 97-2003 文档】类型，如图 1-108 所示。

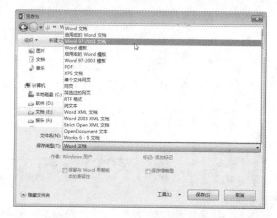

图 1-108　选择保存类型

1.5.2 打开加密文件

对于加密过的文件，不能直接打开，要想打开加密过的文件，需要双击要打开的文档，打开【密码】对话框，在文本框中输入相应的文档密码，如图 1-109 所示，然后单击【确定】按钮，才能打开该文档。

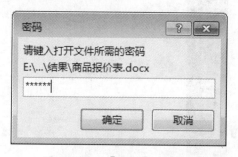

图 1-109　【密码】对话框

1.5.3　添加修改文件的密码

　　为了更加安全地保护文档，除了将其设置为加密文档之外，还需要添加修改文件的密码，具体的操作步骤如下。

步骤 1　打开需要添加修改密码的文件，然后切换到【文件】选项卡，进入到【文件】设置界面，选择【另存为】选项。

步骤 2　单击【浏览】按钮，打开【另存为】对话框，然后单击【工具】按钮，在弹出的下拉菜单中选择【常规选项】命令，打开【常规选项】对话框，并在【此文档的文件共享选项】选项组的【修改文件时的密码】文本框中输入加密的密码，如图 1-110 所示。

步骤 3　单击【确定】按钮，弹出【确认密码】对话框，再次输入修改文件的密码，然后单击【确定】按钮。返回到【另存为】对话框，单击【保存】按钮，即可实现修改文件密码的添加操作，如图 1-111 所示。

图 1-110　设置修改文件时的密码

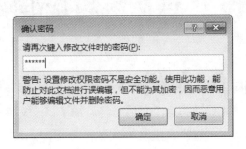

图 1-111　【确认密码】对话框

1.5.4　修改加密文档

　　用户如果要修改加密的文档，必须具有加密文档的密码才能实现，具体的操作步骤如下。

步骤 1　双击要打开的文档，弹出【密码】对话框，输入文档打开的密码，然后单击【确定】按钮，弹出修改文件的【密码】对话框，如图 1-112 所示。

图 1-112　【密码】对话框

步骤 2　在文本框中输入正确的密码，然后单击【确定】按钮，即可打开该文件并进行编辑或修改操作。

1.5.5　以只读方式打开文档

　　用户如果只是想查看文档而不对文档进行修改，则可以以只读方式打开文档。方法很简单，只需双击要打开的文档，弹出打开文件所需的【密码】对话框，然后输入正确的密码，并单击【确定】按钮，接着弹出修改文件所需的【密码】对话框，单击【只读】按钮即可打开文档，文档的标题后面会显示【只读】文字信息，如图 1-113 所示。

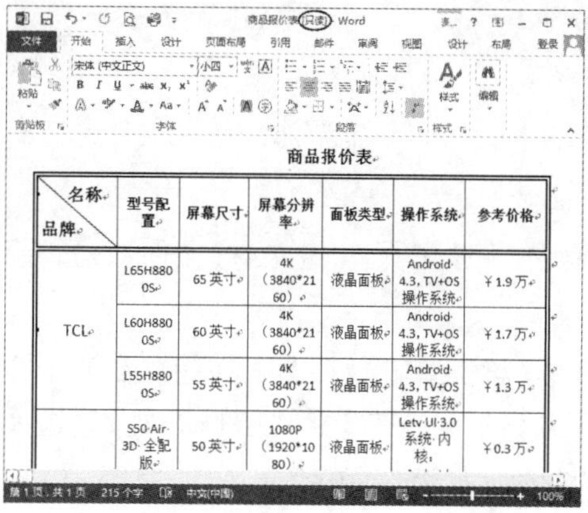

图 1-113　以只读方式打开文档

1.5.6　更改和删除密码

　　加密过的文档并不是一成不变的，用户可以根据需要对添加的文档进行更改和删除操作。如果要更改密码，只需在【常规选项】对话框的【打开文件时的密码】和【修改文件时的密码】两个文本框中重新输入相应的密码即可。如果要删除密码，也只需在【常规选项】对话框的【打开文件时的密码】和【修改文件时的密码】两个文本框中删除设置的密码即可。

1.6　课后练习疑难解答

　　疑问 1：用户在查看某个文档时，发现不能修改文档。

　　答：那是因为这个文档已经添加了修改文件的密码，用户需要输入这个修改文件的密码才能进行正常的编辑、修改文档操作。

　　疑问 2：用户希望在有重复标题行的表格中修改某些标题行的内容，该如何操作？

　　答：遇到此种情况，用户只要在第一页标题行中修改需要修改的内容即可，后面页中的标题会自动进行更改。

第2章

图文混排：制作广告宣传海报

● **本章导读：**

　　Word 2013 的文档内容是丰富多彩的，可以是文本，可以是表格，可以是图片，还可以是文本、表格、图片都有的文档，这种文档就是图文混排文档，本章就通过制作一个公司的招聘宣传广告海报来了解这种图文混排的文档形式。

● **学习目标：**

◎ 在广告宣传海报中插入图形
◎ 在广告宣传海报中插入图片
◎ 在广告宣传海报中插入艺术字
◎ 在广告宣传海报中插入文本框
◎ 在广告宣传海报中插入剪贴画

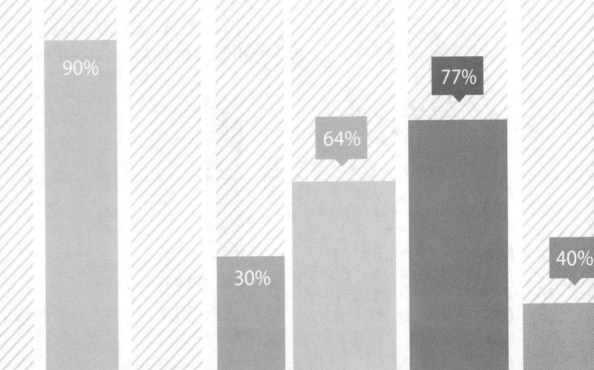

2.1 在广告宣传海报中插入图形

宣传海报自然离不开各式各样的图形用以点缀，而在 Word 2013 中，包含大量的图形，运用这些图形可以绘制出多种图像，从而突出海报的广告宣传效果。

2.1.1 绘制图形

在 Word 文档中，切换到【插入】选项卡，在如图 2-1 所示的【插图】选项组中有一个【形状】按钮，单击此按钮即可弹出如图 2-2 所示的【形状】下拉菜单，在该菜单中可以直接单击默认提供的基本图形，如线条、基本形状、箭头和流程图等。如果多个这样的基本图形组合在一起，就形成了复杂的图形。

图 2-1　【插图】选项组

图 2-2　【形状】下拉菜单

1. 绘制图形

绘制图形的具体操作步骤如下。

 1 打开 Word 文档，切换到【插入】选项卡，在【插图】选项组中单击【形状】按钮，从弹出的下拉菜单中选择【矩形】命令。

步骤 2 在文档中单击图形绘制的起始位置，然后拖动鼠标左键至终止位置，即可绘制所需的图形，如图 2-3 所示。

图 2-3　绘制图形

2. 添加绘图画布并绘制图形

绘制图形的过程中，如果有绘图画布的话，可以把绘制的图形规范在一个固定的区域，不过这个绘图画布的添加需要进行相应的设置才能实现。具体的操作步骤如下。

步骤 1 在 Word 文档中，切换到【文件】选项卡，进入到【文件】界面，如图 2-4 所示。

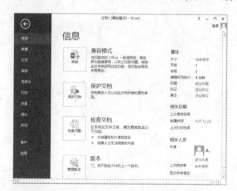

图 2-4　【文件】界面

步骤 2 选择【选项】选项，打开【Word 选项】对话框，如图 2-5 所示。

图 2-5　【Word 选项】对话框

步骤 3 切换到【高级】选项卡，进入到【高级】设置界面，并在【编辑选项】选项组中选中【插入自选图形时自动创建绘制画布】复选框，如图 2-6 所示。

图 2-6　【高级】设置界面

步骤 4 单击【确定】按钮，即可完成绘图画布的添加操作。再次插入自选图形时，都会自动创建一个绘图画布，如图 2-7 所示。

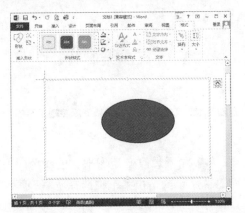

图 2-7　绘图画布

3. 绘制规则图形

在绘制直线、矩形和圆形等形状时，可以使用快捷键来绘制规则的图形。按 Shift 键绘制线条时，每移动一次鼠标时转动 15°；按 Shift 键绘制箭头时，每移动一次鼠标时转动 15°；按 Shift 键绘制矩形时，绘制出的图形为正方形；按 Shift 键绘制圆形时，绘制出的图形为正圆；按 Shift 键绘制三角形时，绘制出的图形为正三角形，如图 2-8 所示。

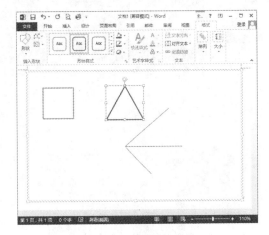

图 2-8　绘制规则图形

4. 绘制任意的多边形

绘制任意的多边形的具体操作步骤如下。

步骤 1 切换到【插入】选项卡，然后单击【插图】选项组中的【形状】按钮，弹出下拉菜单，从下拉菜单中选择【线条】组中的【任意多边形】选项。

步骤 2 单击鼠标左键绘制直线的起点，按住 Shift 键，再次在其他点单击，则两点之间用一条直线连接，再次单击连接其他点，直至绘制出满意的多边形，如图 2-9 所示。

步骤 3 绘制直线加曲线的任意多边形，如果绘制直线则在两点之间单击，绘制不规则曲线时，按住鼠标左键拖动即可，如图2-10所示。

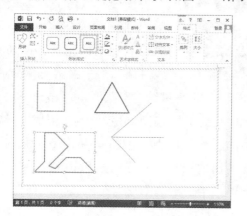

图 2-9　绘制任意多边形

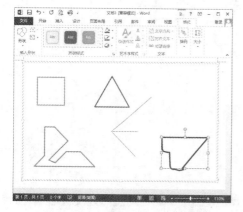

图 2-10　绘制直线加曲线图形

步骤 4　绘制曲线图形时，按住鼠标左键，拖动鼠标绘制随意不规则的曲线，如果绘制的曲线不闭合，双击鼠标左键即可绘制完毕。如图2-11所示就是绘制的任意多边形。

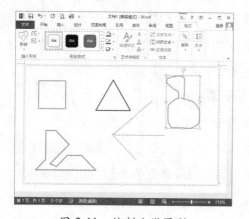

图 2-11　绘制曲线图形

2.1.2　设置图形轮廓

图形与图片的最大区别在于用户可以自行设置绘制图形的轮廓，具体的操作步骤如下。

步骤 1　绘制一个广告宣传海报所需的矩形框，然后切换到【绘图工具】下的【格式】选项卡，进入到【格式】界面。

步骤 2　单击【形状样式】选项组中的【形状轮廓】按钮，从弹出的如图2-12所示的菜单中选择【无轮廓】命令，取消矩形框的轮廓线，如图2-13所示。

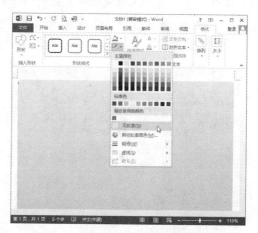

图 2-12　选择【无轮廓】命令

图 2-13　取消图形轮廓线

步骤 3　如果想改变矩形框线的颜色，只需在图2-14所示的下拉菜单中选择所需的颜色，即可填充到所选的线条中，如图2-15所示。

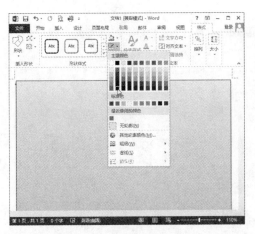

图 2-14　选择颜色色块

图 2-15　改变边框线颜色

步骤 4 如果想改变矩形框线的粗细，只需在图 2-16 所示的下拉菜单中选择【粗细】子菜单中的相应选项即可，如图 2-17 所示。

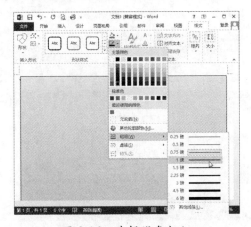

图 2-16　选择线条粗细

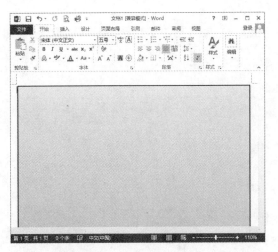

图 2-17　改变边框线粗细

提示 如果列表中没有所需的粗细列表，单击【粗细】子菜单中的【其他线条】命令，打开【设置形状格式】对话框，在【线型】选项卡中进行线型的设置即可。

步骤 5 如果想改变矩形框线的样式，只需在图 2-18 所示的下拉菜单中选择【虚线】子菜单中的线条样式即可，如图 2-19 所示。

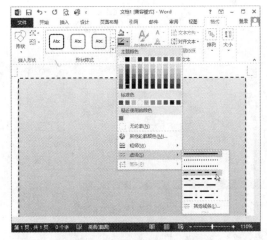

图 2-18　选择边框线样式

提示 如果【虚线】子菜单中没有所需的线条样式，可以选择【其他线条】命令，打开【设置形状格式】对话框，在【线型】选项卡中进行虚线的设置即可。

图 2-19 改变边框线样式

步骤 6 由于使用需要，有时候还需要对绘制的线条添加线条箭头，只需在图 2-20 所示的下拉菜单中选择【箭头】子菜单中的箭头样式即可，如图 2-21 所示。

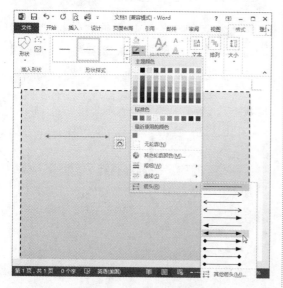

图 2-20 选择箭头样式

提示 如果【箭头】子菜单中没有所需的箭头样式，则需要选择【其他箭头】命令，在打开的【设置形状格式】对话框中设置相应的箭头选项，如图 2-22 所示。设置完毕后单击【关闭】按钮，即可看到设置后的箭头效果，如图 2-23 所示。

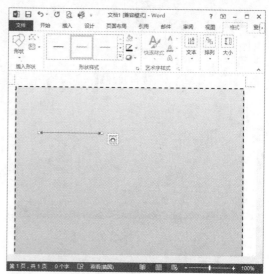

图 2-21 应用箭头样式

图 2-22 设置箭头选项

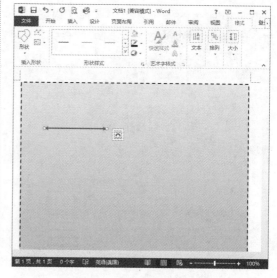

图 2-23 箭头设置结果显示

2.1.3　组合与拆分图形

当在文档中绘制多个图形后，用户可以对这些图形进行组合和拆分操作，组合与拆分图形的具体操作步骤如下。

步骤 1 选中需要组合的图形，切换到【格式】选项卡，在如图 2-24 所示的【排列】选项组中单击【组合】按钮，在弹出的菜单中选择【组合】命令，即可将所选择的图形组合在一起，如图 2-25 所示。

图 2-24　【排列】选项组　　　　　　　　　　图 2-25　组合图形

步骤 2 如果要拆分组合的图形，只需选中组合的图形，然后切换到【格式】选项卡，在【排列】选项组中单击【组合】按钮，在弹出的菜单中选择【取消组合】命令，即可将组合图形拆分成组合前的多个单体图形。

2.1.4　设置图形样式

在制作广告宣传海报时，为了突出海报中的某些内容，总是绘制一些比较醒目的图形样式，以满足使用的需要。具体的操作步骤如下。

步骤 1 将光标定位在广告宣传海报的矩形框中，然后切换到【插入】选项卡，在【插图】选项组中存在一个图按钮，单击此按钮即可弹出【形状】菜单。

步骤 2 从下拉菜单中选择要绘制的图形并单击，然后在矩形框中按住鼠标左键拖动绘制一个正圆形，如图 2-26 所示。

步骤 3 切换到【绘图工具】下的【格式】选项卡，然后单击【形状样式】选项组中的【其他】按钮，弹出【形状样式】下拉列表，如图 2-27 所示。

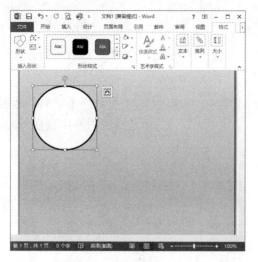

图 2-26　绘制图形

图 2-27　【形状样式】下拉列表

步骤 4 选择相应的样式并单击，即可实现图形样式的设置操作，如图 2-28 所示。

步骤 5 在【形状样式】选项组中单击【形状效果】按钮，在弹出的下拉列表中选择【阴影】效果，可以为图形添加相应的阴影效果，如图 2-29 所示。

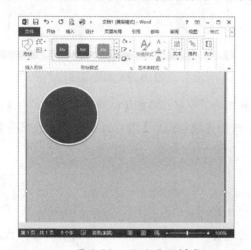

图 2-28　设置图形样式

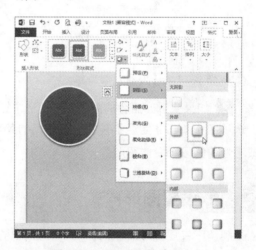

图 2-29　添加阴影效果

2.1.5　在图形中添加文本

在 Word 文档中，不仅可以绘制图形，还可以在绘制的图形中输入相应的文字，具体的操作步骤如下。

步骤 1 选中需要输入文字的图形并右击，从弹出的如图 2-30 所示的快捷菜单中选择【添加文字】命令，此时图形中出现输入文字的光标，如图 2-31 所示。

步骤 2 在光标闪烁处直接输入需要添加的文本，如图 2-32 所示。如果需要设置输入文字的颜色，只需选中输入的文字，根据实际需要设置相应的颜色即可，如图 2-33 所示。

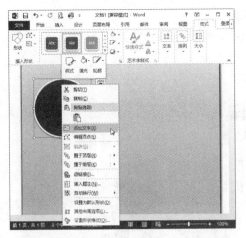

图 2-30 选择【添加文字】命令

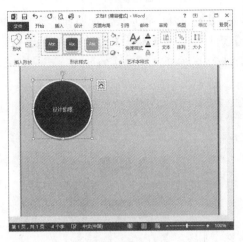

图 2-32 输入文本

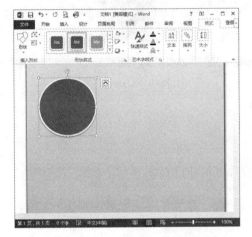

图 2-31 出现光标闪烁

图 2-33 设置文字颜色

2.2 在广告宣传海报中插入图片

广告宣传海报要的就是一种视觉享受，除了插入需要的图形之外，还需要插入相应的图片，从而达到广告宣传的目的。

2.2.1 插入图片

图片包括剪贴画和计算机中保存的图片两种形式，如果要在文档中插入图片，则需要进行如下操作。

步骤 1 打开广告宣传海报所在的文档，并将光标定位到需要插入图片的位置，然后切换到【插入】选项卡，在【插图】选项组中单击【图片】按钮，即可打开【插入图片】对话框，并选择需要插入的图片，如图 2-34 所示。

图 2-34　【插入图片】对话框

步骤 2 单击【插入】按钮，即可将所需的图片插入到文档中，如图 2-35 所示。

图 2-35　插入的图片

2.2.2　设置图片的环绕格式

在 Word 文档中，插入的图片只能在每行文字间移动，如果希望实现文字和图片之间的灵活混排，就需要设置图片的文字环绕效果。具体的操作步骤如下。

步骤 1 选中图片，然后切换到【图片工具】下的【格式】选项卡，进入到【格式】设置界面。

步骤 2 单击【排列】选项组中的【自动换行】按钮，即可弹出一个下拉菜单，图片的所有环绕格式都在此菜单中，如图 2-36 所示。

步骤 3 用户从中选择需要的环绕方式，即可完成图片环绕格式的设置操作，效果如图 2-37 所示。

图 2-36　环绕格式菜单

图 2-37　图片浮于文字上方的效果

> **提示**　当图片位于最下方时，无法用鼠标直接单击进行选择，可以先选中最上方的图片，然后按 Tab 键向下选择，直至选中所需的图片；如果在选择的过程中多按了一次 Tab 键，可以按 Shift+Tab 组合键向上选择。

2.2.3　设置图片的排列

在文档中插入多张图片后，有时大的图片会把小的图片覆盖，这就需要设置图片的排列顺序了，具体的操作步骤如下。

步骤 1　选中需要设置排列顺序的图片，然后切换到【图片工具】下的【格式】选项卡，进入到【格式】界面。

步骤 2　单击【排列】选项组中的【下移一层】按钮，从弹出的如图 2-38 所示的菜单中选择【下移一层】命令，即可将选中的图片向下移动一层，从而显示下面的图形，如图 2-39 所示。

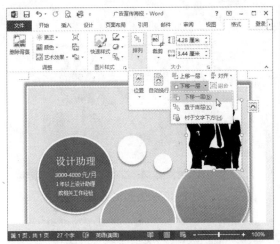

图 2-38　选择【下移一层】命令

图 2-39　显示下面的图形

2.2.4　修饰图片

插入的图片与图形一样，也需要根据实际情况对插入的图片进行相应的修饰操作，修饰图片的操作主要包括改变图片大小、设置图片的边框线、设置图片的亮度与对比度等。

1.　改变图片的大小及位置

改变图片大小的方法很多，可以利用选定图片后的句柄改变大小。就是选中图片，然后拖动图片上的句柄调整到合适的大小，如图 2-40 所示。然后利用上下左右方向键可以移动图片，移动的过程中可以按住 Ctrl 键进行微移，调整后的效果如图 2-41 所示。

图 2-40　改变图片的大小

图 2-41　调整后的图片效果

2. 设置图片的边框线

默认情况下，插入的图片是没有边框线的，但是为了美化插入的图片，用户可以设置图片的边框线，具体的操作步骤如下。

步骤 1 右击选中的图片，从弹出的快捷菜单中选择【设置图片格式】命令，打开【设置图片格式】对话框。切换到【线条颜色】选项卡，进入到【线条颜色】设置界面，选中【实线】单选按钮，然后单击【颜色】按钮，从弹出的下拉列表中选择所需的颜色，如图 2-42 所示。

步骤 2 单击【关闭】按钮，即可改变选中图片的边框线颜色，如图 2-43 所示。

图 2-42　【线条颜色】设置界面

图 2-43　设置图片边框线

3. 设置图片边框线的粗细

图片边框线颜色设置完毕后，如果想突出图片的边框线，可以更改图片边框线的粗细程度，具体的操作步骤如下。

步骤 1 选中图片，切换到【图片工具】下的【格式】选项卡，进入到【格式】界面。在其中可以看到【图片样式】选项组中的相关按钮，如图 2-44 所示。

图 2-44　【图片样式】选项组

步骤 2 单击【图片样式】选项组中的【图片边框】按钮，从弹出的下拉菜单中选择【粗细】子菜单中的【其他线条】命令，即可打开

【设置图片格式】对话框，选中【线条】界面中的【实线】单选按钮，然后在【宽度】微调框中输入具体的数值，如图2-45所示。

步骤 3 单击【关闭】按钮，即可得到如图2-46所示的效果。

图2-45 【线条】设置界面

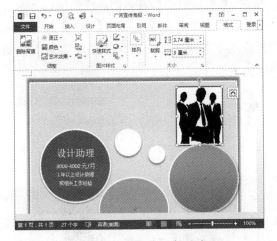

图2-46 设置图片边框线粗细

4. 设置图片边框线的线型

能够设置边框线的粗细，也能够设置图片边框线的线型，具体的操作步骤如下。

步骤 1 选中图片，切换到【图片工具】下

的【格式】选项卡，进入到【格式】界面。

步骤 2 单击【图片样式】选项组中的【图片边框】按钮，从弹出的下拉菜单中选择【虚线】子菜单中的【其他线条】命令，即可打开【设置图片格式】对话框。选中【线条】界面中的【实线】单选按钮，然后单击【短划线类型】右侧的按钮，在弹出的下拉列表中选择相应的线条类型，如图2-47所示。

图2-47 选择图片线型

步骤 3 单击【关闭】按钮，即可完成图片边框线线型的设置操作，如图2-48所示。

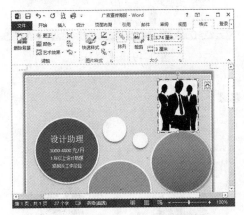

图2-48 设置图片边框线的线型效果

2.2.5 图片的其他修饰

对于插入的图片除了可以更改图片大小、位置等外，还可以对图片进行裁剪、调整亮度、调整对比度、重新着色、压缩和套用图片样式等修饰操作，本节将进行详细的介绍。

1. 裁剪图片

用户如果希望对插入的图片进行修整，就可以运用 Word 提供的裁剪图片的功能来实现。具体的操作步骤如下。

步骤 1 选择要裁剪的图片，然后切换到【图片工具】下的【格式】选项卡，进入到【格式】界面。

步骤 2 单击【大小】选项组中的【裁剪】按钮，此时光标变成 形状，将光标指向图片左上角，当光标变成如图2-49所示的形状时，按住鼠标左键进行拖动，此时出现一个矩形框，表示裁剪后图片的大小，如图2-50所示。

图 2-49　裁剪标志

图 2-50　裁剪图片

步骤 3 将出现的矩形框调整到需要裁剪的位置，然后释放鼠标左键，即可完成图片的裁剪操作，如图 2-51 所示。

图 2-51　裁剪后的图片效果

步骤 4 如果还想裁剪图片的高度，只需再次单击【大小】选项组中的【裁剪】按钮，将光标放于图片上方时光标将呈现如图 2-52 所示的状态。

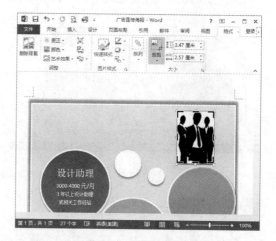

图 2-52　鼠标形状

步骤 5 按住鼠标左键向下进行拖动，此时出现一条横线，表示裁剪后图片的大小，如图 2-53 所示。

步骤 6 释放鼠标左键，即可得到需要的裁剪效果，如图 2-54 所示。

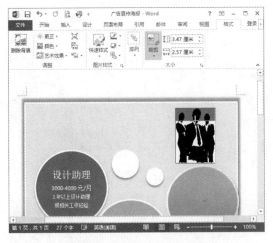

图 2-53 裁剪图片的高度

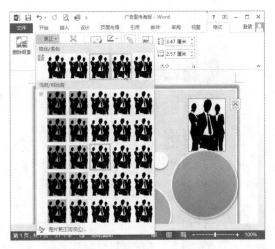

图 2-55 【亮度和对比度】列表

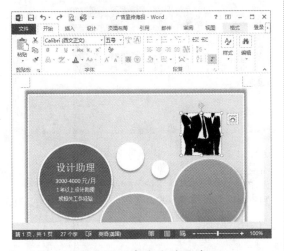

图 2-54 裁剪后的图片

图 2-56 调整图片亮度和对比度

2. 调整图片亮度和对比度

如果要调整图片的亮度和对比度，只需选中图片，切换到【图片工具】下的【格式】选项卡，然后单击【调整】选项组中的【更正】按钮，即可弹出【更正】下拉菜单，如图 2-55 所示。在【亮度和对比度】列表中选择相应的亮度和对比度即可完成图片的调整操作，如图 2-56 所示。

3. 重新着色图片

如果要给图片重新着色，只需选中图片，切换到【图片工具】下的【格式】选项卡，然后单击【调整】选项组中的【颜色】按钮，即可弹出【颜色】下拉菜单，如图 2-57 所示。在【重新着色】列表中选择相应的选项即可实现图片的重新着色操作，如图 2-58 所示。

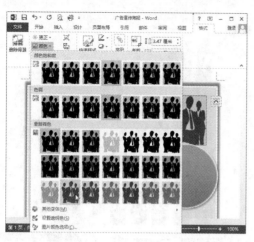

图 2-57　【颜色】下拉菜单

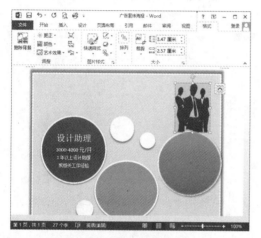

图 2-58　重新着色图片

4. 更改图片

更改图片是将现有的图片更换为另一张不同的图片，更换的图片保持原图片的格式和大小。具体的操作步骤如下。

步骤 **1** 选中要更改的图片，然后切换到【图片工具】下的【格式】选项卡，单击【调整】选项组中的【更改图片】按钮，打开【插入图片】对话框，如图 2-59 所示。

步骤 **2** 单击【浏览】按钮，打开【插入图片】对话框，在其中选择要插入的图片，如图 2-60 所示。

图 2-59　【插入图片】对话框

图 2-60　选择图片

步骤 **3** 单击【插入】按钮，即可将选定的图片插入到文档中并代替原有的图片，如图 2-61 所示。

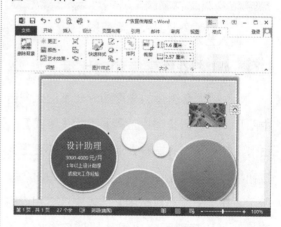

图 2-61　更改图片

5. 应用图片样式

Word 中提供了多种图片样式，用户只需单击图片样式中的任何一个，就可以快速更改图片的格式。应用图片样式的具体操作步骤如下。

步骤 **1** 选中要应用样式的图片，然后切换到【图片工具】下的【格式】选项卡，单击【图片样式】选项组中的【其他】按钮，即可弹出【图片样式】下拉菜单，如图 2-62 所示。

步骤 **2** 选择需要的图片样式并单击，即可完成图片样式的应用操作，如图 2-63 所示。

图 2-62 【图片样式】下拉菜单

图 2-63 应用图片样式

2.3 在广告宣传海报中插入艺术字

艺术字可以使文字更加醒目，并且艺术字的特殊效果会使文档更加美观、生动，所以制作广告宣传海报就需要插入艺术字。

2.3.1 插入艺术字

插入艺术字的方法很简单，具体的操作步骤如下。

步骤 **1** 将光标定位于要插入艺术字的位置，然后切换到【插入】选项卡，进入到【插入】界面。

步骤 **2** 单击如图 2-64 所示的【文本】选项组中的【艺术字】按钮，即可弹出【艺术字样式】下拉菜单，如图 2-65 所示。

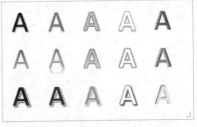

图 2-65 【艺术字样式】下拉菜单

步骤 **3** 选择所需的艺术字样式，即可弹出艺术字文本框，如图 2-66 所示，直接输入需要的艺术字内容即可，如图 2-67 所示。

图 2-64 【文本】选项组

图 2-66　艺术字文本框

图 2-67　插入的艺术字

2.3.2　设置艺术字的环绕方式

插入的艺术字跟插入的图片一样，默认情况下都是嵌入式的，如果想更改艺术字的环绕方式，可以进行如下操作。

步骤 1　选中插入的艺术字，然后切换到【绘图工具】下的【格式】选项卡，进入到【格式】界面。

步骤 2　单击【排列】选项组中的【自动换行】按钮，即可弹出艺术字环绕方式下拉菜单，如图 2-68 所示。

步骤 3　从菜单中选择需要的【浮于文字上方】命令，即可将选定的艺术字浮于文字上方，然后将光标指向艺术字，当光标呈现十字状态时，按住鼠标左键拖动，此时出现两条虚线，表示拖动后的艺术字位置，释放鼠标左键即可得到移动后的艺术字位置，如图 2-69 所示。

图 2-68　艺术字环绕方式菜单

图 2-69　移动艺术字的位置

2.3.3　更改艺术字的样式

　　用户如果对插入的艺术字样式不满意，可以重新设置，方法很简单，只需选中需要修改的艺术字，然后切换到【绘图工具】下的【格式】选项卡，进入到【格式】界面。单击【艺术字样式】选项组中的【快速样式】按钮，从弹出的如图 2-70 所示的菜单中选择所需的样式即可完成艺术字样式的更改操作，如图 2-71 所示。

图 2-70　艺术字样式

图 2-71　更改艺术字样式

2.3.4　设置艺术字的文本轮廓

　　如果希望设置艺术字的文本轮廓，只需选中艺术字，然后切换到【绘图工具】下的【格式】选项卡，进入到【格式】界面。单击【艺术字样式】选项组中的【文本轮廓】按钮，从弹出的下拉菜单中可以设置边框线的颜色、粗细和线条类型等选项，如图 2-72 所示，更改之后的显示效果如图 2-73 所示。

图 2-72　设置艺术字的文本轮廓

图 2-73　添加艺术字文本轮廓

2.3.5 艺术字的其他修饰

除了可以对艺术字的环绕方式、样式和边框等进行修饰外，用户还可以对艺术字进行其他项目的修饰。

1. 设置艺术字的填充效果

艺术字已经非常醒目，但是如果对添加的艺术字进行填充设置，就更加的生动美观，具体的操作步骤如下。

步骤 1 选中艺术字，然后切换到【绘图工具】下的【格式】选项卡，进入到【格式】界面。

步骤 2 单击【艺术字样式】选项组中的【文本填充】按钮，从弹出的如图 2-74 所示的下拉菜单中选择相应的填充选项即可完成操作，效果如图 2-75 所示。

2. 设置艺术字的阴影效果

阴影效果可以突出艺术字的立体感，设置艺术字阴影效果的具体操作步骤如下。

步骤 1 选中艺术字，然后切换到【绘图工具】下的【格式】选项卡，进入到【格式】界面。

步骤 2 单击【艺术字样式】选项组中的【文本效果】按钮，从弹出的如图 2-76 所示的菜单中选择阴影效果选项并单击，即可实现艺术字的阴影效果，如图 2-77 所示。

图 2-74 选择文本添加颜色

图 2-76 选择阴影类型

图 2-75 艺术字的填充效果

图 2-77 艺术字的阴影效果

3. 设置艺术字的三维效果

设置艺术字的三维效果与设置艺术字的阴影效果的方法相似，操作步骤如下。

步骤 1 选中艺术字，然后切换到【绘图工具】下的【格式】选项卡，进入到【格式】界面。

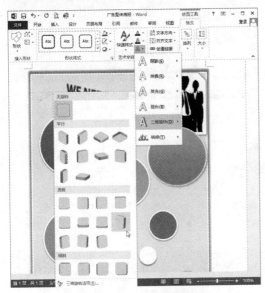

图 2-78 选择三维旋转类型

步骤 2 单击【艺术字样式】选项组中的【文本效果】按钮，从弹出的如图 2-78 所示的菜单中选择三维效果选项并单击，即可实现艺术字的三维效果，如图 2-79 所示。

图 2-79 艺术字的三维效果

2.4 在广告宣传海报中应用文本框

文本框是图形中的一种，可以随时移动从而增强文档的修饰效果。文本框分为横排和竖排两种，用户可以根据需要绘制不同的文本框。

2.4.1 绘制文本框

要想运用文本框实现文档的编辑操作，就必须先绘制文本框，具体的操作步骤如下。

步骤 1 切换到【插入】选项卡，在【文本】选项组中单击【文本框】按钮，即可弹出【文本框】下拉菜单，如图 2-80 所示。

步骤 2 选择【绘制文本框】选项，光标即可呈现＋形状，按住鼠标左键拖动即可绘制一个文本框，如图 2-81 所示。

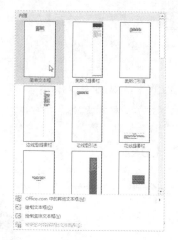

图 2-80　【文本框】下拉菜单

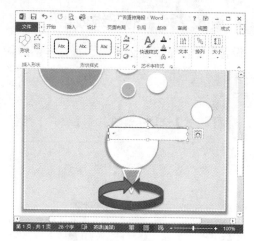

图 2-81　绘制文本框

步骤 3 在文本框中直接输入文字，如图 2-82 所示。

步骤 4 设置输入文字的颜色、字体和字号，如图 2-83 所示。

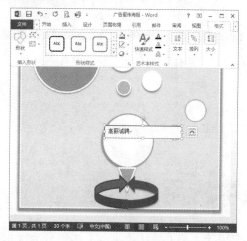

图 2-82　输入文字

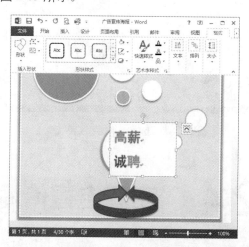

图 2-83　设置文字

2.4.2　设置文本框的边框

文本框绘制完毕之后，还需要根据实际情况对绘制的边框进行相应的设置操作，具体的操作步骤如下。

步骤 1 选定绘制的文本框，然后切换到【绘图工具】下的【格式】选项卡，进入到【格式】界面。

步骤 2 单击【形状样式】选项组中的【形状轮廓】按钮，从弹出的菜单中选择相应的选项即可完成文本框的设置操作，如图 2-84 所示。

步骤 3 根据需要，这里选择的是【无轮廓】选项，即可取消文本框的边框线，如图 2-85 所示。

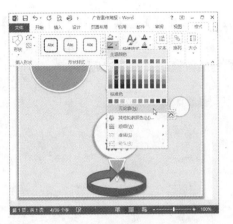

图 2-84 设置文本框的边框

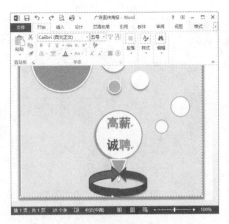

图 2-85 取消文本框的边框

2.4.3 填充文本框

默认情况下，绘制的文本框的填充色为白色，用户如果想填充其他的颜色，则需要进行相应的设置才能实现。具体的操作步骤如下。

步骤 1 选定绘制的文本框，然后切换到【绘图工具】下的【格式】选项卡，进入到【格式】界面。

步骤 2 单击【形状样式】选项组中的【形状填充】按钮，从弹出的如图 2-86 所示的菜单中选择相应的填充颜色即可，效果如图 2-87 所示。

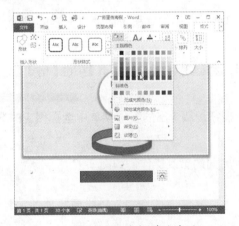

图 2-86 选择填充颜色

图 2-87 填充文本框

2.4.4 设置文本框的内部边距

为了使文本框中能够显示更多的文字内容，可以通过设置文本框的内部边距功能来实现，具体的操作步骤如下。

步骤 1 绘制一个无填充颜色、灰色线条的文本框，并根据需要输入相应的文字，如图 2-88 所示。

步骤 2 选定绘制的文本框，切换到【绘图工具】下的【格式】选项卡，进入到【格式】界面。单击【形状样式】选项组中的按钮，即可弹出【设置形状格式】对话框，然后单击【文本选项】按钮，进入到【文本框】设置界面，在其中设置相应的数值，如图 2-89 所示。

图 2-88　输入文字

图 2-89　设置形状格式

步骤 3 单击【关闭】按钮，即可完成内部边距的设置操作。

2.4.5 文本框的其他修饰

通过在广告宣传海报中应用文本框，读者已经了解了文本框并对文本框进行修饰的一些操作，除此之外，文本框还有一些其他修饰功能，本节将一一进行介绍。

 1. 设置文本框的文字方向

众所周知的，文本框分为横排和竖排两种，但是这两种文本框可以通过一定的设置实现排列的转换操作，具体的操作步骤如下。

步骤 1 选中横排输入的文本框，如图 2-90 所示，然后切换到【绘图工具】下的【格式】选项卡，进入到【格式】界面。

步骤 2 单击【文本】选项组中的【文字方向】按钮，从弹出的下拉菜单中选择相应的选项，如图 2-91 所示。

步骤 3 这里选择【垂直】选项，随即完成文字方向的更改操作，如图 2-92 所示。

图 2-90　横排文字

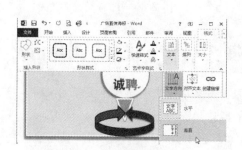
图 2-91　【垂直】选项

54

2. 改变文本框的大小

用户可以拖动控制块改变文本框的大小，同时还可以在【大小】选项组中设置文本框的高度和宽度，用户可以根据实际情况选择改变文本框大小的方法。如图 2-93 所示为【大小】选项组。

图 2-92　竖排文字

图 2-93　【大小】选项组

 3. 应用文本框的样式

文本框与艺术字一样，如果不满意默认的样式，可以应用文本框的样式，方法很简单，只需选中需要更改样式的文本框，并切换到【绘

图工具】下的【格式】选项卡，进入到【格式】界面。然后单击【形状样式】选项组中的【其他】按钮，即可从弹出的菜单中选择需要的样式，如图 2-94 所示。这样文本框的样式就会被快速更改，更改之后的效果如图 2-95 所示。

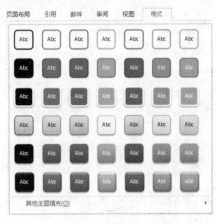

图 2-94　文本框的样式

图 2-95　应用文本框样式后的效果

2.5　在广告宣传海报中插入联机图片

联机图片是图片中的一种，如果要在文档中插入联机图片，则需要进行如下的操作。

步骤 1 切换到【插入】选项卡，在【插图】选项组中单击【联机图片】按钮，打开【插入图片】对话框，在文本框中输入"二维码"，如图 2-96 所示。

步骤 2 单击【搜索】按钮，即可在【插入图片】对话框中显示符合条件的图片，如图 2-97 所示。

图 2-96　【插入图片】对话框

图 2-97　显示图片

步骤 3 在搜索结果中选择需要插入文档中的图片，然后单击【插入】按钮，即可将符合条件的图片插入到文档中，如图 2-98 所示。

步骤 4 参照处理图片的方式处理联机图片，并将其调整到具体的位置，然后根据需要在文档的最后添加文字信息，至此，一张完整的广告宣传海报即可制作完毕，如图 2-99 所示。

图 2-98　插入图片

图 2-99　制作完成的宣传海报

2.6　课后练习疑难解答

疑问 1： 一个文本框中的内容已经超过了文本框范围，在对这个文本框实现链接的时候发现不能完成链接操作。

答： 检查一下被链接的目标文本框是否为空文本框，只有没有内容的文本框才可以被设置为链接目标。

疑问 2： 在对图片重新着色时发现不能将图片着色成彩色的。

答： 检查一下重新着色的图片的格式，如果是嵌入式的图片，那么只能着色为灰度、黑白、冲蚀和设置透明色等几种形式。

第3章

图表混排：制作员工招聘流程

● **本章导读：**

　　本章将通过制作一个员工招聘流程，来综合讲解 Word 的基本功能，包括文本的编辑、编号和项目符号的插入、页面布局的设置以及在文档中插入各种图形对象、表格和图表等内容，从而对整个 Word 知识做一个全面的总结。

● **学习目标：**

◎　编辑文本

◎　插入编号和项目符号

◎　设置页面布局

◎　插入各种图形对象

◎　插入表格和图表

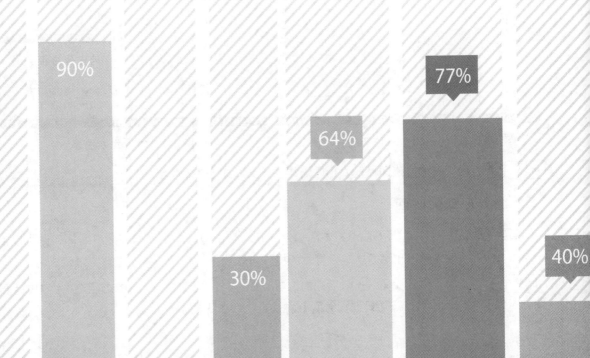

3.1 编辑文本

众所周知，文本是 Word 文档中的主角，编辑文档首先就需要输入文本，并对输入的文本进行相应的编辑操作。

3.1.1 输入文本

所谓的文本不单单是中英文文字，还包含数字以及日期和时间等内容，而不同的形式其输入方法也不尽相同。

1. 输入普通文本

普通文本包括中英文文字和数字，这几种的输入方法是一样的，具体的操作步骤如下。

步骤 1 打开 Word 文档，将光标定位到文档中要输入文本的位置，然后切换到任意一种汉字输入法状态，如图 3-1 所示。

步骤 2 在光标闪烁处输入文本内容，然后按 Enter 键将光标移至下一行行首，如图 3-2 所示。

图 3-1　切换任意一种汉字输入法　　　　　图 3-2　输入文本内容

步骤 3 按照同样的方法即可输入招聘流程的正文，如图 3-3 所示。

2. 插入日期和时间

日期和时间的插入有别于普通文本，如果要在文档中输入的是当前日期或时间，则可以使用 Word 自带的插入日期和时间功能。具体的操作步骤如下。

步骤 1 将光标定位到要插入当前日期的位置，单击【插入】选项卡下【文本】选项组中的【日期和时间】按钮，即可打开【日期和时间】对话框，如图 3-4 所示。

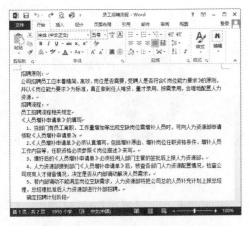

图 3-3　输入招聘流程的正文

图 3-4　【日期和时间】对话框

步骤 2 从【可用格式】列表框中选择要插入的当前日期的格式，然后单击【确定】按钮，即可完成日期的插入操作，如图 3-5 所示。

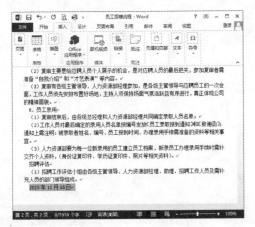

图 3-5　插入日期

3.1.2　设置字体格式

为了使文档更加的美观整齐，在文档输入完毕之后，还需要对输入文本的字体进行格式的设置，具体的操作步骤如下。

步骤 1 选择要设置字体格式的文本内容，单击【开始】选项卡下【字体】选项组中的按钮，打开【字体】对话框，如图 3-6 所示。单击【中文字体】下拉按钮，从弹出的下拉列表中选择相应的字体选项，在【字体】下拉列表框中选择相应的字体，在【字号】下拉列表框中选择相应的字号选项，然后在【字体颜色】下拉列表框中选择合适的字体颜色。

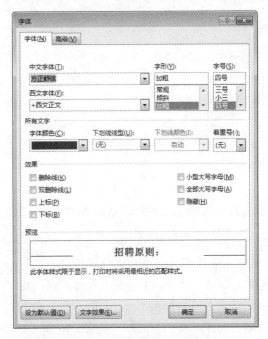

图 3-6　【字体】对话框

步骤 2 单击【确定】按钮，即可完成设置，如图 3-7 所示。

步骤 3 选择要设置字体格式的文本内容，然后单击【字体】下拉按钮，从弹出的下拉列表中选择【黑体】选项，则选中的文本内容的字体即可应用选择的字体样式，如图 3-8 所示。

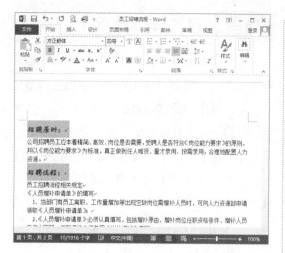

图 3-7　设置字体格式

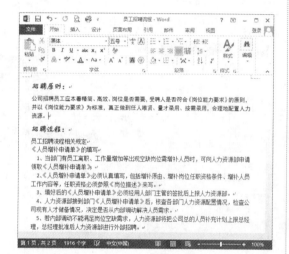

图 3-8　设置字体为黑体

步骤 4 选择要设置字体格式的文本内容，然后单击【字体颜色】按钮，从弹出的下拉菜单中选择【其他颜色】选项，如图 3-9 所示，即可打开【颜色】对话框，如图 3-10 所示。

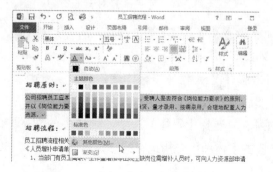

图 3-9　选择【其他颜色】选项

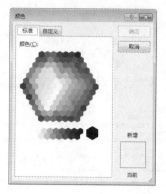

图 3-10　【颜色】对话框

步骤 5 切换到【自定义】选项卡，进入到【自定义】设置界面，从【颜色】面板中选择要设置的字体颜色，如图 3-11 所示。

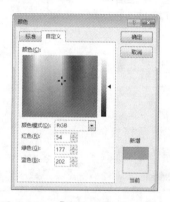

图 3-11　【自定义】设置界面

步骤 6 单击【确定】按钮，即可实现所选字体颜色的设置操作，如图 3-12 所示。

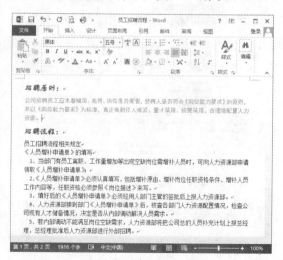

图 3-12　设置字体颜色

步骤　7　选择文档中的其他文本，按照上面介绍的方法打开【字体】对话框，单击【字体颜色】下拉按钮，从弹出的下拉列表中选择需要设置的字体颜色，如图 3-13 所示。

步骤　8　单击【确定】按钮，即可实现字体颜色的设置操作，如图 3-14 所示。

图 3-13　选择字体颜色

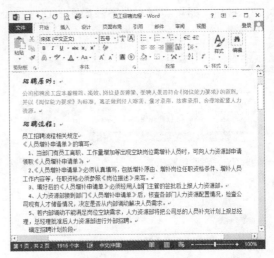

图 3-14　设置其他字体的颜色

3.1.3　设置段落格式

设置段落格式包括设置段落缩进、段落对齐和段落间距等，本节将对此进行详细的介绍。具体的操作步骤如下。

步骤　1　选中需要设置段落缩进的段落，然后单击【段落】选项组中的 按钮，即可打开【段落】对话框。单击【特殊格式】下拉按钮，从弹出的下拉列表中选择【首行缩进】选项，如图 3-15 所示。

步骤　2　单击【确定】按钮，即可实现段落缩进，如图 3-16 所示。

图 3-15　【段落】对话框

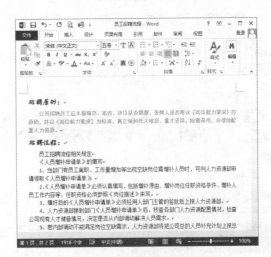

图 3-16　设置段落缩进

步骤 3 如果要设置段落对齐方式，只需选中需要对齐的文本，这里选择插入的日期文本，如图 3-17 所示，然后单击【段落】选项组中的【右对齐】按钮，即可实现右对齐，如图 3-18 所示。

图 3-17　选中需要对齐的文本

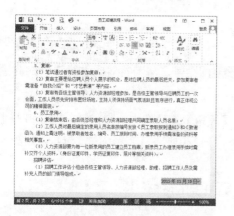

图 3-18　实现文本的对齐

步骤 4 如果要设置段落间距，可选中需要设置段落间距的段落，然后单击【段落】选项

组中的 按钮，打开【段落】对话框，并在【间距】选项组中将【段前】间距设置为【自动】，如图 3-19 所示。

图 3-19　设置段前间距

步骤 5 单击【确定】按钮，即可完成段落间距的设置操作，如图 3-20 所示。

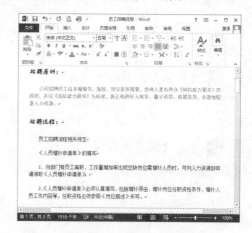

图 3-20　设置段落间距

3.2　插入编号和项目符号

编辑完文本之后，用户还可以根据实际情况插入相应的编号和项目符号，从而使整个文档的内容更加清晰，具有条理性。

3.2.1　插入编号

在 Word 文档中，插入编号可以使文档有别于普通文档，给人一种醒目的感觉，具体的操作步骤如下。

步骤 1 将光标定位到要插入编号的段落中，然后单击【开始】选项卡下【段落】选项组中的【编号】按钮，即可弹出【编号】下拉菜单，如图 3-21 所示。

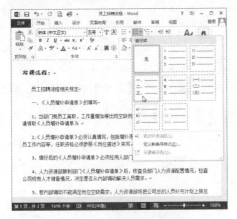

图 3-21　【编号】下拉菜单

步骤 2 从下拉菜单中选择需要的编号样式，即可完成编号的设置操作，如图 3-22 所示。

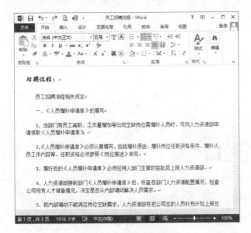

图 3-22　插入编号

步骤 3 将光标定位到另一个需要插入编号的段落中，然后单击【段落】选项组中的【编号】按钮，此时系统会自动地为该段落添加编号，如图 3-23 所示。

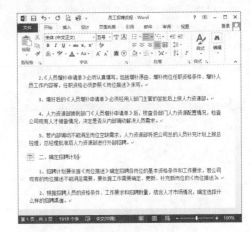

图 3-23　自动添加编号

步骤 4 按照同样的方法即可为其他段落添加编号，最终结果如图 3-24 所示。

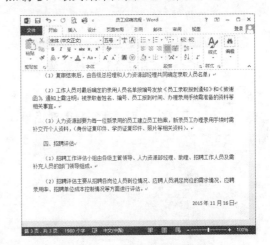

图 3-24　完成所有编号的添加

3.2.2　插入项目编号

在 Word 文档中除了可以插入编号之外，还可以插入一些项目编号，达到突出文档的目的，具体的操作步骤如下。

步骤 1 将光标定位到要插入项目符号的段落中，如图 3-25 所示，然后切换到【开始】选项卡，进入到【开始】界面，单击【段落】选项组中的【项目符号】按钮，即可弹出【项目符号】下拉菜单，如图 3-26 所示。

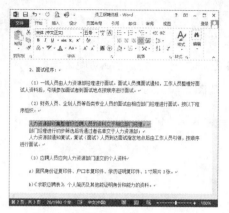

图 3-25　将光标定位到段落中

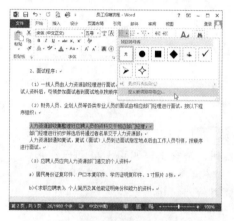

图 3-26　【项目符号】下拉菜单

步骤 2 从菜单中选择【定义新项目符号】命令，即可打开【定义新项目符号】对话框，如图 3-27 所示。

图 3-27　【定义新项目符号】对话框

步骤 3 单击【符号】按钮，即可打开【符号】对话框，从中选择要作为项目符号的符号，如图 3-28 所示。

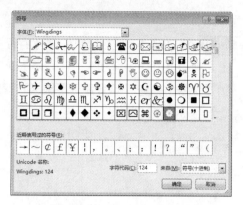

图 3-28　【符号】对话框

步骤 4 单击【确定】按钮，返回到【定义新项目符号】对话框，此时在下方的【预览】框中可以预览项目符号的添加效果，如图 3-29 所示。

图 3-29　预览项目符号的添加效果

步骤 5 单击【字体】按钮，打开【字体】对话框，然后单击【字体颜色】下拉按钮，从弹出的下拉列表中选择【其他颜色】选项，如图 3-30 所示。

图 3-30　【字体】对话框

步骤 6 弹出【颜色】对话框，切换到【自定义】选项卡，进入到【自定义】设置界面，从【颜色】面板中选择要设置的颜色，如图 3-31 所示。

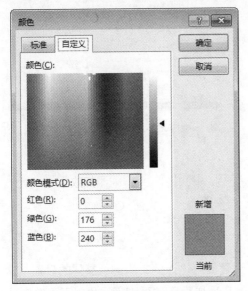

图 3-31 【颜色】对话框

步骤 7 单击【确定】按钮，返回到【字体】对话框，此时在下方的【预览】框中可以预览到项目符号的添加效果，如图 3-32 所示。

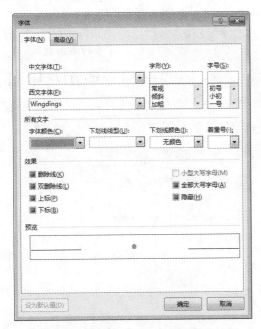

图 3-32 预览项目符号的添加效果

步骤 8 单击【确定】按钮，即可完成项目编号的插入操作，如图 3-33 所示。

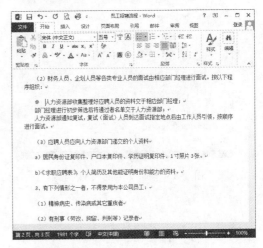

图 3-33 插入项目编号

步骤 9 选中其他需要插入项目符号的段落，然后单击【段落】选项组中的【项目符号】按钮，此时在弹出的下拉菜单中即可看到刚刚定义的项目符号样式，如图 3-34 所示。

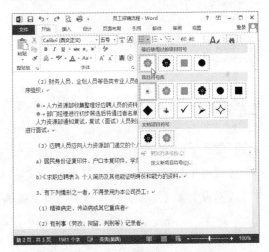

图 3-34 【项目符号】下拉菜单

步骤 10 从中选择刚刚定义的项目符号，此时的设置效果如图 3-35 所示。

步骤 11 按照同样的方法为其他的段落内容添加项目符号，结果如图 3-36 所示。

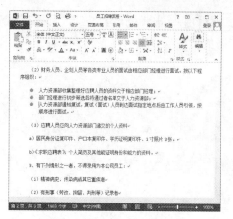

图 3-35　插入其他项目编号

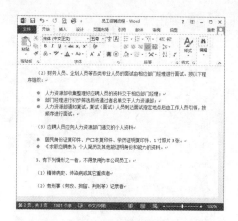

图 3-36　完成所有项目编号的插入

3.3　设置页面布局

编辑 Word 文档，除了输入文档文本之外，还需要对输入的文本进行整体的设置，这个设置就是本节介绍的页面布局，包括页面设置以及添加页眉和页脚等操作，下面将对此进行详细的介绍。

3.3.1　页面设置

设置页面布局的第一项工作就是对页面进行相应的设置，具体的操作步骤如下。

步骤 1　切换到【页面布局】选项卡，单击【页面设置】选项组中的 按钮，即可打开【页面设置】对话框，如图 3-37 所示。

步骤 2　在【页边距】选项卡中根据实际情况设置合适的页边距，然后切换到【纸张】选项卡，进入【纸张】界面，单击【纸张大小】按钮，从弹出的下拉列表中选择【自定义大小】选项，并在【宽度】和【高度】微调框中设置纸张的宽度和高度，如图 3-38 所示。

图 3-37　【页面设置】对话框

图 3-38　【纸张】选项卡

步骤 3 切换到【版式】选项卡，进入到【版式】界面，根据实际情况设置相应的版式，如图 3-39 所示。

步骤 4 切换到【文档网格】选项卡，进入到【文档网格】界面，设置相应的网格选项，如图 3-40 所示。

步骤 5 单击【确定】按钮，即可完成页面设置操作，如图 3-41 所示。

图 3-39　【版式】界面　　　　图 3-40　【文档网格】界面

图 3-41　完成页面设置布局

3.3.2 添加页眉和页脚

为了增加 Word 文档的可读性，用户可以为其添加页眉和页脚，具体的操作步骤如下。

步骤 1 将光标定位到"招聘原则"前，然后单击【插入】选项卡下【页面】选项组中的【空白页】按钮，即可在"招聘原则"前面插入一个空白页，如图 3-42 所示。

步骤 2 单击【页眉和页脚】选项组中的【页眉】按钮，从弹出的下拉菜单中选择要插入的页眉的样式，如图 3-43 所示，即可在文档中插入一个空白的页眉，如图 3-44 所示。

图 3-42　增加空白页

图 3-43　选择【空白】选项

图 3-44　插入空白页眉

步骤 3 选择页眉中的"在此处键入"文本，然后将其删除，如图 3-45 所示。

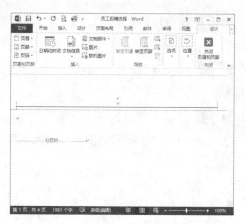

图 3-45　删除"在此处键入"文本

步骤 4 在【选项】下拉菜单中选中【首页不同】复选框，如图 3-46 所示。

图 3-46　选中【首页不同】复选框

步骤 5 单击【插入】选项卡下【插图】选项组中的【图片】按钮，打开【插入图片】对话框，如图 3-47 所示。

图 3-47　【插入图片】对话框

步骤 6 选择要插入的图片，然后单击【插入】按钮，即可在页眉中插入图片，如图 3-48 所示。

图 3-48　在页眉中插入图片

步骤 7 选择刚刚插入的图片文件，然后在如图 3-49 所示的【大小】选项组中设置图片的大小。

图 3-49　【大小】选项组

步骤 8 单击【排列】选项组中的【自动换行】按钮，从弹出的下拉菜单中选择【衬于文字下方】命令，如图 3-50 所示。

图 3-50　选择【衬于文字下方】命令

步骤 9 单击【位置】按钮，从弹出的下拉菜单中选择【其他布局选项】命令，即可打开【布局】对话框，根据实际情况设置相应的选项，如图 3-51 所示。

图 3-51　【布局】对话框

步骤 10 单击【确定】按钮，即可完成首页页眉图片的设置操作，如图 3-52 所示。

图 3-52　设置图片效果

步骤 11 按照上面介绍的方法在其他页面的页眉中插入另外的图片文件，并根据需要设置其大小、文字环绕和图片位置，如图 3-53 所示。

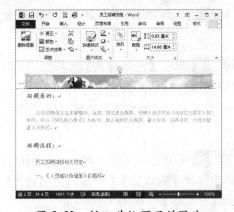

图 3-53　插入其他页眉的图片

步骤 12 将光标定位到第二页页脚，单击【插入】选项卡下【插图】选项组中的【形状】按钮，即可弹出【形状】菜单，如图 3-54 所示。

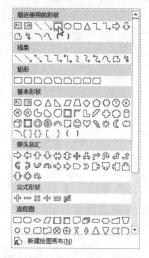

图 3-54 【形状】菜单

步骤 13 选择【矩形】选项，然后在页脚合适的位置绘制一个矩形框，如图 3-55 所示。

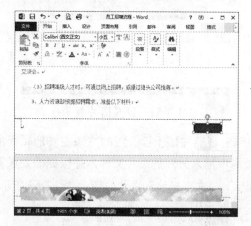

图 3-55 绘制矩形框

步骤 14 单击【形状样式】选项组中的【形状填充】按钮，从弹出的菜单中选择【无填充】命令，即可完成绘制矩形的设置操作，如图 3-56 所示。

步骤 15 右击绘制的矩形框，从弹出的快捷菜单中选择【编辑文字】命令，然后将光标定位到该矩形框中，如图 3-57 所示。

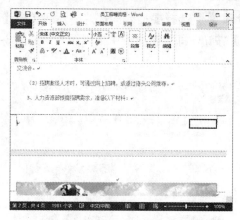

图 3-56 设置矩形框

图 3-57 选择【编辑文字】命令

步骤 16 单击【插入】选项卡下【页眉和页脚】选项组中的【页码】按钮，从弹出的下拉菜单中选择【当前位置】→【普通数字】命令，即可在矩形框中插入一个页码，如图 3-58 所示。

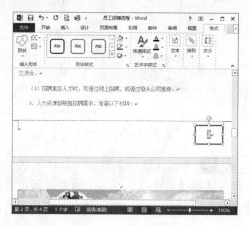

图 3-58 插入页码

步骤 17 单击【形状样式】选项组中的【形状轮廓】下拉按钮，从弹出的下拉菜单中选择【无轮廓】命令，即可撤销矩形框的边框，如图 3-59 所示。

图 3-60　设置字体颜色

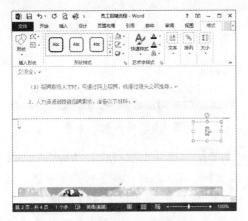

图 3-59　撤销矩形框边框

步骤 18 单击【开始】选项卡下【字体】选项组中的 按钮，打开【字体】对话框，从中设置字体颜色，如图 3-60 所示。

步骤 19 单击【确定】按钮，即可在文本框中显示出设置的颜色，如图 3-61 所示。至此，文档中的页眉和页脚即可设置完毕。

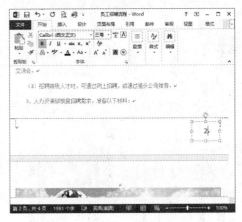

图 3-61　页脚的最终设置效果

3.4　插入各种图形对象

员工招聘流程文档内容是丰富多彩的，不仅需要输入文本、编号等内容，还需要插入艺术字、形状、SmartArt 图形、剪贴画、图片和文本框等各种图形对象，以满足使用的需要。

3.4.1　插入艺术字

艺术字是一种具有特殊效果的文字，通过插入艺术字来美化整个文档。在文档中插入艺术字的具体操作步骤如下。

步骤 1 将光标定位到第一段之前，然后按 Enter 键，即可在其前面添加一个空白行，并将光标定位到第一个空白行中，如图 3-62 所示。

步骤 2 单击【插入】选项卡下【文本】选项组中的【艺术字】下拉按钮，即可弹出【艺术字】下拉菜单，如图 3-63 所示。

图 3-62　插入空白行

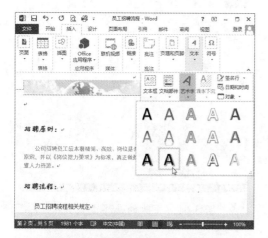

图 3-63　【艺术字】下拉菜单

步骤 3 选择所需的艺术字样式，即可弹出艺术字文本框，如图 3-64 所示，直接输入需要的艺术字内容即可，如图 3-65 所示。

图 3-64　艺术字文本框

图 3-65　插入的艺术字

步骤 4 单击【形状样式】选项组中的【形状填充】按钮，从弹出的下拉菜单中选择【其他填充颜色】命令，即可打开【颜色】对话框，在【自定义】选项卡的【颜色】面板中选择需要填充的颜色，如图 3-66 所示。

图 3-66　设置填充颜色

步骤 5 单击【确定】按钮，即可完成艺术字的填充，效果如图 3-67 所示。

图 3-67　设置艺术字的填充效果

步骤 6 单击【形状样式】选项组中的【形状轮廓】下拉按钮，从弹出的下拉菜单中选择【其他轮廓颜色】命令，即可从打开的【颜色】对话框中选择轮廓的颜色，然后单击【确定】按钮，即可完成艺术字轮廓颜色的设置，如图 3-68 所示。

步骤 7 右击插入的艺术字，从弹出的快捷菜单中选择【其他布局选项】命令，即可打开【布局】对话框，在【水平】选项组中选中【对齐方式】单选按钮，然后单击右侧的下拉按钮，从弹出的下拉列表中选择【居中】选项，单击右侧的【相对于】下拉按钮，从弹出的下拉列表中选择【页面】选项，如图 3-69 所示。

图 3-68 设置艺术字的轮廓

图 3-69 【布局】对话框

步骤 8 单击【确定】按钮，此时刚刚插入的艺术字就会居中显示，如图 3-70 所示。

步骤 9 根据实际情况设置艺术字字体和艺术字文本框的大小，设置的最终效果如图 3-71 所示。

图 3-70 艺术字居中显示

图 3-71 艺术字的最终设置效果

3.4.2 插入形状

通过前面的介绍已经了解到，系统自带的有大量的形状，这样用户就可以在员工招聘流程中插入相应的形状，从而使整个文档更加灵动美观。具体的操作步骤如下。

步骤 1 单击【插入】选项卡下【插图】选项组中的【形状】下拉按钮，从弹出的下拉菜单中选择【圆角矩形】命令，此时鼠标指针变成十形状，单击鼠标左键，在文档的合适处绘制一个圆角矩形，如图 3-72 所示。

步骤 2 单击【形状样式】选项组中的【形状填充】下拉按钮，从弹出的下拉菜单中选择【其他填充颜色】命令，打开【颜色】对话框，在【自定义】选项卡的【颜色】面板中选择需要填充的颜色，如图 3-73 所示。

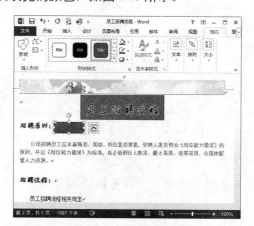

图 3-72　绘制矩形框

图 3-73　选择颜色

步骤 3 单击【确定】按钮，即可完成绘制矩形的填充，效果如图 3-74 所示。

步骤 4 单击【形状样式】选项组中的【形状轮廓】下拉按钮，从弹出的下拉菜单中选择【无轮廓】命令，此时的矩形框将无边框，如图 3-75 所示。

图 3-74　设置绘制矩形的填充效果

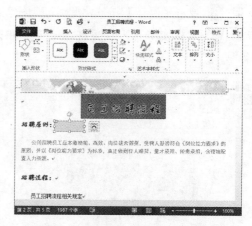

图 3-75　设置绘制矩形的边框

步骤 5 在【排列】选项组中单击【自动换行】按钮，从弹出的菜单中选择【衬于文字下方】选项，然后根据实际需要调整该圆角矩形的位置和大小，使其位于文本"招聘原则:"的下方，如图 3-76 所示。

图 3-76 将绘制的形状移动到"招聘原则："的下方

步骤 6 选中刚刚绘制的圆角矩形，并右击，从弹出的快捷菜单中选择【复制】命令，然后按 Ctrl+V 组合键，此时即可在文档中粘贴一个相同的圆角矩形，并根据实际需要调整该圆角矩形的位置，使其位于文本"招聘流程："的下方，如图 3-77 所示。

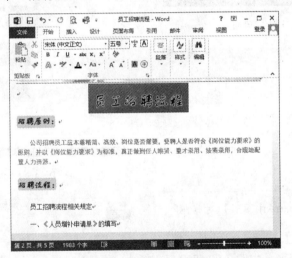

图 3-77 将绘制的形状移动到"招聘流程："的下方

3.4.3 插入 SmartArt 图形

由于本章介绍的重点是制作员工招聘流程，自然就需要插入 SmartArt 图形，因为 SmartArt 图形中有专门的流程结构图，便于用户使用。具体的操作步骤如下。

步骤 1 在"招聘流程："文本的后面添加一个空白行，并设置其空白行为居中对齐，如图 3-78 所示。

步骤 2 单击【插入】选项卡下【插图】选项组中的 SmartArt 按钮，即可打开【选择 SmartArt 图形】对话框，如图 3-79 所示。根据需要在左侧列表框中选择 SmartArt 图形的类型，然后从右侧选择相应的布局。

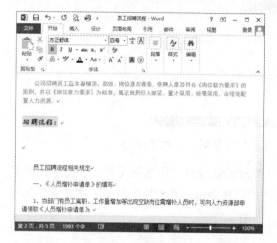

图 3-78　添加空白行

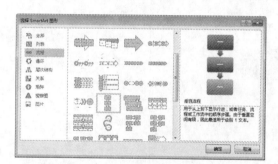

图 3-79　【选择 SmartArt 图形】对话框

步骤 3 单击【确定】按钮，即可在文档中插入需要的 SmartArt 图形，如图 3-80 所示。

步骤 4 选中最后一个形状，单击【设计】选项卡下【创建图形】选项组中的【添加形状】下拉按钮，从弹出的下拉列表中选择【在后面添加形状】选项，即可在后面添加一个形状，如图 3-81 所示。

步骤 5 依次在形状中输入"填写《人员需求申请单》""确定招聘计划""甄选人员"和"招聘评估"，如图 3-82 所示。

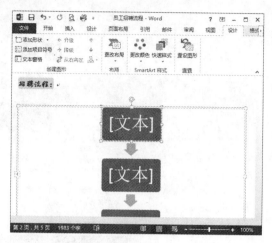

图 3-80　插入 SmartArt 图形

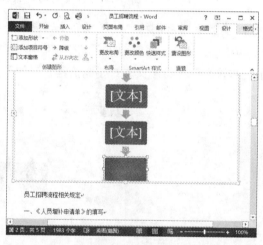

图 3-81　添加形状

图 3-82　输入文字内容

步骤 6 按住 Ctrl 键选择所有的形状，单击【开始】选项卡下【字体】选项组中的 按钮，打开【字体】对话框，如图 3-83 所示。单击【西文字体】下拉按钮，从弹出的下拉列表中选择需要的字体，在【大小】微调框中输入字体的大小，然后单击【字体颜色】下拉按钮，从弹出的列表中选择需要的颜色。

图 3-83　【字体】对话框

步骤 7 单击【确定】按钮，即可完成字体颜色、大小的设置操作，如图 3-84 所示。

图 3-84　设置字体颜色大小

步骤 8 根据字体的大小调整 SmartArt 图形的大小，以使文本能够被容纳，如图 3-85 所示。

图 3-85　调整形状大小

步骤 9 按住 Ctrl 键选择所有的形状，并右击，从弹出的快捷菜单中选择【设置形状格式】命令，即可打开【设置形状格式】对话框。选中【纯色填充】单选按钮，然后单击【颜色】下拉按钮，从弹出的下拉列表中选择所需的颜色，如图 3-86 所示。

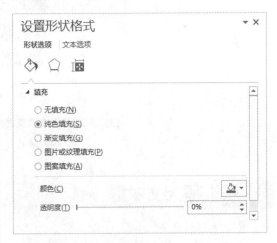

图 3-86　【设置形状格式】对话框

步骤 10 单击【关闭】按钮，即可完成形状的填充操作，效果如图 3-87 所示。

步骤 11 按住 Ctrl 键选择所有的箭头，并右击，从弹出的快捷菜单中选择【设置形状格式】命令，即可打开【设置形状格式】对话框，选中【纯色填充】单选按钮，然后单击【颜色】

下拉按钮，从弹出的下拉列表中选择所需的颜色，如图 3-88 所示。

步骤 12 单击【关闭】按钮，即可完成箭头的填充操作，如图 3-89 所示。

图 3-87　形状填充效果

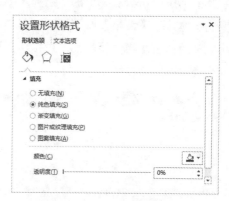

图 3-88　设置填充颜色

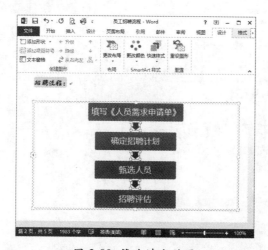

图 3-89　箭头填充效果

3.4.4　插入文本框

除了直接在文档中输入文字之外，用户还可以利用文本框的形式在文档中输入文字，具体的操作步骤如下。

步骤 1 单击【插入】选项卡下【文本】选项组中的【文本框】按钮，从弹出的下拉菜单中选择【绘制竖排文本框】命令，此时鼠标指针变成十形状，在文档的合适位置绘制一个竖排文本框，如图 3-90 所示。

步骤 2 在文本框中输入实例的标题"员工招聘流程"，如图 3-91 所示。

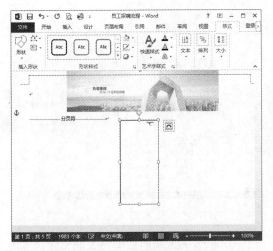

图 3-90　绘制竖排文本框

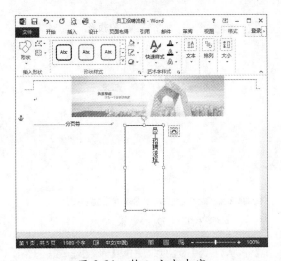

图 3-91　输入文本内容

步骤 3 选中输入的文字，并切换到【开始】选项卡，进入到【开始】界面，单击【字体】选项组中的 按钮，即可打开【字体】对话框，如图 3-92 所示。

步骤 4 单击【中文字体】下拉按钮，从弹出的下拉列表中选择相应的字体，在【字号】列表框中选择相应字体大小，然后单击【字体颜色】下拉按钮，从弹出的下拉列表中选择字体的颜色，然后单击【确定】按钮，即可完成字体的设置操作，如图 3-93 所示。

图 3-92　【字体】对话框

图 3-93　设置输入的文本内容

步骤 5 根据实际需要调整文本框的大小，以使文本框中的文本完全显示出来，并将文本框移动到合适的位置，如图 3-94 所示。

步骤 6 切换到【插入】选项卡，进入到【插入】界面，然后单击【文本】选项组中的【文本框】按钮，从弹出的下拉菜单中选择【简单文本框】命令，此时系统在文档中会自动地插入一个简单文本框，如图 3-95 所示。

图 3-94　调整文本框的大小

图 3-95　插入简单文本框

步骤 7 在简单文本框中输入需要的文本内容，如图 3-96 所示。然后选中输入的文本内容，设置输入文本内容的字体、字号和颜色，如图 3-97 所示。

图 3-96　输入文本内容

图 3-97　设置文本内容

步骤 8 选中竖排文本框，单击【格式】选项卡下【形状样式】选项组中的【形状轮廓】按钮，从弹出的下拉菜单中选择【无轮廓】命令，即可取消竖排文本框的边框，如图 3-98 所示。

步骤 9 运用同样的方法，即可将简单文本框也设置为无轮廓颜色，根据实际需要，调整简单文本框的位置，如图 3-99 所示。

图 3-98　取消竖排文本框的边框

图 3-99　设置简单文本框

3.5　插入表格和图表

为了能更好地处理和显示员工招聘流程中的数据，还需要在招聘流程中插入相应的表格和图表。

3.5.1　插入表格

在 Word 文档中插入表格的方法不止一种，这里只介绍其中的一种即可满足使用的需要，具体的操作步骤如下。

步骤 1 将光标定位到"招聘评估"之前，然后按 Enter 键即可添加一个空白行，并将其居中显示，如图 3-100 所示。

步骤 2 单击【插入】选项卡下【表格】选项组中的【表格】按钮，从弹出的菜单中选择【插入表格】命令，即可打开【插入表格】对话框，如图 3-101 所示。

步骤 3 分别在【列数】和【行数】文本框中输入相应的表格的列数和行数，并选中【根据窗口调整表格】单选按钮，然后单击【确定】按钮，即可插入需要的表格，如图 3-102 所示。

步骤 4 将光标定位到第一行的第一个单元格中，然后输入文本内容"上岗通知单"，如图 3-103 所示。

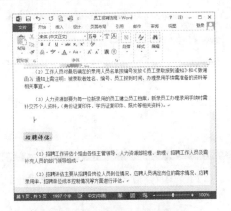

图 3-100　插入一行空白行

图 3-101　【插入表格】对话框

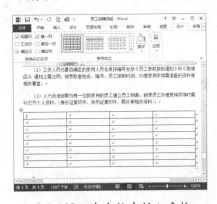

图 3-102　在文档中插入表格

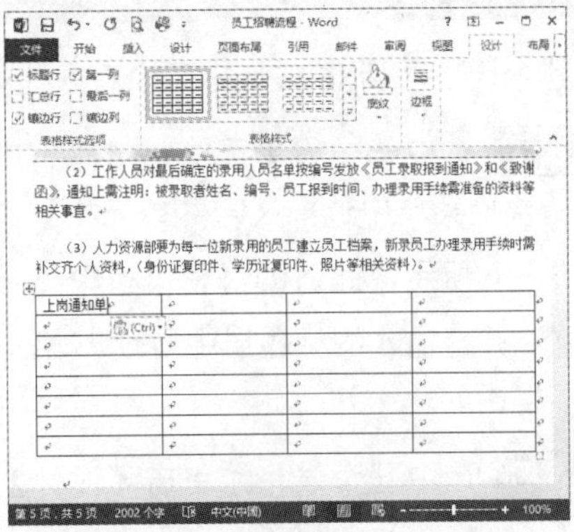

图 3-103　输入标题文本内容

步骤 5 运用同样的方法在单元格中输入其他的文本内容，如图 3-104 所示。

步骤 6 选中表格单元格中输入的文本内容，单击【开始】选项卡下【段落】选项组中的【居中对齐】按钮，将表格中的文字居中显示，如图 3-105 所示。

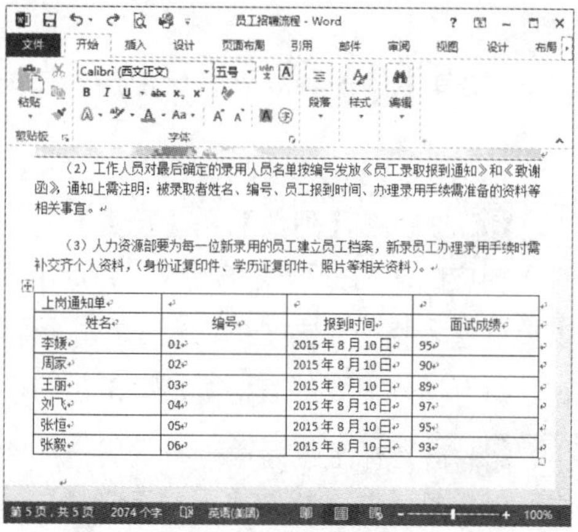

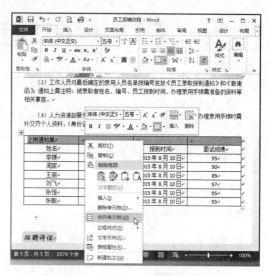

图 3-106 选择【合并单元格】命令

图 3-104 输入表格所有文本内容

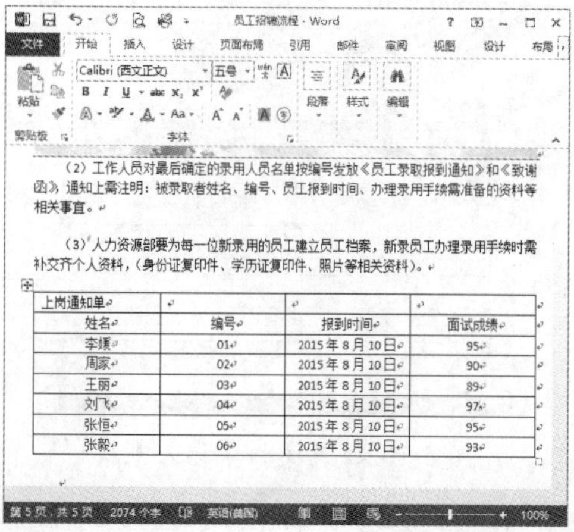

图 3-105 居中显示表格中的文本内容

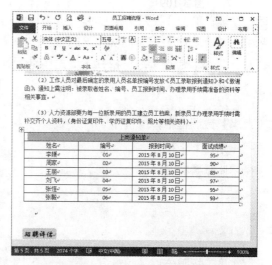

图 3-107 合并单元格效果显示

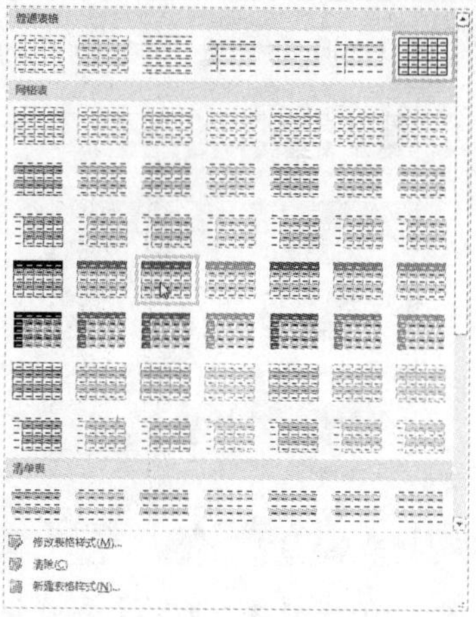

步骤 7 选中第一行单元格，然后右击，从弹出的快捷菜单中选择【合并单元格】命令，如图 3-106 所示，此时即可将该行单元格合并为一个，并将输入的标题居中显示，如图 3-107 所示。

步骤 8 选中整个表格，单击【设计】选项卡下【表格样式】右侧的 按钮，即可弹出【表格样式】下拉菜单，如图 3-108 所示。

图 3-108 【表格样式】下拉菜单

步骤 9 在下拉菜单中选择需要的表格样式并单击，即可使当前的表格套用所选表格样式，如图 3-109 所示。

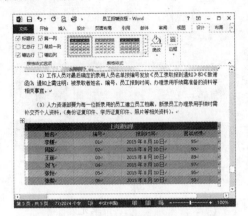

图 3-109　套用表格样式

步骤 10 选中表格标题文本内容，单击【开始】选项卡下【字体】选项组中的 按钮，打开【字体】对话框，单击【中文字体】下拉按钮，从弹出的下拉列表中选择需要的字体，在【大小】微调框中输入字体的大小，然后单击【字体颜色】下拉按钮，从弹出的下拉列表中选择字体需要的颜色，效果如图 3-110 所示。

图 3-110　设置字体选项

步骤 11 单击【确定】按钮，即可完成字体的设置操作，效果如图 3-111 所示。

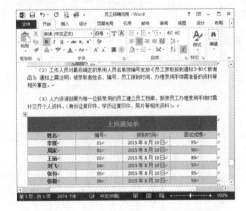

图 3-111　字体设置效果显示

3.5.2　插入图表

在员工招聘流程中插入图表的方法很简单，具体的操作步骤如下。

步骤 1 单击【插入】选项卡下【插图】选项组中的【图表】按钮，打开【插入图表】对话框，如图 3-112 所示。

步骤 2 在左侧的列表框中选择图表类型，然后在其右侧选择相应的图表的子类型，然后单击【确定】按钮，系统自动打开一个 Excel 2013 窗口，如图 3-113 所示。

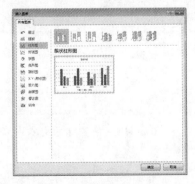

图 3-112　【插入图表】对话框

图 3-113　Excel 2013 窗口

步骤 3 依据实际情况对 Excel 2013 窗口中的图表数据进行修改，其结果如图 3-114 所示。

步骤 4 关闭 Excel 2013 窗口，创建的图表即可显示出来，如图 3-115 所示。

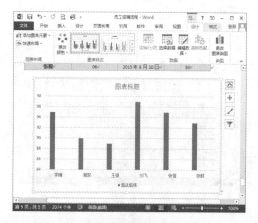

图 3-114　数据修改结果显示

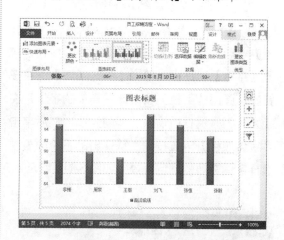

图 3-115　创建图表显示

步骤 5 选中插入的图表，单击【设计】选项卡下【图表样式】选项组右侧的 ▼ 按钮，即可弹出【图表样式】下拉菜单，如图 3-116 所示。

步骤 6 在下拉菜单中选择需要的图表样式并单击，即可使当前的图表套用所选图表样式，如图 3-117 所示。

步骤 7 选中图表标题文本，在其中输入标题文字，单击【开始】选项卡下【字体】选项组中的 ▣ 按钮，打开【字体】对话框，单击【西文字体】下拉按钮，从弹出的下拉列表中选择需要的字体，在【大小】微调框中输入字体的大小，然后单击【字体颜色】下拉按钮，

从弹出的下拉列表中选择字体需要的颜色，如图 3-118 所示。

步骤 8 单击【确定】按钮，即可完成标题文本的设置操作，效果如图 3-119 所示。

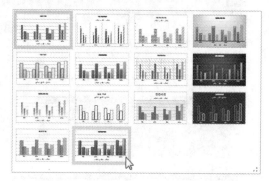

图 3-116　【图表样式】下拉菜单

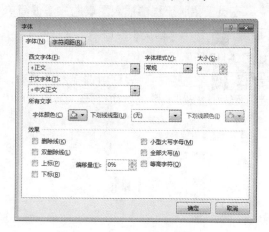

图 3-117　套用图表样式

图 3-118　设置标题文本内容

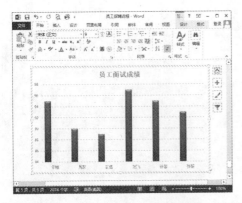

图 3-119 标题文本设置效果

步骤 9 选中图表的整个绘图区，并右击鼠标，从弹出的快捷菜单中选择【设置绘图区格式】命令，打开【设置绘图区格式】对话框，如图 3-120 所示。

步骤 10 在【填充】设置界面选中【纯色填充】单选按钮，然后单击【颜色】下拉按钮，从弹出的下拉列表中选择相应的颜色选项，然后单击【关闭】按钮，即可完成绘图区的填充操作，如图 3-121 所示。

图 3-120 【设置绘图区格式】对话框

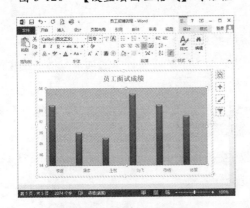

图 3-121 填充绘图区

步骤 11 在图表中，选中"李媛"数据点，然后右击，即可弹出如图 3-122 所示的快捷菜单，选择【设置数据点格式】命令，即可打开【设置数据点格式】对话框，如图 3-123 所示。

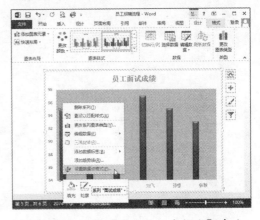

图 3-122 选择【设置数据点格式】命令

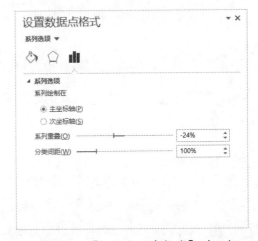

图 3-123 【设置数据点格式】对话框

步骤 12 切换到【填充】选项卡，进入到【填充】设置界面，选中【纯色填充】单选按钮，然后单击【颜色】下拉按钮，从弹出的下拉列表中选择相应的颜色选项，如图 3-124 所示。

步骤 13 单击【边框】选项，进入到【边框】设置界面，选中【实线】单选按钮，然后单击【颜色】下拉按钮，从弹出的下拉列表中选择边框的颜色，如图 3-125 所示。

图 3-124　【填充】设置界面

图 3-125　【边框】设置界面

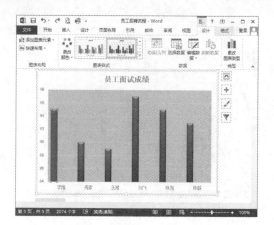

图 3-126　数据点设置效果

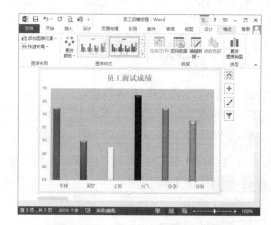

图 3-127　图表的最终设置效果

步骤 14 设置完毕后，单击【关闭】按钮，即可显示出设置后的数据点效果，如图 3-126 所示。

步骤 15 运用同样的方法，即可设置其他数据点，最终设置效果如图 3-127 所示。

Word 2013 虽然不是专业的制作图表软件，但是也能够制作出相当精美的图表来。将单调的表格内容转化为丰富多彩的图表，把枯燥的数字形象化，这样给人一种醒目美观的感觉。

3.5.3 在图表中添加数据

在制作图表的过程中，如果想在创建的图表中添加一些数据，只需进行如下的操作步骤。

步骤 1 选中需要添加数据的图表，并切换到【图表工具】下的【设计】选项卡，进入到【设计】设置界面。

步骤 2 单击【数据】选项组中的【编辑数据】按钮，即可打开 Excel 编辑窗口，根据需要添加相应的数据，如图 3-128 所示。

步骤 3 数据添加完毕之后，关闭 Excel 窗口，即可完成图表中数据的添加操作，如图 3-129 所示。

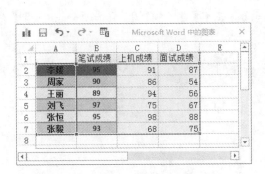

图 3-128　添加数据

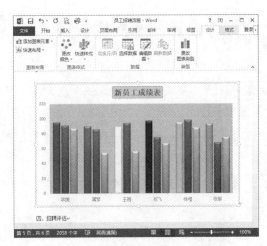

图 3-129　添加数据后的图表

3.5.4　更改图表类型

在【插入图表】对话框中可以看到，图表有很多种，如果用户不满意创建的图表类型，可以重新更改。具体的操作步骤如下。

步骤 1　选中需要修改类型的图表，并切换到【图表工具】下的【设计】选项卡，进入到【设计】界面。

步骤 2　单击【类型】选项组中的【更改图表类型】按钮，即可打开【更改图表类型】对话框，如图 3-130 所示。

步骤 3　选择所需的图表类型，然后单击【确定】按钮，即可完成图表类型的更改操作，如图 3-131 所示。

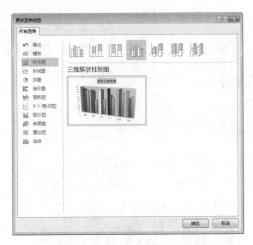

图 3-130　【更改图表类型】对话框

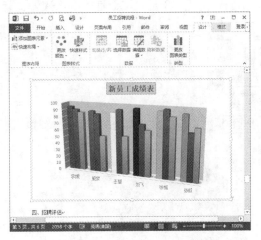

图 3-131　完成图表类型的更改

3.5.5 设置图表图例位置

默认情况下，插入图表的图例位于右侧，如果希望改变图例的位置，则需要进行如下的操作。

步骤 1 选中要设置图例位置的图表，然后切换到【图表工具】下的【设计】选项卡，进入到【设计】设置界面。

步骤 2 单击【图表布局】选项组中的【添加图表元素】按钮，即可弹出【添加图表元素】→【图例】下拉菜单，如图 3-132 所示。

步骤 3 从菜单中选择图例的位置选项并单击，即可将图例显示在相应的位置，如图 3-133 所示。

图 3-132　【图例】下拉菜单

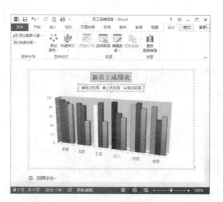

图 3-133　改变图例的位置

3.5.6 显示坐标轴标题

如果需要，用户可以对插入的图表添加相应的标题，具体的操作步骤如下。

步骤 1 选中要设置坐标轴标题的图表，然后切换到【图表工具】下的【设计】选项卡，进入到【设计】设置界面。

步骤 2 单击【图表布局】选项组中的【添加图表元素】按钮，从弹出的下拉菜单中选择【轴标题】下面的子菜单，即可添加轴标题内容，如图 3-134 所示。

步骤 3 在坐标轴文本框中输入坐标轴标题即可完成操作，如图 3-135 所示。

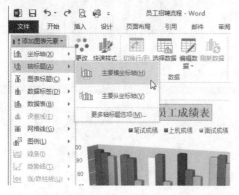

图 3-134　添加坐标轴标题

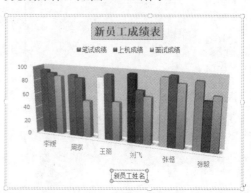

图 3-135　输入坐标轴标题文字

3.5.7 设置图表外观

对于图表，不仅可以设置其布局，对于其外观也可以进行相应的设置，具体的操作步骤如下。

步骤 1 打开需要设置外观的图表文档，并选中图表区，然后切换到【设计】选项卡，在【图表样式】选项组中切换到【快速样式】按钮，弹出【图表样式】面板，如图 3-136 所示。

步骤 2 从面板中选择需要的样式即可完成图表样式的套用操作，如图 3-137 所示。

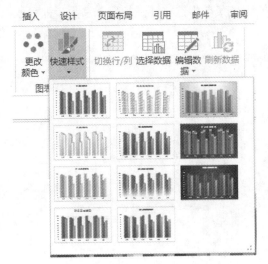

图 3-136 【图表样式】面板

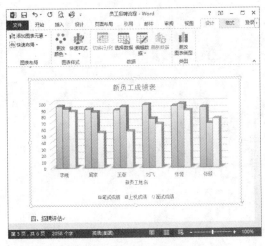

图 3-137 套用图表样式

步骤 3 如果需要对图表中不同部分自定义

设置样式，则需要选中要设置的部分，然后切换到【格式】选项卡，在【形状样式】选项组中单击【其他】按钮，从弹出的菜单中选择相应的形状样式即可，如图 3-138 所示。

步骤 4 除此之外，还可以为创建的图表中的文字设置艺术字效果，只需选中整个图表，然后切换到【格式】选项卡，在【艺术字样式】选项组中单击【其他】按钮，即可在弹出的菜单中选择相应的文字样式，如图 3-139 所示。

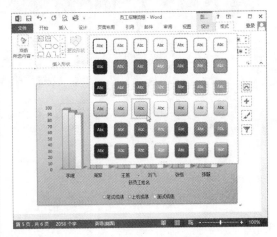

图 3-138 自定义设置样式

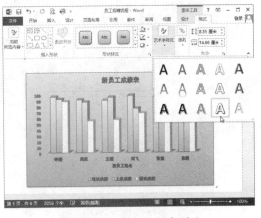

图 3-139 设置艺术字样式

3.6 课后练习疑难解答

疑问 1： 在文档中添加页眉时，如果希望文档中的奇数页和偶数页的页眉不同，该如何插入？

答： 首先在奇数页插入需要的页眉，然后在【选项组】组中选中【奇偶页不同】复选框，最后在偶数页添加需要的页眉，这样奇偶的页眉就是不同的。

疑问 2： 用户在文档中插入了一个文本框，如何去掉插入文本框的边框线？

答： 选中绘制的文本框，并切换到【格式】选项卡，进入到【格式】设置界面，然后单击【形状样式】选项组中的【形状轮廓】按钮，从弹出的下拉菜单中选择【无轮廓】命令，即可取消文本框的边框线。

第4章

高级排版：制作
项目方案书

● 本章导读：

　　本章首先介绍使用样式格式化文档，接着介绍设置大纲级别、查找和替换字符等内容，然后介绍插入公式、分栏和创建目录等，从而为长文档的编辑奠定知识基础。通过本章的学习，读者将掌握编辑处理长文档的方法。

● 学习目标：

◎　项目方案书写作前的准备
◎　建立项目方案书长文档的结构
◎　添加项目方案书的具体内容
◎　查找和替换编辑对象
◎　"项目方案书"文档的版面控制
◎　"项目方案书"文档的后期处理

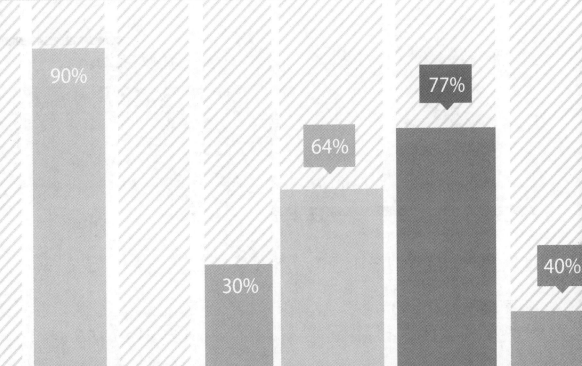

4.1 项目方案书写作前的准备

俗话说得好"磨刀不误砍柴工"，可见准备工作是非常重要的，制作项目方案书同样也需要做好前期准备工作。

4.1.1 设置纸张规格及整体版式

项目方案书写作前准备的第一项工作就是对制作项目方案书的纸张规模及整体版式进行设置，具体的操作步骤如下。

步骤 1 新建空白文档，然后切换到【页面布局】选项卡，在如图4-1所示的【页面设置】选项组中，单击【纸张大小】按钮，从弹出的下拉菜单中选择需要的纸张选项，如图4-2所示。

图 4-1 【页面设置】选项组

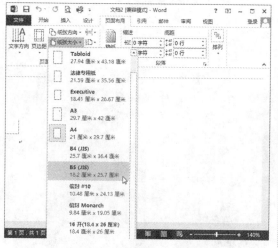

图 4-2 选择纸张大小

步骤 2 单击【页边距】按钮，从弹出的下拉菜单中选择页边距的选项，如图4-3所示。

步骤 3 切换到【文件】选项卡，进入到【文件】设置界面，选择【另存为】选项，单击【浏】

览】按钮，打开【另存为】对话框，输入文档的名称"项目方案书"，如图4-4所示，单击【保存】按钮即可将创建的文档保存起来。

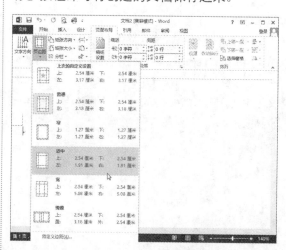

图 4-3 设置页边距

图 4-4 【另存为】对话框

4.1.2　建立各类段落样式

在【开始】选项卡的【样式】选项组中可以看到，Word 2013 本身自带了许多内置样式，如图 4-5 所示。但是在实际应用过程中，这些并不能满足用户的使用需要，这就需要用户根据要求建立各类需要的段落样式。

 创建新样式

创建新样式的具体操作步骤如下。

步骤 1 在【样式】选项组中单击 按钮，即可打开【样式】任务窗格，如图 4-6 所示。

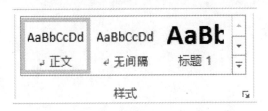

图 4-5　"样式"选项组

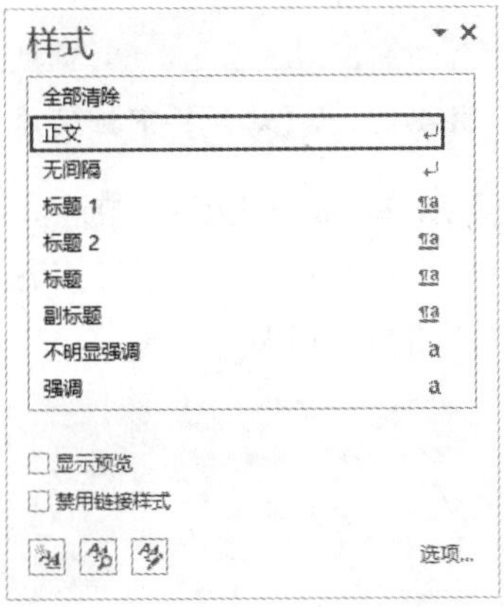

图 4-6　【样式】任务窗格

步骤 2 在任务窗格中单击【新建样式】按钮 ，即可打开【根据格式设置创建新样式】对话框，在【名称】文本框中输入新建样式的名称，单击【样式类型】下拉按钮，从弹出的下拉列表中选择【段落】选项，如图 4-7 所示。

步骤 3 单击【样式基准】下拉按钮，从弹出的下拉列表中选择【正文】选项，如图 4-8 所示。

图 4-7　【根据格式设置创建新样式】对话框

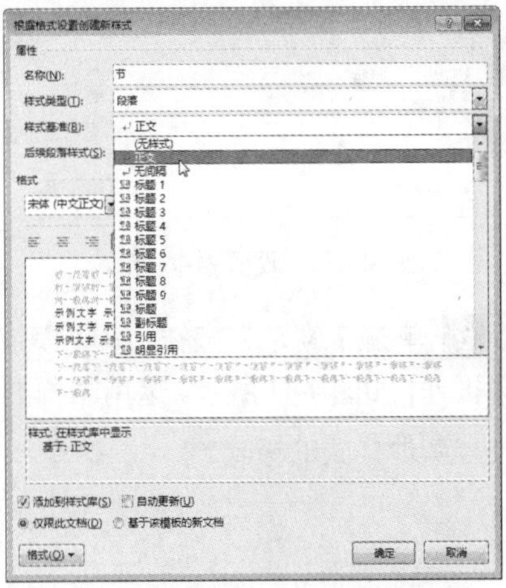

图 4-8　设置样式基准

步骤 4 单击【后续段落样式】下拉按钮，从弹出的下拉列表中选择【正文】选项，如图 4-9 所示。

步骤 5 在【格式】选项组中设置字体、字号等选项，然后单击【居中】按钮、【单倍行距】按钮和【增加段间距】按钮，并选中【添加到样式库】复选框，如图 4-10 所示。

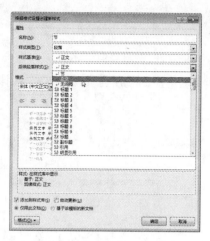

图 4-9　设置后续段落样式

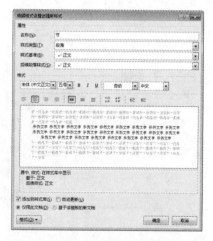

图 4-10　设置样式格式

步骤 6 单击【确定】按钮，即可完成样式的创建操作，如图 4-11 所示。运用同样的方法，即可创建其他样式的格式。

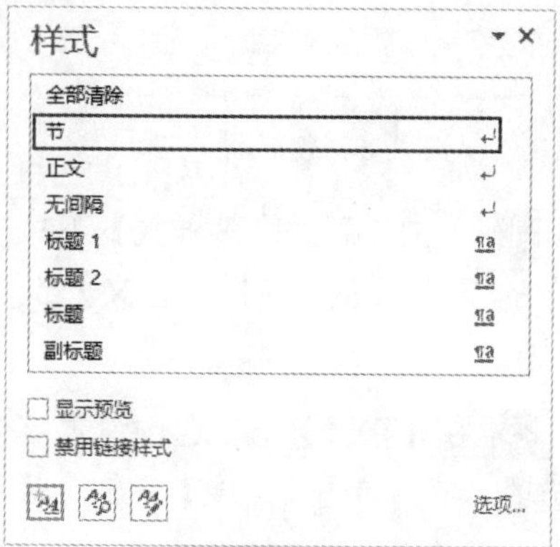

样式	▼ ×
全部清除	
节	↵
正文	↵
无间隔	↵
标题 1	¶a
标题 2	¶a
标题	¶a
副标题	¶a
□ 显示预览	
□ 禁用链接样式	
选项...	

图 4-11　添加样式显现

2. 设置样式格式

创建的样式可以通过【根据格式设置创建新样式】对话框中的【属性】和【格式】组来设置其格式，还可以通过以下的操作来实现。

步骤 1 在【根据格式设置创建新样式】对话框中，单击左下角的【格式】按钮，即可弹出下拉菜单，如图 4-12 所示。

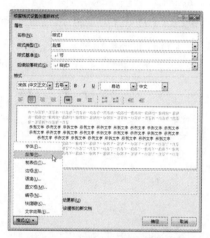

图 4-12　【格式】下拉菜单

步骤 2 从弹出的下拉菜单中选择相应的选项，即可在打开的对话框中对样式进行详细的格式设置，如图 4-13 所示。

图 4-13　设置样式格式

3. 设置样式快捷键

样式创建完毕之后就可以直接套用，但是如果能为这些样式创建相应的快捷键，就可以更加方便快捷地应用。具体的操作步骤如下。

步骤 1 在【样式】选项组中单击 按钮，即可打开【样式】任务窗格，然后单击任务窗格中的某项样式右边的下拉箭头，从弹出的下拉菜单中选择【修改】命令，如图 4-14 所示，即可打开【修改样式】对话框，如图 4-15 所示。

图 4-14　选择【修改】命令

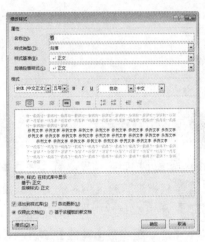

图 4-15　【修改样式】对话框

步骤 2 单击左下角的【格式】按钮，从弹出的菜单中选择【快捷键】命令，即可打开【自定义键盘】对话框，如图 4-16 所示。

步骤 3 将光标定位于【请按新快捷键】文本框中，并按键盘上的组合键，这个组合键是用户自定义的，然后单击【将更改保存在】下拉按钮，从弹出的下拉列表中选择相应的选项，如图 4-17 所示。

图 4-16　【自定义键盘】对话框

图 4-17　自定义组合键

步骤 **4** 单击【指定】按钮，此时指定的组合键即可添加到【当前快捷键】文本框中，如图 4-18 所示。

步骤 **5** 单击【关闭】按钮，返回到【修改样式】对话框中，然后单击【确定】按钮，即可完成快捷键的设置。

图 4-18　指定快捷键

4.1.3　应用样式

样式创建完毕后，就可以将该样式套用到文档中，具体的操作步骤如下。

步骤 **1** 根据需要输入相应的文档，如图 4-19 所示。

步骤 **2** 如果要将样式应用于段落，只需将光标定位于该段落，然后单击【开始】选项卡下【样式】选项组中的【其他】按钮，从弹出的下拉菜单中选择相应的样式并单击，如图 4-20 所示。

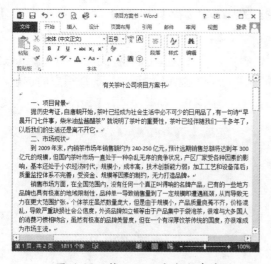

图 4-19　输入项目方案书内容

图 4-20　选择所需的样式

步骤 **3** 即可将相应样式应用到指定的文档段落中，如图 4-21 所示。

步骤 **4** 将光标定位于节的标题处，然后单击【样式】选项组中的 按钮，弹出【样式】任务窗格，单击【节】样式即可将【节】样式应用到指定的文档段落中去，如图 4-22 所示。

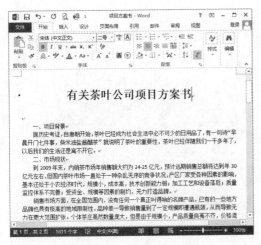

图 4-21 应用"章"样式

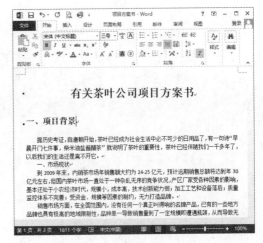

图 4-22 应用"节"样式

4.1.4 修改样式

如果创建的样式不符合使用的需要，用户可以对其进行修改，具体的操作步骤如下。

步骤 1 将光标定位于要修改样式的文本中，然后单击【开始】选项卡下【样式】选项组中的【其他】按钮，从弹出的菜单中选择【应用样式】选项，即可打开【应用样式】对话框，如图 4-23 所示。

步骤 2 单击【样式名】下拉按钮，从弹出的下拉列表中选择要修改的样式类型，然后单击【修改】按钮，即可打开【修改样式】对话框，在其中对样式可进行修改，如图 4-24 所示。

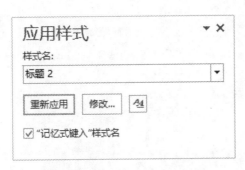

图 4-23 【应用样式】对话框

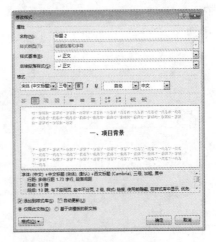

图 4-24 修改样式

步骤 3 单击【确定】按钮，返回到【应用样式】对话框，如图 4-25 所示。

步骤 4 单击【重新应用】按钮，然后关闭【应用样式】对话框，此时文档已经应用了修改后的样式，如图 4-26 所示。

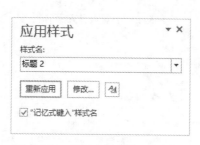

图 4-25 【应用样式】对话框

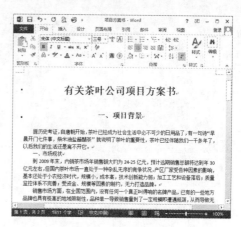

图 4-26 应用新样式

4.1.5 查看样式中包含的样式

如果要查看样式中包含的样式，只需单击【开始】选项卡，然后单击【样式】选项组中的 按钮，即可弹出【样式】任务窗格，将光标指向需要查看的样式，此时窗口显示出该样式包含的所有格式，如图 4-27 所示。

除了上述的方法之外，用户可以通过【样式检查器】来详细查看并重新设置样式，具体的操作步骤如下。

步骤 1 切换到【开始】选项卡，然后单击【样式】选项组中的 按钮，即可弹出【样式】任务窗格。

步骤 2 单击【样式检查器】按钮 ，打开【样式检查器】对话框，如图 4-28 所示。

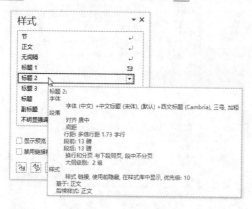

图 4-27 【样式】任务窗格

图 4-28 【样式检查器】对话框

步骤 3 单击【样式格式】按钮 ，即可弹出【显示格式】任务窗格。将光标定位于文档窗口中的任意位置，【显示格式】任务窗格中会显示出光标所处位置文档的所有格式，如图 4-29 所示。

步骤 4 将光标定位在章或节的文档标题中，在【显示格式】任务窗格中的【段落】选项组中出现【段落样式】超链接，单击【段落样式】超链接，打开【样式】对话框，用户可以进行新建、修改或删除等操作，如图 4-30 所示。

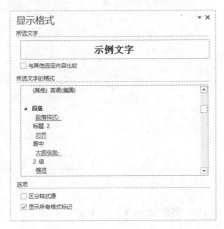

图 4-29 【显示格式】任务窗格

图 4-30 【样式】对话框

4.1.6 管理样式

创建的样式比较多的情况下，就需要对创建的样式进行适时管理，具体的操作步骤如下。

步骤 1 切换到【开始】选项卡，然后单击【样式】选项组中的 按钮，即可弹出【样式】任务窗格。

步骤 2 单击【管理样式】按钮 ，打开【管理样式】对话框，在【编辑】选项卡的【选择要编辑的样式】列表框中选择需要编辑的样式，如图 4-31 所示。

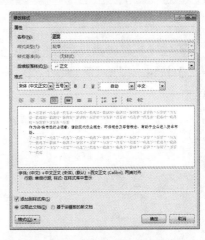

图 4-32 【修改样式】对话框

步骤 4 如果要删除某样式，只需在【管理样式】对话框中选择此样式，然后单击【删除】按钮，弹出是否删除提示，如图 4-33 所示。单击【是】按钮，即可完成样式的删除操作。

图 4-31 【管理样式】对话框

步骤 3 然后单击【修改】按钮，即可打开【修改样式】对话框，根据实际情况修改样式格式，如图 4-32 所示。

图 4-33 信息提示框

步骤 5 在【管理样式】对话框中，单击【新建样式】按钮，即可从弹出的【根据格式设置创建新样式】对话框中创建所需的样式，如图 4-34 所示。

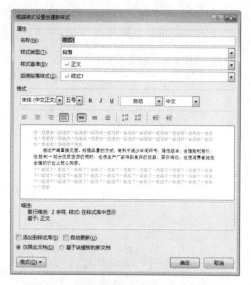

图 4-34　新建样式

步骤 6 在【管理样式】对话框中单击【导入/导出】按钮，打开【管理器】对话框，如图 4-35 所示。

图 4-35　【管理器】对话框

步骤 7 单击【关闭文件】按钮，此时此按钮变为【打开文件】按钮，再次单击【打开文件】按钮，即可打开【打开】对话框，选择要

应用的模板，如图 4-36 所示。

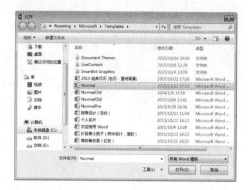

图 4-36　【打开】对话框

步骤 8 单击【打开】按钮，返回到【管理器】对话框，在左侧的样式列表框中可以看到添加进来的模板样式列表，在列表框中选择要复制的样式，然后单击【复制】按钮，即可将选中的样式复制到右侧的列表框中去，如图 4-37 所示。

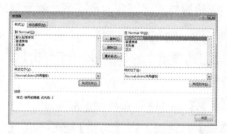

图 4-37　复制样式

步骤 9 选定要重命名的样式，然后单击【重命名】按钮，即可打开【重命名】对话框，在文本框中输入指定的名称，如图 4-38 所示，单击【关闭】按钮，即可完成设置操作。

图 4-38　【重命名】对话框

4.1.7　快速删除样式

在管理样式的过程中已经介绍过如何删除样式，但是如果希望快速删除样式，就需要在【样式】任务窗格中进行设置。具体的操作步骤如下。

步骤 1 切换到【开始】选项卡，然后单击【样式】选项组中的 按钮，即可弹出【样式】任务窗格。

步骤 2 用鼠标指向需要删除的样式并单击右侧的箭头，从弹出的菜单中选择【删除"明显参考"】选项，如图 4-39 所示，即可弹出是否确定删除的提示，单击【是】按钮，即可完成样式的删除操作，如图 4-40 所示。

图 4-39　快速删除样式

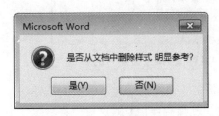

图 4-40　信息提示框

4.1.8　审查设置并保护样式

通过前面的介绍了解到，样式创建完毕之后可以根据需要进行随意的更改或删除操作，为了防止自己创建的样式被恶意更改，就需要使用保护样式功能将创建好的样式保护起来。具体的操作步骤如下。

步骤 1 切换到【审阅】选项卡，进入到【审阅】设置界面，然后单击【保护】选项组中的【限制编辑】按钮，即可打开【限制编辑】任务窗格，如图 4-41 所示。

图 4-41　【限制编辑】任务窗格

步骤 2 选中【限制对选定的样式设置格式】复选框，然后单击【设置】超链接，即可打开

【格式设置限制】对话框，如图 4-42 所示。

图 4-42　【格式设置限制】对话框

步骤 3 选中【限制对选定的样式设置格式】复选框，并单击【全部】按钮，选中当前允许使用的样式选项，然后单击【确定】按钮，即可返回到【限制编辑】任务窗格，如图 4-43 所示。

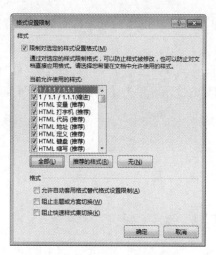

图 4-43　选择允许使用的样式

步骤 4 单击【是，启动强制保护】按钮，即可打开【启动强制保护】对话框，在文本框中输入相应的密码内容，如图 4-44 所示。

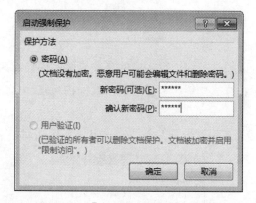

图 4-44　【启动强制保护】对话框

步骤 5 单击【确定】按钮，返回到【限制编辑】任务窗格中，此时呈现如图 4-45 所示。

步骤 6 单击【样式】任务窗格中样式右侧的按钮，呈现如图 4-46 所示的下拉菜单，此时将不能对样式做修改。

图 4-45　启动保护样式功能后的任务窗格

图 4-46　文档样式被保护

步骤 7 在【限制编辑】任务窗格中单击【停止保护】按钮，即可打开【取消保护文档】对话框，在文本框中输入相应的密码，如图 4-47 所示。

图 4-47　【取消保护文档】对话框

步骤 8 单击【确定】按钮，即可回到【限制编辑】任务窗格，取消样式的保护状态。

4.1.9　保存为模板

　　完成文档样式的新建和修改之后，为了避免在每个文档中反复设置格式，用户可以将此文档保存为模板，在以后的使用过程中直接调用即可。其具体操作步骤如下。

步骤 1 切换到【文件】选项卡，进入到【文件】界面，然后选择【另存为】选项，如图4-48所示。

步骤 2 单击【浏览】按钮，打开【另存为】对话框，选择保存的位置，然后单击【保存类型】下拉按钮，从弹出的下拉列表中选择【Word模板】选项，如图4-49所示。然后单击【保存】按钮，即可将文档保存为模板。

步骤 3 保存完毕之后，在保存位置即可出现模板图标，再次使用此模板时直接双击该图标即可打开并使用模板。

图4-48 【文件】界面

图4-49 【另存为】对话框

4.2 建立项目方案书长文档的结构

在页面视图下查看比较长的文档的结构，是比较困难的事，在Word 2013中，使用大纲视图可以快速地了解文档的结构，所以在编辑长文档时，就需要建立长文档的结构。

4.2.1 打开模板并切换到大纲视图

在大纲视图中，用户可以清晰地看出文档的结构，文档标题和正文文字在此视图中将会被分级显示出来，而根据用户的具体需要，还可以将小级别的标题和正文隐藏起来，以达到更加清晰显示总体结构的效果。

当模板文档打开后，切换到【视图】选项卡，然后单击【文档视图】选项组中的【大纲视图】按钮，即可将文档切换到大纲视图，此时功能区出现【大纲】选项卡，如图4-50所示。

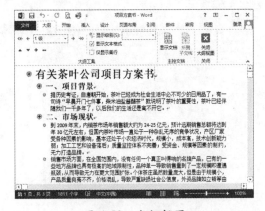

图4-50 大纲视图

标题级别的升降

在 Word 2013 的大纲视图中，用户可以很方便地设置标题级别，Word 一共提供了 9 个大纲级别。只有设定了标题样式的文档才能在大纲视图中显示出大纲级别来。在大纲视图中，用户可以将文档大纲折叠起来，只显示所需要的标题和正文内容。

1. 设置样式时设置大纲级别

设置大纲级别的具体方法如下。

步骤 1 切换到【开始】选项卡，然后单击【样式】选项组中的【其他】按钮，从弹出的【样式】菜单中右击【标题 1】样式，从弹出的快捷菜单中选择【修改】命令，如图 4-51 所示。

图 4-51 选择【修改】命令

步骤 2 打开【修改样式】对话框，单击【格式】按钮，从弹出的菜单中选择【段落】选项，如图 4-52 所示。

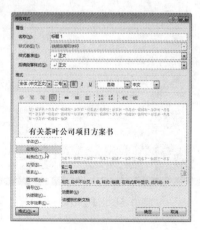

图 4-52 【修改样式】对话框

步骤 3 打开【段落】对话框，在【常规】选项组中单击【大纲级别】下拉按钮，从弹出的下拉列表中选择【1 级】选项，如图 4-53 所示。

图 4-53 选择【1 级】选项

步骤 4 单击【确定】按钮，返回到【修改样式】对话框，再次单击【确定】按钮，设置即可生效，此时标题就会以 1 级大纲显示，如图 4-54 所示。

图 4-54 设置章级别

2. 在大纲视图中设置大纲级别

前面已经介绍了在设置时设置大纲级别的操作，而在大纲视图中设置大纲级别的方法有别于在设置样式时设置大纲级别的方法。具体的操作步骤如下。

步骤 1 在大纲视图中，将光标定位于要设置大纲级别的标题中，并切换到【大纲】选项卡，进入到【大纲】设置界面，如图 4-55 所示。

图 4-55　【大纲】设置界面

步骤 2 单击【大纲工具】选项组中的【正文文本】下拉按钮，弹出如图 4-56 所示的下拉列表，从下拉列表中选择【1 级】选项，此时"标题 1"便应用了大纲级别中的 1 级。

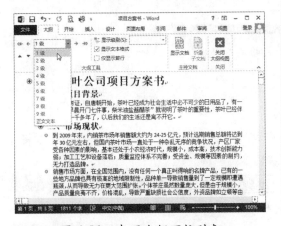

图 4-56　打开大纲下拉列表

步骤 3 运用同样的方法即可设置"标题2""正文"样式的大纲级别。

> **提示**
> 在 Word 2013 的内置样式中，"标题 1～9"和大纲级别中的"1～9"是相互对应的，如果使用标题级别，那么即使没有指定大纲级别，大纲级别也会自动应用。

3. 大纲级别的升降级

如果对设置好的大纲级别不满意，则可以

对大纲的级别进行修改。选中需要改变大纲级别的标题，然后在【大纲】选项卡的【大纲工具】选项组中单击 ≪ 按钮，即可将该标题级别提升到最高级，单击 ⬅ 按钮即可将该标题提升一级，单击 ➡ 按钮可将标题降低一级，单击 ≫ 按钮可将标题降低到最低的正文级别，如图 4-57 所示。

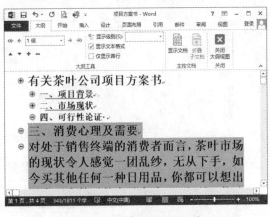

图 4-57　升级大纲级别

除此之外，还可以将光标指向标题前的 ⊕ 图标，当光标呈现 ⊕ 状态时，按住鼠标左键拖动，此时光标呈现双向箭头状态，拖动到所需标题级别的缩进位置即可改变大纲级别，如图 4-58 所示。

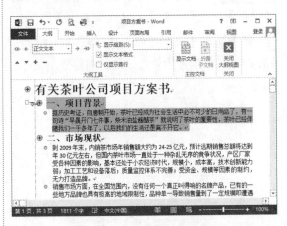

图 4-58　拖动改变大纲级别

4.2.3 标题和段落内容的移动

如果用户需要移动标题和段落的内容，也可以轻松地在大纲视图中通过【大纲】选项卡中的按钮来完成。即选定需要移动的段落内容，单击【大纲】选项卡中【大纲工具】选项组中的【上移】按钮 ▲ 或【下移】按钮 ▼，即可将选定的内容上移或者下移，如图 4-59 所示。

> **提示** 光标定位于标题中，单击【上移】按钮 ▲ 或【下移】按钮 ▼，则移动标题而不移动它下属的内容；光标定位于段落中，单击【上移】按钮 ▲ 或【下移】按钮 ▼，则会将该段落内容上移或下移。

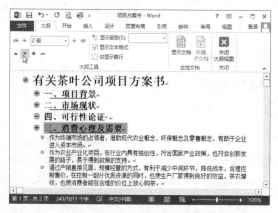

图 4-59　移动选定的文本内容

4.2.4 展开或折叠纲目层次

在【大纲】选项卡的【大纲工具】选项组中有两个按钮 **+** 和 **−**，运用这两个按钮可以将大纲级别中的内容展开或折叠显示，具体的操作步骤如下。

步骤 1 将光标定位于标题中，然后切换到【大纲】选项卡，进入到【大纲】设置界面。

步骤 2 在【大纲工具】选项组中单击 **−** 按钮，即可将标题下的最低级别的内容取消显示，如图 4-60 所示。

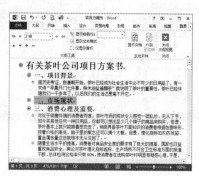

图 4-60　取消显示低级别文字

步骤 3 单击 **+** 按钮，即可恢复对折叠内容的显示，如图 4-61 所示。

图 4-61　展开文字

> **提示** 双击标题前的 **+** 图标，也可以快速展开或折叠标题。

4.2.5 大纲视图的显示方式

在大纲视图中根据不同的需要有不同的显示方式，如果在【大纲工具】选项组中单击【显示级别】下拉按钮，从弹出的下拉列表中选择要显示的级别，这里选择【1 级】选项，此时文档将显示所有 1 级大纲级别，如图 4-62 所示。

如果在【大纲工具】选项组中选中【只显示首行】复选框，则系统只显示每一段首行的文字，如图 4-63 所示。

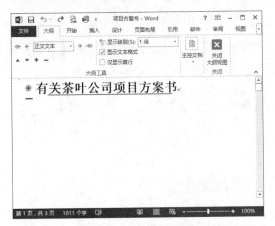

图 4-62　取消显示文字格式的文档

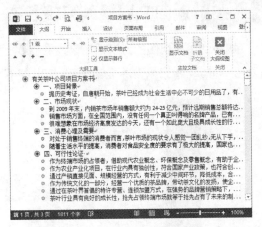

图 4-63　只显示首行的文档

4.2.6 在大纲视图中选择内容

在大纲视图中选择文档内容比在页面视图中选择内容的方法要简单得多，只要单击标题前面的⊕图标，就可以选中该标题及标题下的子标题和正文，如图 4-64 所示。如果要选中某个段落，只用单击正文前面的●图标即可，如图 4-65 所示。

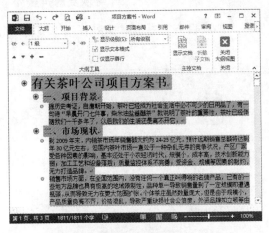

图 4-64　选中标题和正文内容

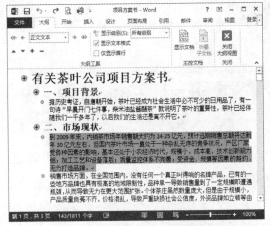

图 4-65　选中段落

Word Excel PowerPoint 2013 高效办公实战从入门到精通（视频教学版）

4.2.7 打印大纲

如果在大纲视图中只显示文档的层次结构，那么打印出来的就是显示出来的层次结构，如果选中【只显示首行】复选框，那么打印出来的就是全部正文。选择要打印的内容之后，切换到【文件】选项卡，进入到【文件】设置界面，然后单击【打印】按钮，即可预览打印效果，如图 4-66 所示。单击【打印】按钮，即可将显示的文字打印出来。

4.2.8 返回文稿输入编辑状态

切换到页面视图的方法很简单，单击【视图】选项卡的【文档视图】选项组中的【页面视图】按钮，即可返回文稿输入编辑状态，如图 4-67 所示。

 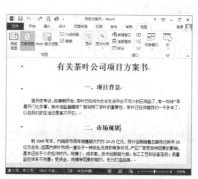

图 4-66　打印效果预览　　　　图 4-67　页面视图

4.3 添加项目方案书的具体内容

建立完项目方案书长文档的结构后，还需要添加项目方案书的具体内容，本节将对此进行详细的介绍。

4.3.1 在建立大纲的基础上输入文字

在文档中的各个标题应用了样式，并设置好大纲级别之后，文档的结构就变得很清晰了，接下来用户就可以在各个标题下面输入方案书中的具体文字内容了，如图 4-68 所示。

图 4-68　输入文字内容

4.3.2　在文稿中插入公式

在编辑长文档的文稿时，有时候还需要插入一些公式来满足某些计算操作，下面就详细介绍公式的插入和编辑等操作的方法。

1. 插入公式

在文稿中插入公式的方法有两种：一种是利用公式工具插入公式，另一种就是在兼容模式下插入公式。下面分别对这两种方法进行详细的介绍。

（1）利用公式工具插入公式

利用公式工具插入公式的具体操作步骤如下。

步骤 1 将光标定位到需要插入公式的位置，然后切换到【插入】选项卡，进入到【插入】设置界面。

步骤 2 单击【符号】选项组中的 π 公式· 按钮右侧的下拉箭头，即可弹出如图 4-69 所示的下拉菜单。

图 4-69　公式下拉菜单

步骤 3 从下拉菜单中选择所需的公式类型并单击，即可在编辑区插入所需的公式。如果没有所需的公式类型，则在下拉菜单中选择【插入新公式】选项，或是直接单击 π 公式· 按钮，即可在编辑区插入【在此处键入公式】文本框，如图 4-70 所示，直接输入相应的公式即可。

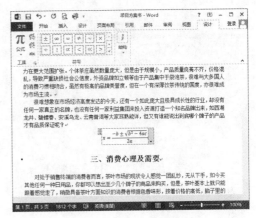

图 4-70　插入新公式

（2）在兼容模式下插入公式

当 Word 文档被保存为兼容模式的时候，π 公式· 将呈现灰色状态，表示此按钮不能被使用，这时候就需要通过以下方法来插入公式。具体的操作步骤如下。

步骤 1 切换到【插入】选项卡，进入到【插入】设置界面，然后单击【文本】选项组中的【对象】按钮右边的下拉箭头，从弹出的菜单中选择【对象】选项，打开【对象】对话框，从【对象类型】列表框中选择【Microsoft 公式 3.0】选项，如图 4-71 所示。

图 4-71　【对象】对话框

步骤 2 单击【确定】按钮，此时会插入编辑公式文本框并弹出公式编辑器，如图4-72所示，单击任何一个按钮样式都可以来编辑公式。

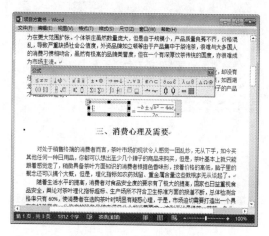

图 4-72　公式编辑器

2. 编辑公式

如果需要在文稿中插入公式"V= π h(R2+Rr+r2)"，则需要进行如下的操作。

步骤 1 切换到【插入】选项卡，进入到【插入】设置界面，然后单击【符号】选项组中的 **π**公式·按钮，打开【在此处键入公式】文本框，并输入内容"V="，如图4-73所示。

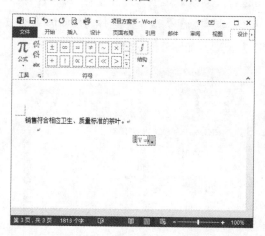

图 4-73　输入内容"V="

步骤 2 切换到【公式工具】下的【设计】选项卡，进入到【设计】设置界面，然后单击

【符号】选项组中的【其他】按钮，弹出符号列表框，如图4-74所示。

图 4-74　符号列表框

步骤 3 从符号列表框中单击【基础数学】右侧的下拉箭头，从下拉列表中选择【希腊字母】选项，如图4-75所示。

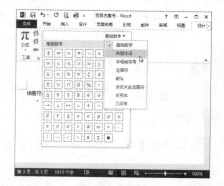

图 4-75　选择【希腊字母】选项

步骤 4 此时符号列表框中列出相应的字母，选择"π"符号，即可在【在此处键入公式】文本框中输入 π 符号，接着输入其他的内容，如图4-76所示。

图 4-76　输入 π 符号及其内容

步骤 5 单击【结构】选项组中的【上下标】按钮，从弹出的下拉列表中选择【上标】选项，然后在下标文本处输入"R"，在上标文本处输入"2"，并按键盘上的→键，使光标定位到正常输入位置，如图 4-77 所示。

步骤 6 运用同样的方法，即可输入公式的其他部分，输入完毕后的公式如图 4-78 所示。

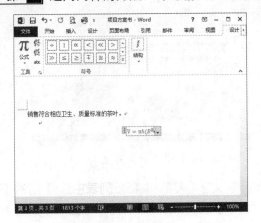

图 4-77　编辑公式

图 4-78　输入完整的公式

4.3.3　在长文档中建立表格

在项目方案书中会根据需要建立工程进度表，这时候就需要借助于建立表格来实现，具体的操作步骤如下。

步骤 1 切换到【插入】选项卡，进入到【插入】设置界面，然后单击【表格】选项组中的【表格】按钮，打开【插入表格】对话框，输入插入表格的行数和列数，如图 4-79 所示。

步骤 2 单击【确定】按钮，即可建立一个表格，并根据实际情况输入相应的文字内容，如图 4-80 所示。

图 4-79　【插入表格】对话框

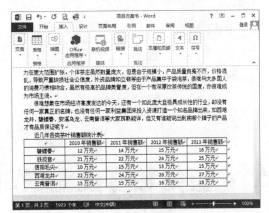

图 4-80　插入表格并输入文字

步骤 3 将光标定位在表格的第 1 行，然后右击，在弹出的快捷菜单中选择【插入】→【在上方插入一行】命令，即可在表格的最上方插入一行，如图 4-81 所示。

步骤 4 选中表格的第1行，切换到【表格工具】下的【布局】选项卡，然后单击【合并】选项组中的【合并单元格】按钮，即可将单元格合并，如图4-82所示。

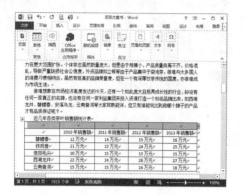

图 4-81　插入一行

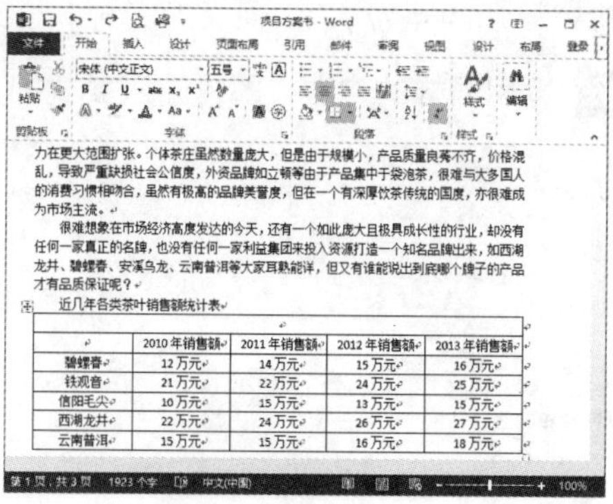

图 4-82　合并单元格

步骤 5 将光标定位于第1行，在其中输入表格标题文字，然后切换到【表格工具】下的【布局】选项卡，单击【对齐方式】选项组中的【水平居中】按钮，即可使文字水平居中，如图4-83所示。

步骤 6 将光标定位于表格中，切换到【表格工具】下的【布局】选项卡，然后单击【表】选项组中的【属性】按钮，打开【表格属性】对话框，在【对齐方式】选项组中选择【居中】选项，在【文字环绕】选项组中选择【无】选项，然后单击【确定】按钮，即可让表格在文档中以居中对齐方式显示，如图4-84所示。

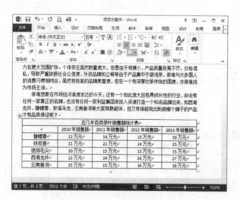

图 4-83　设置单元格文字

图 4-84　【表格属性】对话框

4.4 查找和替换编辑对象

在一篇长文档中，如果要查找重复的一个字或者一个词，可能需要很长的时间，但在Word 2013中，用户则可以通过查找和替换功能来快速地找到需要的字或词句，同时并将其替换成需要的字或词句。

4.4.1 查找和替换文字

查找和替换功能可以批量修改文档中的文字，例如将项目方案书中的"茶叶"修改为"干果"，可以按照如下操作步骤进行。

步骤 1 单击【开始】选项卡下【编辑】选项组中的【查找】按钮，从弹出的菜单中选择【查找】选项，即可出现【导航】窗格，如图 4-85 所示。

步骤 2 在【搜索文档】文本框中输入需要查找的内容，系统即可自动查找到查找内容在文档中的位置，如图 4-86 所示。

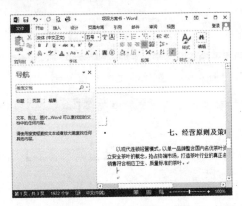

图 4-85 【导航】窗格

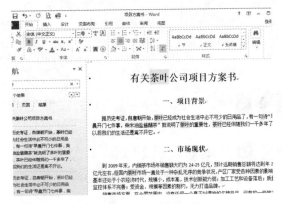

图 4-86 查找结果显示

步骤 3 单击【编辑】选项组中的【替换】按钮，打开【查找和替换】对话框，如图 4-87 所示。

步骤 4 在【替换为】文本框中输入需要替换的内容，然后单击【全部替换】按钮，即可弹出如图 4-88 所示的信息提示框，最后单击【确定】按钮，即可完成替换操作。

图 4-87 【查找和替换】对话框

图 4-88 信息提示框

4.4.2 突出显示查找的字符

通过前面的介绍用户可以顺利查找到需要的内容，如果需要突出显示查找的字符，就需要进行如下的操作。

步骤 1 切换到【开始】选项卡，进入到【开始】设置界面，然后单击【编辑】选项组中的【查找】按钮，从弹出的菜单中选择【查找】选项，即可出现【查找】窗格。

步骤 2 单击【搜索文档】右侧的下拉箭头，从弹出的菜单中选择【查找】选项，即可打开【查找和替换】对话框，在【查找内容】文本框中输入要查找的字符，如图 4-89 所示。

步骤 3 单击【阅读突出显示】按钮，从弹出的菜单中选择【全部突出显示】选项，查找出的文本将以突出的颜色显示出来，如图 4-90 所示。

图 4-89　【查找和替换】对话框

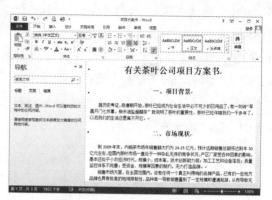

图 4-90　查找的文本突出显示

步骤 4 单击【在以下项中查找】按钮，即可弹出下拉菜单，从下拉菜单中选择【主文档】选项，如图 4-91 所示。

步骤 5 单击【主文档】选项后，整个文档会显示出查找的字符，并在【查找和替换】对话框中提示查找到多少个与此条件相匹配的项，如图 4-92 所示。

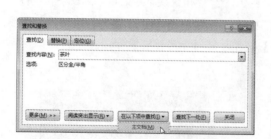

图 4-91　选择【主文档】选项

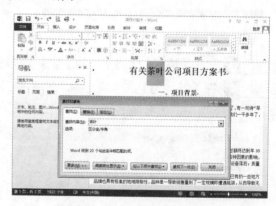

图 4-92　显示查找到多少个

4.4.3　查找格式

运用 Word 2013 的查找功能除了可以查找文本内容，还可以查找文本的相应格式，具体的操作步骤如下。

步骤 1 在【查找】窗格中单击【搜索文档】右侧的下拉箭头，从弹出的菜单中选择【高级查找】选项，打开【查找和替换】对话框，删除【查找内容】文本框中的字符，单击【更多】按钮，即可打开查找和替换的高级选项，如图 4-93 所示。

步骤 2 单击【格式】按钮，并从弹出的下拉列表中选择【字体】选项，即可打开【查找字体】对话框，如图 4-94 所示。

图 4-93 高级选项　　　　图 4-94 【查找字体】对话框

步骤 3 根据实际情况选择所要查找的字体格式，然后单击【确定】按钮，即可回到【查找和替换】对话框，此时【查找内容】下拉列表框下方显示出刚刚选择的格式，如图 4-95 所示。

步骤 4 单击【查找下一处】按钮，Word 将逐个找到指定的格式，并以默认的形式显示出应用此格式的文本，如图 4-96 所示。

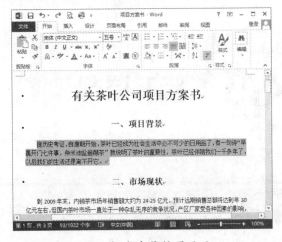

图 4-95 查找格式　　　　图 4-96 格式查找结果显示

4.4.4 删除多余的空行

Word 2013 的查找替换功能还可以删除多余的空行，具体的操作步骤如下。

步骤 1 在【查找和替换】对话框的【替换】设置界面中单击【搜索选项】选项组中的【搜索】下拉按钮，从弹出的菜单中选择【全部】选项。

步骤 2 单击【特殊格式】按钮，从弹出的菜单中选择【段落标记】选项，再次单击【特殊格式】按钮，从弹出的菜单中选择【段落标记】选项，此时【查找内容】列表框中将插入 ^p^p，如图 4-97 所示。

步骤 3 将光标定位于【替换为】文本框中，然后单击【特殊格式】按钮，从弹出的菜单中选择【段落标记】选项，此时【替换为】文本框中将插入 ^p，如图 4-98 所示。

步骤 4 单击【全部替换】按钮，即可实现删除文档中多余的空行的操作。

图 4-97　输入查找内容

图 4-98　输入替换内容

4.5 版面控制

Word 中有一套预设的版面设计格式，如果用户对此不满意，可以自行进行版面的调整控制。

4.5.1 建立章节分隔

在用户编辑文档的时候，当输入的文档满一页的时候，Word 将会自动插入分页符并自动换页，但是如果用户需要将一页中的内容分到下一页显示，则可以通过插入分页符来实现。具体的操作步骤如下。

步骤 1 将光标定位到章名称的开始处，然后单击【页面布局】选项卡下【页面设置】选项组中的【分隔符】按钮，即可弹出下拉菜单，如图 4-99 所示。

步骤 2 选择【分页符】选项，光标后面的文本将自动跳转到下一页，如图 4-100 所示。

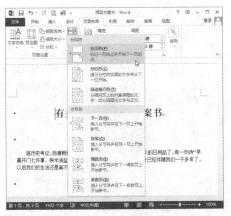

图 4-99　选择【分页符】选项

图 4-100　插入分页符

4.5.2　建立分栏版式

在 Word 中，分栏指的是将页面文档分为多个栏，下面就来讲一下如何对文档进行分栏。如果将光标定位于分栏的文档是对整个文档进行分栏，如果对文档的一部分分栏，则需要选定要进行分栏的文档部分。分栏的具体操作步骤如下。

步骤 1 将光标定位到要分栏的文档部分，单击【页面布局】选项卡下【页面设置】选项组中的【分栏】按钮，从弹出的菜单中选择要分栏的栏数，即可实现文档的分栏操作，如图 4-101 所示。

需要从【分栏】菜单中选择【更多分栏】选项，打开【分栏】对话框，在其中设置相关参数，如图 4-102 所示。

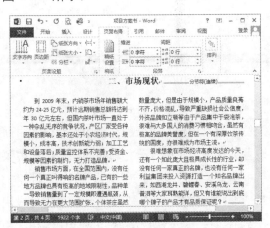

图 4-101　将文档分成两栏

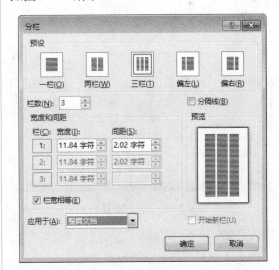

图 4-102　【分栏】对话框

步骤 2 在【分栏】菜单中最多只能将文档分为三栏，如果希望将文档分成更多的栏，就

步骤 3 单击【确定】按钮，即可将文档按照要求分为相应的栏数，如图 4-103 所示。

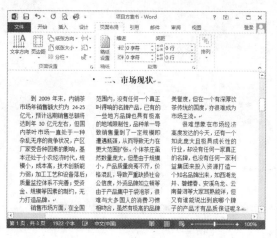

图 4-103　将文档分成三栏

步骤 4 通过分栏可以发现标题都被分到栏中，这时需要将这些标题设置为通栏标题。选中要设置为通栏标题的标题文字，然后单击【页面设置】选项组中的【分栏】按钮，从弹出的菜单中选择【一栏】选项，即可将选中的标题文字设置为通栏标题，如图 4-104 所示。

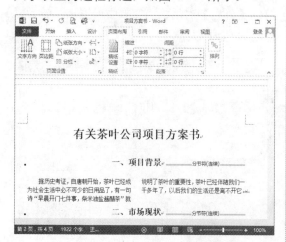

图 4-104　设置通栏标题

步骤 5 如果对已经分栏的文档栏数不满意，可以改变分栏的栏数，或是在各栏之间加分隔线，以及修改栏的宽度等。将光标定位到修改分栏的文档，然后打开【分栏】对话框，在其中设置相关参数，如图 4-105 所示。

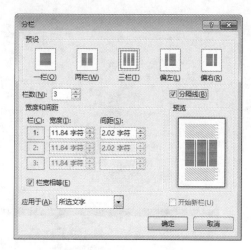

图 4-105　修改分栏

步骤 6 单击【确定】按钮，即可使设置生效，如图 4-106 所示。

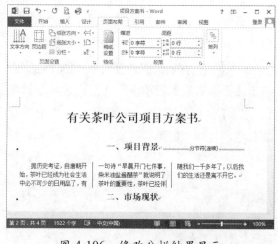

图 4-106　修改分栏结果显示

步骤 7 如果要取消分栏排版，只需将光标定位于要取消分栏排版的文档中，单击【页面设置】选项组中的【分栏】按钮，从弹出的菜单中选择【更多分栏】选项，即可打开【分栏】对话框。选择【一栏】选项，然后单击【应用于】下拉按钮，从弹出的下拉列表中选择【整篇文档】选项，如图 4-107 所示。

步骤 8 单击【确定】按钮，即可取消分栏排版，如图 4-108 所示。

图 4-107　选择【一栏】选项

图 4-108　取消分栏排版

4.6 后期处理

所有的前期工作已经就绪，如果需要一个完整的项目方案书，还需要做相应的后期处理，本节就对项目方案书的后期处理工作进行详细的介绍。

4.6.1 制作封面

Word 2013 中包含了很多漂亮的封面模板，用户可以调用模板直接为文档插入封面，然后再对其进行修改，以便满足具体的需求。具体操作步骤如下。

步骤 1 单击【插入】选项卡下【页面】选项组中的【封面】按钮，即可打开【封面】菜单，如图 4-109 所示。

步骤 2 从菜单中选择需要的封面选项，即可在文档的开头插入封面，如图 4-110 所示。

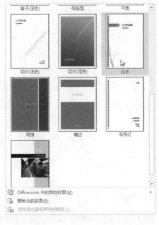

图 4-109　【封面】菜单

图 4-110　插入封面

步骤 3 根据实际情况，在封面中插入文字内容，并根据所学的知识对封面进行相应的设置，如图 4-111 所示。

图 4-111　设置好的封面

4.6.2　创建目录

前面讲到过标题的大纲级别，在 Word 2013 中，凡是应用了大纲级别的标题，就能够自动生成目录。具体的操作步骤如下。

步骤 1 将光标定位到文章的开始位置，然后单击【引用】选项卡下【目录】选项组中的【目录】按钮，即可弹出【目录】下拉菜单，如图 4-112 所示。

步骤 2 从菜单中选择一种需要的目录样式，即可将生成的目录以选择的样式插入，如图 4-113 所示。

图 4-112　【目录】下拉菜单

图 4-113　创建目录

如果用户对 Word 提供的目录样式不满意，则还可以自定义目录样式，其具体操作步骤如下。

步骤 1 将光标定位到目录中，单击【引用】选项卡下【目录】选项组中的【目录】按钮，从弹出的菜单中选择【自定义目录】选项，打开【目录】对话框，选中【显示页码】、【页码右对齐】和【使用超链接而不使用页码】复选框，并单击【格式】下拉按钮，从弹出的下拉列表中选择【正式】选项，然后在【显示级别】微调框中输入要显示的级别，如图 4-114 所示。

步骤 2 单击【确定】按钮，即可弹出是否替换目录提示，如图 4-115 所示，单击【是】按钮，即可应用新目录。

图 4-114 【目录】对话框

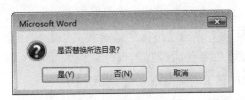

图 4-115 信息提示框

4.6.3 分节控制页眉和页脚信息

如果用户在文档中创建了页眉和页脚，那么在默认情况下，整篇文章的页眉和页脚将都是相同的样式，但有时用户又需要在不同的章节设置不同的页眉和页脚，在 Word 2013 中，为用户提供了分页控制页眉和页脚的功能。具体的操作步骤如下。

步骤 1 将光标定位于需要设置新页眉的位置，单击【页面布局】选项卡下【页面设置】选项组中的【分隔符】按钮，从弹出的菜单中选择【下一页】选项，如图 4-116 所示，此时光标后面的文档内容将在下一页显示，接着分别对其他各章进行分节处理。

图 4-116 选择【下一页】选项

步骤 2 设置好各章的分节符之后，接下来利用前面学习过的知识设置第一章页眉如图 4-117 所示，然后切换到【页眉和页脚工具】下的【设计】选项卡，并单击【导航】选项组中的【下一节】按钮，此时页面转到下一个插入分节符的位置，如图 4-118 所示。

图 4-117　设置第一章页眉

图 4-118　切换到下一节

步骤 3 单击【链接到前一条页眉】按钮，切断第二章页眉页脚与第一章页眉页脚的联系，接着编辑第二章页眉，如图 4-119 所示。

步骤 4 利用上述方法编辑其他章的页眉和页脚，单击【上一节】和【下一节】按钮，在插入的每个分节符之间转换。切换到新的章节内单击【链接到前一条页眉】按钮，取消同上一个页眉和页脚的链接并编辑新的页眉和页脚。

图 4-119　编辑第二章页眉

4.7　课后练习疑难解答

疑问 1： 在文档中插入了多个图片，发现插入的图片不能移动位置和实现组合操作。

答： 检查一下插入的图片的环绕格式，插入的图片如果是嵌入式的，将不能对图片进行组合及移动位置，需要将图片的环绕方式更改为【浮于文字上方】格式才能实现图片的移动和组合操作。

疑问 2： 用户在利用 Word 的查找和替换功能时，发现不能连续查找文本。

答： 检查一下在第一次查找文本时是否设置了查找格式，如果设置了查找格式，在下一次查找文本时，如果不需要再查找格式，就必须删除上次设置的查找格式，然后再进行查找工作。

第2篇

Excel 高效办公

　　Excel 2013具有强大的电子表格制作与数据计算功能,它能够快速计算和分析数据信息,提高工作效率和准确率,是目前使用最为广泛的软件之一。本篇学习 Excel 2013 对表格的编辑和美化、管理数据、透视表、公式和函数等知识。

第 5 章

初级编辑：制作
材料采购清单

● **本章导读：**

　　Excel 2013 是办公自动化应用软件之一，广泛应用于财政、金融、统计、管理等领域，成为用户处理数据信息，进行数据统计分析工作的得力工具。本章通过制作一个材料采购清单来具体了解并掌握 Excel 2013 的初级编辑操作。

● **学习目标：**

◎ 输入与编辑数据
◎ 单元格的基本操作
◎ 设置单元格格式
◎ 添加批注
◎ 页面设置与打印

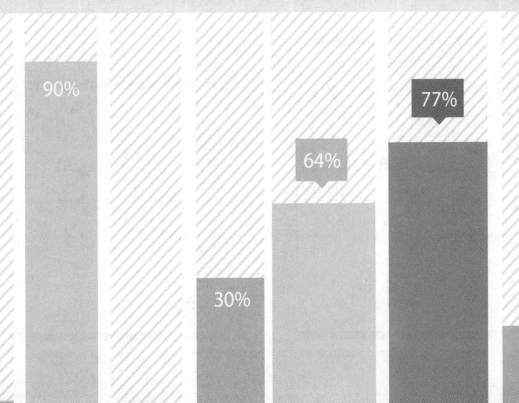

5.1 输入数据

在 Excel 单元格中输入数据，数据内容大致上包含文本、数字、日期和时间等。

5.1.1 输入文本型数据

文本的内容比较多，可以是汉字、英文字母，也可以是具有文本性质的数字、空格以及其他键盘能输入的符号。默认情况下，文本与单元格左侧对齐，每个单元格最多可包含 32 000 个字符。在工作表中输入文本型数据的具体操作步骤如下。

步骤 1 打开 Excel 工作表，并选中要输入文本的单元格 A1，然后在编辑栏中输入文本"材料采购清单"，输入完毕后按 Enter 键即可，如图 5-1 所示。

图 5-1 输入文本内容

步骤 2 运用同样的方法输入其他的文本内容，如图 5-2 所示。

图 5-2 输入其他的文本内容

步骤 3 如果要将某个数字作为文本来处理，只需在输入这个数据之前先输入一个单撇号，如图 5-3 所示。Excel 就会把该数字作为文本处理，并自动地与单元格左侧对齐，如图 5-4 所示。

图 5-3 输入文本型数字

图 5-4 完成输入操作

步骤 4 运用同样的方法，即可输入其他文本型数字，输入结果如图 5-5 所示。

图 5-5 输入所有的文本型数字

有时需要对单元格中的数据或文本进行强制换行，则只需将光标定位在需要强制换行的位置，然后按 Alt+Enter 组合键，即可实现强制换行，如图 5-6 所示。

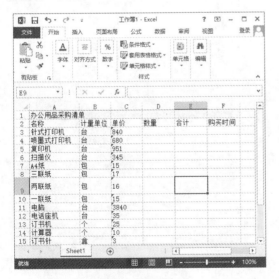

图 5-6 强制换行

当进入强制换行状态后，用户只要输入相应的文字，系统即可自动地进行回车操作，如

图 5-7 所示。如果要在两个文字之间使用硬回车，则只要在两字之间按 Alt+Enter 组合键即可实现，如图 5-8 所示。

图 5-7 自动回车

图 5-8 输入硬回车符

如果要迅速将上方单元格的内容填充至活动单元格，则使用 Ctrl+D 组合键即可实现，如图 5-9 所示。如果要以左边的单元格的内容填充活动单元格，则按 Ctrl+R 组合键即可实现，如图 5-10 所示。

图 5-9　填充上方单元格内容

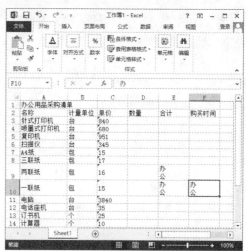

图 5-10　填充左侧单元格内容

5.1.2　输入数字

在 Excel 单元格中输入数字，默认情况下，Excel 会自动将数据沿单元格右侧对齐，如图 5-11 所示。在输入分数时，为避免将输入的分数视作日期，需要在输入分数之前先输入 0，再输入一个空格，最后才输入相应的数据。

图 5-12　输入分数

图 5-11　输入数字

例如，在 E9 单元格中输入分数 1/50，则先输入 0 之后，输入一个空格，再输入 1/50，如图 5-12 所示。最后按 Enter 键，即可在单元格中出现 1/50 的数字，如图 5-13 所示。

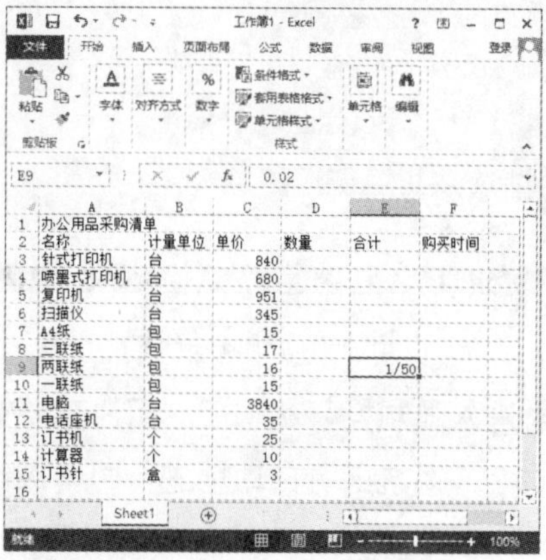

图 5-13　分数输入结果显示

如果用户直接输入 1/30，如图 5-14 所示，则按 Enter 键之后，单元格中将出现日期 1 月 30 日而不是 1/30，如图 5-15 所示。所以用户在输入分数时，一定要记住输入的步骤，以免造成错误。

在数字的输入过程中，除了存在正数以外，不可避免地会出现负数的形式，输入负数有两种方法：一种就是直接在数字前输入减号，如图 5-16 所示；另一种是如果这个负数是分数的话，需要将这个分数置于括号中，如图 5-17 所示。

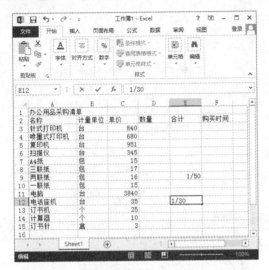

图 5-14　输入 1/30

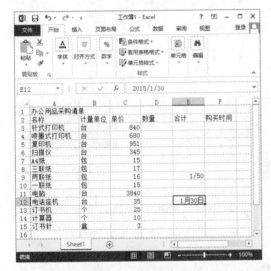

图 5-15　显示日期

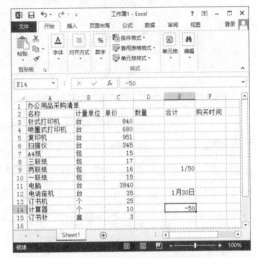

图 5-16　输入负数

图 5-17　输入负分数

5.1.3　输入货币型数据

如果要在工作表中输入货币性数据，需要先输入数字，然后设置单元格格式即可，具体的操作步骤如下。

步骤 1 在单元格区域 C3:E15 中输入相应的数据，如图 5-18 所示。

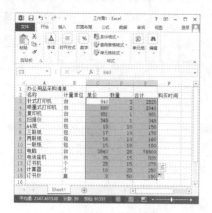

图 5-18　输入数据

步骤 2 选中单元格区域 C3:C15 和 E3:E15，然后右击，从弹出的快捷菜单中选择【设置单元格格式】命令，如图 5-19 所示，打开【设置单元格格式】对话框，如图 5-20 所示。

图 5-19　选择【设置单元格格式】命令

图 5-20　【设置单元格格式】对话框

步骤 3 切换到【货币】选项，进入到【货币】设置界面，设置相应的货币选项，如图 5-21 所示。

图 5-21　【货币】设置界面

步骤 4 单击【确定】按钮，即可完成货币型数据的输入操作，如图 5-22 所示。

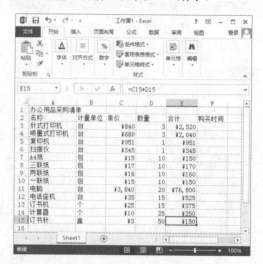

图 5-22　输入货币型数据

5.1.4　输入日期和时间

Excel 在默认情况下，输入的日期和时间都视为数字处理。如果要在同一单元格中同时输入日期和时间，则需要在其间用空格分隔。如果要输入十二小时制的时间，则需在时间后输入一个空格，并输入 AM 或 PM。输入日期的具体操作步骤如下。

步骤 1 选中 F3 单元格，并在其中输入"2015/3/30"，然后按 Enter 键即可输入购买日期，如图 5-23 所示。

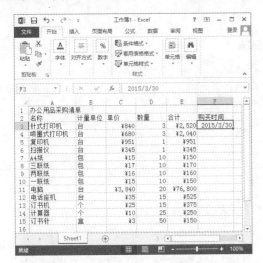

图 5-23　输入购买日期

步骤 2 运用同样的方法，即可输入所有材料的购买日期，如图 5-24 所示。

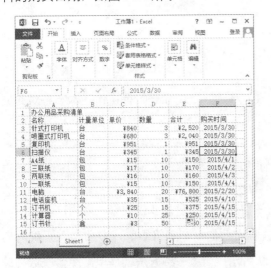

图 5-24　输入所有材料的购买日期

另外，在输入日期和时间时，如果要输入系统当前日期，则只需选中要输入的单元格，按 Ctrl+;（分号）组合键即可自动输入，如图 5-25 所示；如果要输入系统当前时间，

只需选中要输入的单元格，按 Ctrl+Shift+:（冒号）组合键即可成功输入，如图 5-26 所示。

图 5-25　输入系统当前日期

图 5-26　输入系统当前时间

▶ **提示**　在 Excel 中时间和日期可以相加、相减，同时还可以包含到其他运算中。如果要在公式中使用日期或时间，则必须是以带引号的文本形式输入。

5.1.5　输入特殊符号

在 Word 应用中，总是会插入一些特殊符号以供注释之用，给读者以醒目的感觉，在 Excel 的应用过程中同样也需要这些特殊符号。

输入特殊符号具体的操作步骤如下。

步骤 1 选中要输入特殊符号的单元格，然后单击【插入】选项卡下【符号】选项组中的【符号】按钮，从弹出的下拉菜单中选择【符号】命令，打开【符号】对话框，如图 5-27 所示。

步骤 2 选择需要插入的符号，然后单击【插入】按钮，即可完成特殊符号的输入操作，如图 5-28 所示。

图 5-27　【符号】对话框

图 5-28　输入特殊符号

5.2　编辑数据

对 Excel 工作表中的数据进行编辑包括修改、移动、复制和删除等操作，本节将对此进行详细的介绍。

5.2.1　修改数据

在 Excel 工作表中，对表格数据进行修改的方法有两种：一种是双击要修改数据的单元格，然后按 Backspace 或 Delete 键即可将光标左侧或光标右侧的一个字符删除，最后输入正确的内容后单击其他单元格即可完成修改操作，如图 5-29 所示；而另一种方法就是单击要修改数据的单元格，然后单击编辑栏，即可在编辑栏中对数据进行修改，如图 5-30 所示。

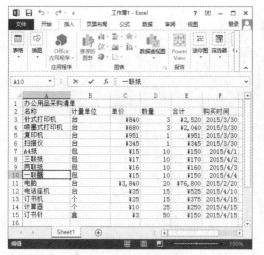

图 5-29 在单元格中修改　　　　　　图 5-30 在编辑栏中修改

5.2.2 移动数据

　　移动表格数据，就是把一个单元格中的数据挪动到另一个单元格中。例如要把如图 5-31 所示的 D9 单元格中的数据移动到该工作表的 G9 单元格中，则只需选中 D9 单元格，并切换到【开始】选项卡，在【剪切板】选项组中单击【剪切】按钮，然后选中 G9 单元格，并单击【粘贴】按钮，即可完成数据的移动操作，如图 5-32 所示。

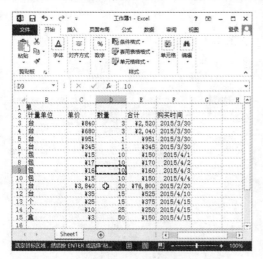

图 5-31 移动数据　　　　　　　　图 5-32 数据移动后的结果

　　除了上面介绍的移动方法之外，用户还可以将光标移动到 D9 单元格的边框，当光标变成如图 5-33 所示的形状时，按住鼠标左键向目标位置 G9 单元格拖动，拖动到 G9 单元格时释放鼠标左键，也可以将选中的数据移动到 G9 单元格中。

　　移动表格数据的第三种方法就是右击 D15 单元格，从弹出的快捷菜单中选择【剪切】命令，如图 5-34 所示，然后右击目标位置 G15 单元格，从弹出的菜单中选择【粘贴】命令也可以完成数据的移动操作。

图 5-33　光标形状

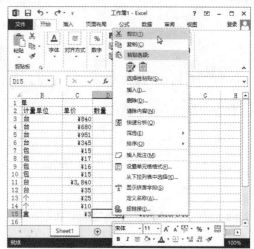

图 5-34　选择【剪切】命令

5.2.3　复制数据

在向表格中输入数据的时候，有时候需要使一个单元格中的数据在多个单元格中出现，以实现数据的重复使用，这时就需要对这个表格中的数据进行复制操作。

例如要复制工作表 C15 单元格中的数据到该工作表的 C20 单元格中，就需要进行如下的操作。

步骤 1　选中 C15 单元格，然后切换到【开始】选项卡，在【剪切板】选项组中单击【复制】按钮，如图 5-35 所示。

字格式】命令，即可完成数据的复制操作，如图 5-36 所示。

图 5-35　单击【复制】按钮

步骤 2　选中 C20 单元格，然后切换到【开始】选项卡，在【剪切板】选项组中单击【粘贴】按钮，从弹出的下拉菜单中选择【值和数

图 5-36　复制数据

5.2.4 删除单元格数据格式

　　如果要删除工作表 C15 单元格中的数据格式，则只需选中该单元格，然后单击【开始】选项卡下【编辑】选项组中的【清除】按钮，从弹出的下拉菜单中选择【清除格式】命令，即可将 C15 单元格中的数据恢复到 Excel 默认的格式，如图 5-37 所示。

5.2.5 删除单元格内容

　　前面介绍的删除 C15 单元格只是删除了该单元格的数据格式，其内容还在，如果要删除此单元格中的内容，而保留其数据格式的话，那就要选中该单元格，然后单击【开始】选项卡下【编辑】选项组中的【清除】按钮，从弹出的下拉菜单中选择【清除内容】命令，即可完成删除操作，如图 5-38 所示。

图 5-37　删除单元格数据格式

图 5-38　删除单元格内容

5.2.6 删除单元格的数据格式及内容

　　如果要将 C15 单元格中的内容兼数据格式同时删除，那就需要选中该单元格，然后单击【开始】选项卡下【编辑】选项组中的【清除】按钮，从弹出的下拉菜单中选择【全部清除】命令，即可完成删除操作，如图 5-39 所示。

图 5-39　删除内容及格式

5.2.7 查找和替换数据

与 Word 一样，在 Excel 中也经常用到查找和替换功能，通过查找功能可以在大量的数据中快速地找到自己需要的信息，而使用替换功能则可以对工作表中大量相同的数据同时进行替换，具体的操作步骤如下。

步骤 1 单击【开始】选项卡下【编辑】选项组中的【查找和选择】按钮，从弹出的下拉菜单中选择【查找】命令，打开【查找和替换】对话框，如图 5-40 所示。

图 5-40 【查找和替换】对话框

步骤 2 在【查找内容】文本框中输入要查找的内容，然后单击【查找下一个】按钮，即可查找到需要的内容，如图 5-41 所示。

图 5-41 查找内容显示

步骤 3 如果要替换单元格中的某些数据，只需单击【查找和选择】按钮，从弹出的下拉菜单中选择【替换】命令，打开【查找和替换】对话框，然后在【查找内容】文本框中输入要查找的内容，在【替换为】文本框中输入替换的内容，如图 5-42 所示。

图 5-42 【查找和替换】对话框

步骤 4 单击【全部替换】按钮，即可弹出替换信息提示框，如图 5-43 所示。单击【确定】按钮，即可完成替换操作，如图 5-44 所示。

图 5-43 信息提示框

图 5-44 替换结果显示

5.3 单元格的基本操作

工作表是由一个个单元格组成的，而单元格又是由行和列共同组成的，所以在运用工作表进行数据管理之前，需要对工作表中的行、列以及单元格进行相应的设置操作，以满足数据管理需要。

5.3.1 选择单元格

选择单元格有 3 种情况，分别是选择一个单元格、选择多个连续的单元格、选择多个不连续的单元格，下面分别对此进行详细的介绍。

如果选择单个单元格，直接用鼠标单击要选择的单元格即可，如图 5-45 所示。如果要选择多个连续的单元格，则需要先选择第一个要选择的单元格，然后在按住 Shift 键的同时单击最后一个要选择的单元格即可，如图 5-46 所示。

如果要选择不连续的单元格区域，则需要先选择第一个要选择的单元格，然后按住 Ctrl 键依次单击要选择的单元格即可，如图 5-47 所示。

图 5-46 选择多个连续的单元格

图 5-45 选择一个单元格

图 5-47 选择不连续的单元格区域

5.3.2 插入和删除单元格

在编辑表格的过程中，如果用户对某些单元格的位置不满意，则可以通过插入和删除单元格的方法来更改单元格的位置，具体的操作步骤如下。

步骤 1 选中要更改位置的单元格，单击【开始】选项卡下【单元格】选项组中的【插入】按钮，从弹出的下拉菜单中选择【插入工作表行】命令，即可插入一个空白行，如图5-48所示。

图 5-48 插入空白行

步骤 2 单击【插入】按钮，从弹出的下拉菜单中选择【插入工作表列】命令，即可插入一个空白列，如图5-49所示。

图 5-49 插入新列

步骤 3 单击【插入】按钮，从弹出的下拉菜单中选择【插入单元格】命令，即可打开【插入】对话框，选中相应的单选按钮，如图5-50所示。

图 5-50 【插入】对话框

步骤 4 单击【确定】按钮，即可插入一个单元格，如图5-51所示。

图 5-51 插入单元格

步骤 5 如果要删除一个单元格，只需选中此单元格，然后右击，从弹出的快捷菜单中选择【删除】命令，如图5-52所示。

图 5-52 选择【删除】命令

步骤 6 打开【删除】对话框，选中相应的
单选按钮，如图 5-53 所示，然后单击【确定】
按钮，即可删除选定的单元格，如图 5-54 所示。

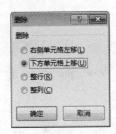

图 5-53　【删除】对话框

图 5-54　删除单元格

5.3.3　合并和拆分单元格

系统设定的单元格并不能完全满足用户的需要，有时候需要将几个单元格中的数据存放到
一个大单元格中，这时就需要用户通过合并单元格的方法来实现，具体的操作步骤如下。

步骤 1 选中需要合并的单元格区域，右击，从弹出的如图 5-55 所示的快捷菜单中选择【设
置单元格格式】命令，即可打开【设置单元格格式】对话框。

步骤 2 切换到【对齐】选项卡，在其中设置文本对齐方式，然后选中【合并单元格】复选框，
如图 5-56 所示。

图 5-55　选择【设置单元格格式】命令

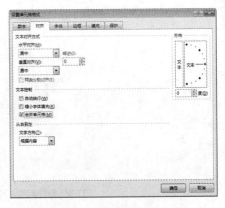

图 5-56　【对齐】选项卡

步骤 3 单击【确定】按钮，即可完成单元格的合并操作，如图 5-57 所示。

> **提示**　如果合并的单元格中存在数据，则会打开一个信息提示框，如图 5-58 所示，单
> 击【确定】按钮，则只有左上角单元格中的数据保留在合并后的单元格中，其他单元格
> 中的数据将被删除。

图 5-57　合并单元格

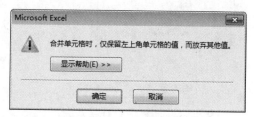

图 5-58　信息提示框

除了上面介绍的方法之外，用户还可以通过功能区来实现单元格的合并操作。选中要合并的单元格区域，然后单击【开始】选项卡中的【合并后居中】下拉按钮，从弹出的下拉菜单中选择相应的命令进行合并操作。如果选择【合并单元格】命令，则只合并单元格；如果选择【合并后居中】命令，则合并后的单元格中的文字将水平垂直居中；如果选择【跨越合并】命令，则实现跨越合并。

拆分与合并是相对的两个操作，有合并自然就能拆分，选中合并后的区域，在如图 5-59 所示的下拉菜单中选择【取消单元格合并】命令即可完成拆分操作；或者在图 5-56 所示的对话框中取消选中【合并单元格】复选框，也可以完成拆分操作。

图 5-59　拆分单元格

5.4　设置单元格格式

对单元格进行基本操作之后，就可以对输入数据的单元格进行格式的设置，包括字体格式的设置、对齐方式的设置和边框底纹的设置。

5.4.1 设置字体格式

在编辑工作表的过程中，用户可以通过设置字体格式的方法突出显示某些单元格中的内容，具体的操作步骤如下。

步骤 1 选择需要设置字体格式的单元格，然后单击【字体】选项组中的 □ 按钮，即可打开【设置单元格格式】对话框。

步骤 2 切换到【字体】选项卡，在其中根据实际需要设置字体、字形和字号，然后单击【颜色】下拉按钮，从弹出的下拉列表中选择字体的颜色，如图 5-60 所示。

图 5-61　设置标题字体格式

图 5-60　【字体】选项卡

步骤 3 单击【确定】按钮，即可完成字体格式的设置操作，如图 5-61 所示。

步骤 4 运用同样的方法即可设置其他单元格区域的字体格式，如图 5-62 所示。

图 5-62　设置其他单元格区域字体格式

5.4.2 设置对齐方式

默认情况下，在 Excel 2013 文档中输入的文本都是以左对齐方式显现，而数字则是以右对齐方式出现，如果希望将输入的文本和数字的对齐方式统一起来，就需要设置单元格数据的对齐方式，具体的操作步骤如下。

步骤 1 选中需要设置对齐方式的数据所在的单元格或单元格区域，打开【设置单元格格式】对话框，切换到【对齐】选项卡，在其中设置【水平对齐】方式为【居中】，【垂直对齐】方式为【居中】，如图 5-63 所示。

步骤 2 单击【确定】按钮，即可完成单元格数据对齐方式的设置，如图 5-64 所示。

图 5-63　设置对齐方式

图 5-64　居中对齐后的显示效果

5.4.3　添加边框和底纹

输入数据的工作表显得尤为烦琐，如果想增添烦琐工作表的生动性，就需要添加边框和底纹，具体的操作步骤如下。

步骤 1 选中需要设置边框和底纹的单元格或单元格区域，打开【设置单元格格式】对话框。切换到【边框】选项卡，从【样式】列表框中选择边框样式，然后在【预置】选项组中选择相应的选项，如图 5-65 所示。

步骤 2 切换到【填充】选项卡，在【背景色】选项组中选择背景色，单击【图案颜色】下拉按钮，从弹出的下拉列表中选择图案颜色，如图 5-66 所示。

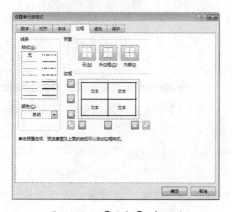

图 5-65　【边框】选项卡

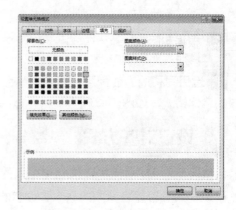

图 5-66　【填充】选项卡

步骤 3 单击【填充效果】按钮，打开【填充效果】对话框，在其中根据实际需要设置单元格的填充效果，如图 5-67 所示。

步骤 4 单击【确定】按钮，即可为表格添加相应的边框和底纹，如图 5-68 所示。

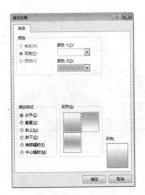

图 5-67 【填充效果】对话框

图 5-68 添加边框和底纹

5.5 添加批注

为了对单元格中的数据进行说明，用户可以为其添加批注，这样就可以更加轻松地了解单元格要表达的信息。

5.5.1 添加批注

在 Excel 文档中插入批注的方法很简单，具体的操作步骤如下。

步骤 1 选中需要插入批注的单元格，然后右击，从弹出的快捷菜单中选择【插入批注】命令，即可在选中单元格右侧打开批注编辑框，如图 5-69 所示。

步骤 2 根据实际需要输入相应的批注内容，如图 5-70 所示。

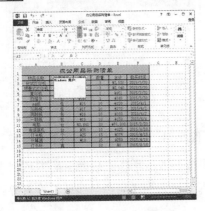

图 5-69 打开批注编辑框

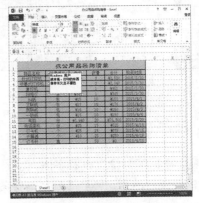

图 5-70 输入批注内容

步骤 3 单击批注编辑框外侧的任何区域，添加的批注将被隐藏起来，只在批注所在的单元格右上角显示一个红色的三角形标志，如图 5-71 所示。如果要查看批注，则只需将光标移动到添加批注的单元格上，即可显示其中的批注内容，如图 5-72 所示。

Word Excel PowerPoint 2013 高效办公实战从入门到精通（视频教学版）

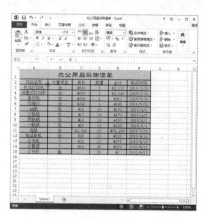

图 5-71　批注标志

图 5-72　查看批注

5.5.2　修改批注

批注插入完毕之后，用户可以根据实际需要对插入的批注进行修改，以满足使用的需要。修改批注具体的操作步骤如下。

步骤 1 选中插入批注所在的单元格，然后右击，从弹出的快捷菜单中选择【显示/隐藏批注】命令，此时即可将隐藏的批注显示出来，如图 5-73 所示。

步骤 2 右击批注，从弹出的快捷菜单中选择【设置批注格式】命令，即可打开【设置批注格式】对话框，如图 5-74 所示。

图 5-73　选择【显示/隐藏批注】命令

图 5-74　【设置批注格式】对话框

步骤 3 根据实际情况设置字体、字号，并单击【颜色】下拉按钮，从弹出的下拉列表中选择字体的颜色，然后切换到【颜色与线条】选项卡，即可进入到【颜色与线条】设置界面，如图 5-75 所示。

步骤 4 在【填充】选项组中单击【颜色】下拉按钮，从弹出的下拉列表中选择填充颜色，并在【线条】选项组中单击【颜色】下拉按钮，从弹出的下拉列表中选择线条颜色，然后单击【确定】按钮，即可完成批注格式的设置操作，如图 5-76 所示。

144

图 5-75　【颜色与线条】设置界面　　　　图 5-76　设置批注的格式

5.6　页面设置

在 Excel 文档中，除了可以输入需要的数据之外，还可以对输入数据的工作表进行填充背景色、添加页眉和页脚等页面设置操作，从而使整个工作表的外观给人一种美的享受。

5.6.1　设置页面

页面设置包括设置工作表方向、纸张大小以及页边距等内容，具体的设置步骤如下。

步骤 1　单击【页面布局】选项卡下【页面设置】选项组中的 按钮，打开【页面设置】对话框，如图 5-77 所示。

步骤 2　选中【纵向】单选按钮，并单击【纸张大小】下拉按钮，从弹出的下拉列表中选择纸张大小。然后切换到【页边距】选项卡，进入到【页边距】设置界面，如图 5-78 所示。

步骤 3　根据实际需要设置页边距选项，然后单击【确定】按钮，即可完成页面设置操作。

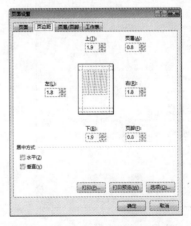

图 5-77　【页面设置】对话框　　　　图 5-78　【页边距】设置界面

5.6.2 添加页眉和页脚

在 Word 文档中可以添加页眉和页脚，在 Excel 文档中同样能够根据需要添加页眉和页脚，具体的操作步骤如下。

步骤 1 在【页面设置】对话框中切换到【页眉/页脚】选项卡，单击【页眉】下拉按钮，从弹出的下拉列表中选择需要的页眉样式，如图 5-79 所示。

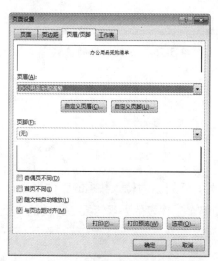

图 5-79　设置页眉样式

步骤 2 单击【页脚】下拉按钮，从弹出的下拉列表中选择需要的页脚样式，如图 5-80 所示。然后单击【确定】按钮，即可完成页眉/页脚样式的设置操作。

图 5-80　设置页脚样式

步骤 3 单击【插入】选项卡下【文本】选项组中的【页眉和页脚】按钮，即可插入页眉和页脚，如图 5-81 所示。

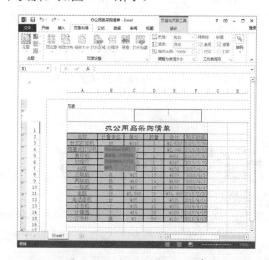

图 5-81　插入页眉和页脚

步骤 4 单击【确定】按钮，返回到 Excel 工作界面，在其中根据实际情况输入页眉与页脚内容，如图 5-82 所示。

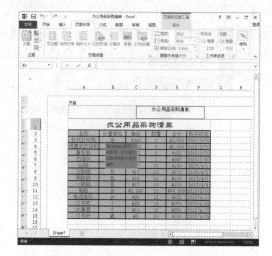

图 5-82　输入页眉与页脚内容

5.6.3 设置工作表背景

在 Excel 文档中，设置工作表背景的前提是工作表中没有单元格填充的设置，清除单元格填充设置之后就可以设置工作表背景，具体的操作步骤如下。

步骤 1 单击【页面布局】选项卡下【页面设置】选项组中的【背景】按钮，打开【插入图片】对话框，在该对话框中单击【预览】按钮，即可打开【工作表背景】对话框，从中选择要插入的图片，如图 5-83 所示。

步骤 2 单击【插入】按钮，即可完成工作表背景的设置操作，如图 5-84 所示。

图 5-83 【工作表背景】对话框

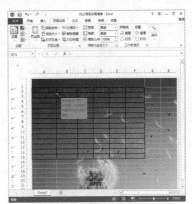

图 5-84 设置工作表背景

5.6.4 设置工作表标签

众所周知，一个工作簿可以包含多个工作表，为了区分工作簿中包含的工作表，用户总是选择对工作表进行重新命名，但是除了重新命名外，用户还可以通过设置工作表标签的颜色来区分这些工作表。工作表标签颜色的设置步骤如下。

步骤 1 右击需要设置颜色的工作表标签，从弹出的快捷菜单中选择【工作表标签颜色】命令，然后在其子菜单中选择所需的颜色，如图 5-85 所示。

步骤 2 返回到 Excel 工作表，即可看到设置的颜色效果，如图 5-86 所示。

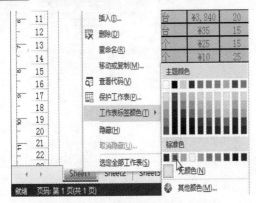

图 5-85 选择工作表标签颜色

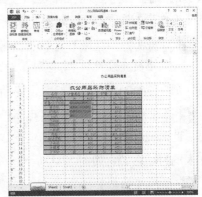

图 5-86 设置的颜色效果

147

5.7 打印设置

用户如果要对创建的材料采购清单进行打印，在打印前需要根据实际需要来设置工作表的打印区域和打印标题，并且还要预览打印效果，只有这样才能打印出符合条件的 Excel 文档。

5.7.1 设置打印区域

设置打印区域的方法有两种，如果使用【打印区域】按钮，则需要进行如下的设置操作：选择要设置为打印区域的单元格区域，然后单击【页面布局】选项卡下【页面设置】选项组中的【打印区域】按钮，从弹出的下拉菜单中选择【设置打印区域】命令，即可将选择的单元格区域设置为打印区域，如图 5-87 所示。

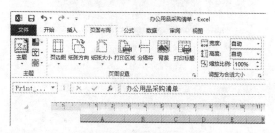

图 5-87　设置打印区域

如果利用【页面设置】对话框设置打印区域，则具体的操作步骤如下。

步骤 1 单击【页面布局】选项卡下【页面设置】选项组中的【页面设置】按钮，打开【页面设置】对话框，切换到【工作表】选项卡，进入到【工作表】设置界面，如图 5-88 所示。

步骤 2 单击【打印区域】文本框右侧的圖按钮，进入到【页面设置 - 打印区域】对话框，并在工作表中选择打印区域，如图 5-89 所示。

步骤 3 单击圖按钮，返回到【页面设置】对话框，此时在【打印区域】文本框中显示的是工作表的打印区域，如图 5-90 所示。

步骤 4 单击【确定】按钮，即可完成设置操作。

图 5-88　【工作表】设置界面

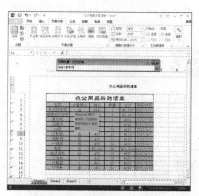

图 5-89　选择打印区域

图 5-90　显示工作表的打印区域

5.7.2　设置打印标题

设置打印标题的方法与设置打印区域的方法不同，具体的操作步骤如下。

步骤 1 在【页面设置】对话框中切换到【工作表】选项卡，单击【顶端标题行】文本框右侧的▦按钮，如图 5-91 所示，即可在工作表中选择顶端打印标题，如图 5-92 所示。

图 5-91　单击【顶端标题行】文本框右侧的▦按钮　　　图 5-92　选择标题区域

步骤 2 选择完毕后单击▦按钮，返回到【页面设置】对话框，然后单击【确定】按钮，即可完成打印标题的设置操作。

5.7.3　打印预览

所有的设置完毕之后，就可以查看打印预览，方法很简单，具体的操作步骤如下。

步骤 1 切换到【文件】选项卡，进入到【文件】设置界面，如图 5-93 所示。

步骤 2 选择【打印】选项，进入到【打印】设置界面，即可查看整个工作表的打印预览效果，如图 5-94 所示。

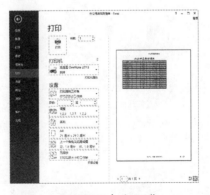

图 5-93　【文件】设置界面　　　　　　　图 5-94　打印预览

5.8 课后练习疑难解答

疑问 1：如何删除 Excel 文档中插入的批注？

答：用户如果要删除添加的批注，只需选中要删除批注的单元格，然后右击，从弹出的快捷菜单中选择【删除批注】命令，即可删除选中的批注。或者是选中要删除批注的单元格，然后切换到【审阅】选项卡，在【批注】选项组中单击【删除】按钮，也可以删除选中的批注。

疑问 2：如何正确输入带括号的数字？

答：选中要输入带括号数字所在的单元格或单元格区域，然后右击，从弹出的快捷菜单中选择【设置单元格格式】命令，即可打开【设置单元格格式】对话框；在【分类】列表框中选择【文本】选项，进入到【文本】设置界面，单击【确定】按钮，即可完成设置操作，最后在其单元格中直接输入带有括号的数字即可正确显示。

第6章

管理数据：制作公司日常费用表

● **本章导读：**

在工作表中输入完数据之后，就可以对输入数据的工作表进行管理。本章首先创建餐费补助申请表、统计员工保险费用，然后创建培训学习费用报销单和其他日常费用表等，以便对各种费用进行规范管理。通过本章的学习，读者可以了解工作表中数据的管理技巧和方法。

● **学习目标：**

◎ 餐费补助申请表
◎ 统计员工保险费用
◎ 培训学习费用报销单
◎ 编制日常费用表

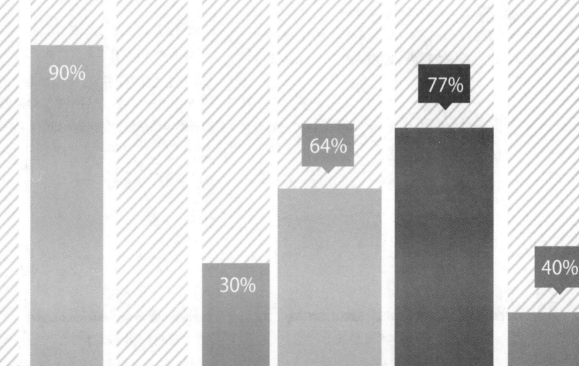

Word Excel PowerPoint 2013 高效办公实战从入门到精通（视频教学版）

6.1 餐费补助申请表

餐费补助是日常费用中一个重要的组成部分，但是在启用餐费补助之前还需要制作一个申请表，这样有利于企业资金的调度安排。

6.1.1 创建餐费补助申请单

餐费补助申请单是一个具有规范化的文档，通过制作餐费补助申请单，加强财务部门对公司生活费用的管理。具体的操作步骤如下。

步骤 1 在桌面上右击，从弹出的快捷菜单中选择【新建】→【Microsoft Excel 工作表】命令，即可在桌面上创建一个新的工作簿，此时新建工作簿的名称处于可编辑状态，将其重命名为"餐费补助申请表"，如图 6-1 所示。

图 6-1　重命名工作簿

步骤 2 双击新建的工作簿图标，打开该工作簿，然后双击工作表标签 Sheet1 使其处于编辑状态，输入"餐费补助申请表"，如图 6-2 所示。

图 6-2　命名工作表标签

步骤 3 切换到【文件】选项卡，在打开的界面中选择【另存为】选项，在右侧选择文件保存的位置，并单击【浏览】按钮，打开【另存为】对话框，在【保存位置】下拉列表中选择工作簿的保存位置，在【文件名】下拉列表文本框中输入"餐费补助申请表"，如图 6-3 所示。

图 6-3　【另存为】对话框

步骤 4 单击【保存】按钮，即可将新建的工作簿保存在合适的位置，然后根据实际需要，输入餐费补助申请单包含的文本，如图 6-4 所示。

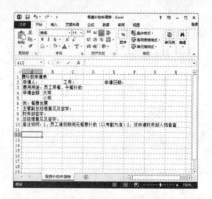

图 6-4　输入文本信息

步骤 5 选中 A1:H1 单元格区域，单击【开始】选项卡下【对齐方式】选项组中的【合并后居中】按钮，从弹出的菜单中选择【合并后居中】命令，即可将选中的多个单元格合并成一个单元格，并将单元格中的内容居中显示，如图 6-5 所示。

图 6-5　合并后居中 A1:H1 单元格区域

步骤 6 运用同样的方法，分别对 A3:B3:C3 单元格区域、A6:B6 单元格区域、A7:B7:C7 单元格区域、A8:B8:C8 单元格区域、A9:B9:C9 单元格区域以及 A10:H10 单元格区域中的多个单元格设置【合并单元格】的操作，如图 6-6 所示。

图 6-6　合并其他单元格区域

步骤 7 选中合并后的单元格 A1，单击【字体】选项组中的 按钮，打开【设置单元格格式】对话框，根据实际需要设置相应的字体和字号。然后单击【颜色】下拉按钮，从弹出的下拉列表中选择【其他颜色】选项，打开【颜色】对

话框，如图 6-7 所示。

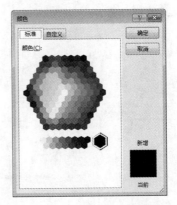

图 6-7　【颜色】对话框

步骤 8 切换到【标准】选项卡，在打开的【颜色】组合框中选择合适的颜色，如图 6-8 所示。

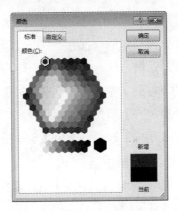

图 6-8　【标准】选项卡

步骤 9 单击【确定】按钮，返回到【设置单元格格式】对话框，即可完成字体的设置操作，如图 6-9 所示。

图 6-9　【设置单元格格式】对话框

步骤 10 单击【确定】按钮，即可看到字体格式的设置效果，如图 6-10 所示。

图 6-10　字体格式设置效果

步骤 11 选中 A2:H10 单元格区域，单击【对齐方式】选项组中的 ⌐ 按钮，打开【设置单元格格式】对话框，单击【水平对齐】下拉按钮，从弹出的下拉列表中选择【靠左缩进】选项，单击【垂直对齐】下拉按钮，从弹出的下拉列表中选择【居中】选项，选中【自动换行】复选框，如图 6-11 所示。

图 6-11　设置对齐方式

步骤 12 单击【确定】按钮，即可看到文本对齐方式和自动换行的设置效果，如图 6-12 所示。

图 6-12　对齐方式设置效果

步骤 13 选中 A6:B10 单元格区域，单击【单元格】选项组中的【格式】按钮，从弹出的菜单中选择【行高】命令，打开【行高】对话框，在文本框中输入行高的数值，如图 6-13 所示。

图 6-13　【行高】对话框

步骤 14 单击【确定】按钮，即可完成行高的设置操作，如图 6-14 所示。

图 6-14　行高设置效果

步骤 15 选中 C6:H6 单元格区域，单击【对齐方式】选项组中的【合并后居中】按钮，从弹出的菜单中选择【合并单元格】命令，如图 6-15 所示，即可将选中的多个单元格合并成一个单元格，但是不居中显示单元格的内容，如图 6-16 所示。

图 6-15　选择【合并单元格】命令

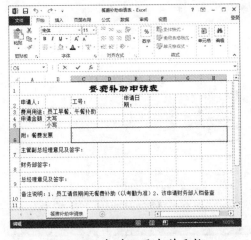

图 6-16　合并不居中单元格

步骤 16 运用同样的方法，分别对 F2:H2 单元格区域、D7:H7 单元格区域、D8:H8 单元格区域以及 D9:H9 单元格区域进行合并操作，如图 6-17 所示。

图 6-17　合并不居中其他单元格区域

步骤 17 选中 A3:C5 单元格区域，按照上面介绍行高的设置方法，设置选中的单元格区域的行高，效果如图 6-18 所示。

图 6-18　其他区域的行高设置效果

6.1.2　使用格式刷填充单元格格式

在设置单元格的过程中，对于那些需要将多个单元格设置成相同的格式的情况，只用设置一个单元格格式，然后使用格式刷即可快速填充其他单元格格式。具体的操作步骤如下。

步骤 1 选中 A2 单元格，单击【单元格】选项组中的【格式】按钮，从弹出的菜单中选择【设置单元格格式】命令，打开【设置单元格格式】对话框。然后切换到【字体】选项卡，进入到【字体】设置界面，根据实际情况设置字体和字号，如图 6-19 所示。

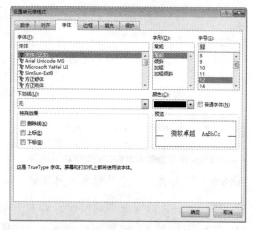

图 6-19　设置字体格式

步骤 2 切换到【填充】选项卡，进入到【填充】设置界面，如图 6-20 所示。

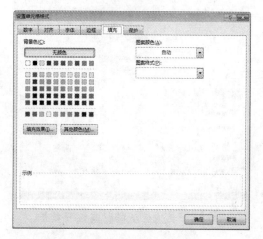

图 6-20　【填充】选项卡

步骤 3 在【背景色】列表框中选择合适的颜色，单击【确定】按钮，即可看到单元格格式的设置效果，如图 6-21 所示。

图 6-21　单元格设置效果

步骤 4 选中 A2 单元格，单击【剪贴板】选项组中的【格式刷】按钮，此时【格式刷】按钮处于选中状态，选中的单元格 A2 的四周会出现闪烁的虚线边框，并且鼠标指针变成 形状，如图 6-22 所示。

图 6-22　鼠标呈现 形状

步骤 5 选中 C2 单元格，系统即可自动地将格式填充到单元格 C2 中，此时【格式刷】按钮不再处于选中状态，鼠标指针呈现 形状，如图 6-23 所示。

图 6-23　使用格式刷设置 C2 单元格

步骤 6 运用上述的方法将单元格 A2 的格式和单元格区域 A7:C7 的格式分别应用到 E2、B4、B5 单元格以及 A8:C8、A9:C9 和 A10:H10 单元格区域内，如图 6-24 所示。

图 6-24　使用格式刷设置其他单元格

步骤 7 右击 A3 单元格，从弹出的快捷菜单中选择【设置单元格格式】命令，打开【设置单元格格式】对话框，切换到【字体】选项卡，进入到【字体】设置界面，根据实际情况设置字体和字号。然后切换到【填充】选项卡，进入到【填充】设置界面，如图 6-25 所示。

图 6-25　【填充】选项卡

步骤 8 在【背景色】列表框中选择合适的颜色，然后单击【确定】按钮，即可看到单元格格式的设置效果，如图 6-26 所示。

图 6-26　设置 A3 单元格

步骤 9 单击【剪贴板】选项组中的【格式刷】按钮，此时【格式刷】按钮处于选中状态，选中的单元格 A3 的四周会出现闪烁的虚线边框，并且鼠标指针变成 形状，如图 6-27 所示。

图 6-27　单击【格式刷】按钮

步骤 10 选中单元格 A4，系统即可自动地将格式填充到单元格 A4 中，然后再单击【剪贴板】选项组中的【格式刷】按钮，将 A4 的格式填充到合并后的单元格 A6 中，如图 6-28 所示。

图 6-28　使用格式刷填充单元格 A4 和 A6

6.1.3 美化工作表

餐费补助申请表创建完毕之后，还需要对这个餐费补助申请表进行美化，以达到强烈的视觉效果。具体的操作步骤如下。

步骤 1 选中 A 列，然后将鼠标指针移动到 A 列和 B 列的分割线处，当鼠标指针变成如图 6-29 所示的形状时按住鼠标左键向右拖动，此时将 A 列的列宽调整到当前的宽度，如图 6-30 所示。

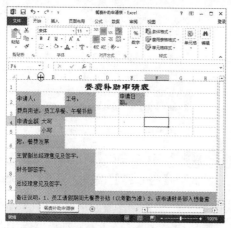

图 6-29　鼠标指针标志

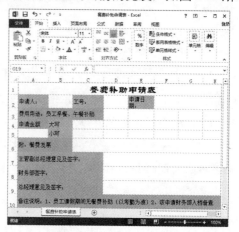

图 6-30　调整 A 列列宽

步骤 2 选中 E 列，将鼠标指针移动到 E 列与 F 列的分割线处，当鼠标指针变成 ┿ 形状时，按住鼠标左键向右拖动到合适的位置即可，如图 6-31 所示。

步骤 3 选中 A1:H10 单元格区域，单击【单元格】选项组中的【格式】按钮，从弹出的菜单中选择【设置单元格格式】命令，打开【设置单元格格式】对话框。切换到【边框】选项卡，在【样式】列表框中选择较粗的黑实线，然后在【预置】选项组中单击【外边框】选项，此时【边框】选项组中可预览边框的设置效果，如图 6-32 所示。

图 6-31　调整其他列列宽

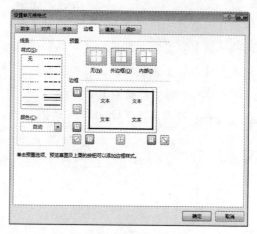

图 6-32　【边框】选项卡

步骤 4 在【样式】列表框中选择细实线，单击【颜色】下拉按钮，从弹出的下拉列表中选择需要的颜色，然后在【预置】选项组中单击【内部】选项，此时用户可以在【边框】选项组中预览边框的设置效果，如图 6-33 所示。

步骤 5 单击【确定】按钮，即可查看边框的设置效果，如图 6-34 所示。

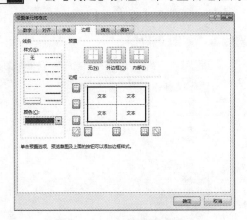

图 6-33　设置内部线框　　　　　　图 6-34　边框设置效果

步骤 6 选中 A 列，单击【单元格】选项组中的【插入】按钮，从弹出的菜单中选择【插入工作表列】命令，即可在左侧添加一列单元格，并根据实际情况调整列宽，如图 6-35 所示。

步骤 7 选中工作表中的第 1 行，然后右击，从弹出的快捷菜单中选择【插入】命令，弹出【插入】对话框，在该对话框中选中【整行】单选按钮，如图 6-36 所示。

图 6-35　插入列　　　　　　图 6-36　弹出【插入】对话框

步骤 8 单击【确定】按钮，即可在选中的行的上方添加一行单元格，并根据实际情况调整添加的行高，如图 6-37 所示。

步骤 9 分别在单元格 D3、C5 和 C6 中文本的各文字之间添加若干个空格，以使单元格的显示效果更加好看，如图 6-38 所示。

图 6-37　插入行

图 6-38　添加空格

6.1.4　设置数据有效性

为了避免在对公司账务数据输入过程中出现错误，必须对 Excel 进行有效性的设置，这样当数据输入错误时，系统就可以给出提示信息。具体的操作步骤如下。

步骤 1 选中 D6 单元格，单击【数据】选项卡下【数据工具】选项组中的【数据验证】下拉按钮，从弹出的菜单中选择【数据验证】命令，打开【数据验证】对话框，如图 6-39 所示。

图 6-39　【数据验证】对话框

步骤 2 单击【允许】下拉按钮，从弹出的下拉列表中选择【小数】选项，单击【数据】

下拉按钮，从弹出的下拉列表中选择【介于】选项，然后在【最大值】文本框中输入相应的数值，如图 6-40 所示。

图 6-40　设置验证条件

步骤 3 切换到【出错警告】选项卡，进入到【出错警告】设置界面，单击【样式】下拉按钮，从弹出的下拉列表中选择【警告】选项，在【标题】文本框中输入相应的出错警告的标题，然后在【错误信息】文本框中输入出错警告的信息，如图 6-41 所示。

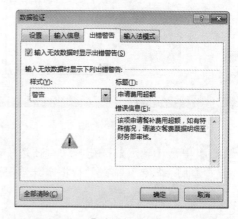

图 6-41　【出错警告】设置界面

步骤 4 单击【确定】按钮，当输入的数值超过设置的范围时，就会弹出申请费用超额信息提示框，如图 6-42 所示。

步骤 5 单击【是】按钮，则确认输入内容；单击【否】按钮，则对单元格中的内容重新编辑；单击【取消】按钮，即可取消操作。

图 6-42　信息提示框

6.2 统计员工保险费用

员工保险费用也是公司日常费用中的一种，通过对保险费用的统计，有利于企业财务管理，同时也提高资金的使用效率。

6.2.1 创建保险费用表

保险费用表与餐费补助表一样，也需要一定的规范性，所以要想统计员工保险费用，首先就需要创建这个保险费用表。具体的操作步骤如下。

步骤 1 切换到【文件】选项卡，单击【新建】按钮，打开【新建】界面，选择【空白工作簿】选项，即可新建一个工作簿，如图 6-43 所示。

步骤 2 根据保险费用统计表包含的内容，在工作表中输入表标题、日期、员工编号、姓名、性别、所属部门、保险报销种类、保险费用和企业报销金额等项目，如图 6-44 所示。

图 6-43　新建工作簿

图 6-44　输入保险费用统计表内容

步骤 3 根据企业的实际情况输入报销日期、员工编号、姓名、性别以及所属部门等信息，如图 6-45 所示。

图 6-45　输入具体的信息内容

步骤 4 选中 A1:H1 单元格区域，右击鼠标，从弹出的快捷菜单中选择【设置单元格格式】命令，即可打开【设置单元格格式】对话框，在其中根据自己的需要设置相关参数，如图 6-46 所示。

图 6-46　设置字体格式

步骤 5 切换到【填充】选项卡，进入到【填充】设置界面，然后单击【填充效果】按钮，打开【填充效果】对话框。单击【颜色 2】下拉按钮，从弹出的下拉列表中选择相应的颜色，并选中【中心辐射】单选按钮，如图 6-47 所示。

步骤 6 单击【确定】按钮，返回到【设置单元格格式】对话框，完成填充设置，如图 6-48 所示。

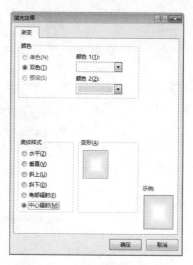

图 6-47　【填充效果】对话框

图 6-48　设置填充效果

步骤 7 单击【确定】按钮，即可完成设置操作，如图 6-49 所示。

图 6-49　表标题设置结果显示

步骤 8 选中 A2:H2 单元格区域，按照上面介绍的方法设置字体格式，并在【对齐】设置界面设置【居中】显示，然后选中【自动换行】复选框，最后单击【确定】按钮，即可完成所选区域的设置操作，如图 6-50 所示。

图 6-50　设置所选单元格区域

步骤 9 运用同样的方法设置 A3:H20 单元格区域，结果如图 6-51 所示。

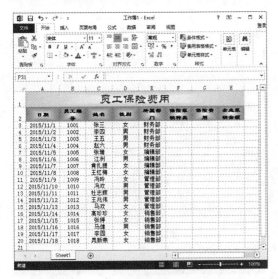

图 6-51　设置 A3:H20 单元格区域

步骤 10 选中 A 列到 H 列，拖动鼠标指针调整列宽，使单元格中的内容在一行内显示，如图 6-52 所示。

图 6-52　调整列宽

6.2.2 设置保险报销种类有效性

通常情况下，企业对员工的保险报销种类是有限制的，如果超出了保险报销的种类，就需要员工自行解决，所以，企业需要设置保险报销种类的有效性。具体的操作步骤如下。

步骤 1 选中 F3:F20 单元格区域，单击【数据】选项卡下【数据工具】选项组中的【数据验证】下拉按钮，从弹出的下拉菜单中选择【数据验证】命令，打开【数据验证】对话框。单击【允许】下拉按钮，从弹出的下拉列表中选择【序列】选项，然后在【来源】文本框中输入"社保,医疗保险,养老保险,工伤保险,生育保险"，如图 6-53 所示。

图 6-53　设置有效性条件

注意 在【来源】文本框中输入的文本之间需要用英文状态下的逗号隔开。

步骤 2 切换到【输入信息】选项卡，在【标题】文本框中输入“请输入保险报销种类”，然后在【输入信息】文本框中输入“可以单击下拉按钮从弹出的菜单中选择！”，如图 6-54 所示。

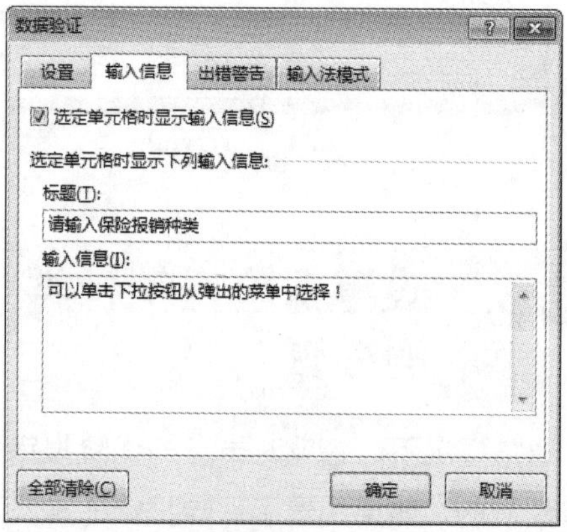

图 6-54 设置输入信息

步骤 3 切换到【出错警告】选项卡，选中【输入无效数据时显示出错警告】复选框，并单击【样式】下拉按钮，从弹出的下拉列表中选择【停止】选项，在【标题】文本框中输入“保险报销种类错误”，然后在【错误信息】文本框中输入“请单击下拉按钮从弹出的菜单中选择！”，如图 6-55 所示。

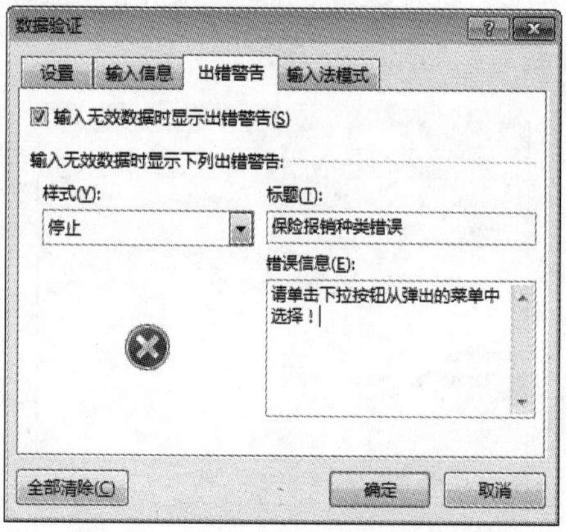

图 6-55 设置出错警告

步骤 4 单击【确定】按钮，此时 F3 单元格的右侧出现一个下拉按钮，并且在其下方显示出输入的提示信息，如图 6-56 所示。

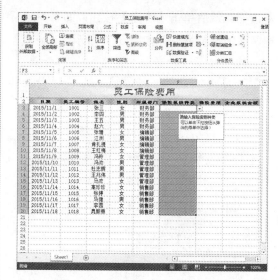

图 6-56 完成数据有效性设置

步骤 5 单击 F3 单元格右侧的下拉按钮，从弹出的菜单中选择需要报销的保险种类，如图 6-57 所示，即可将选中的保险报销种类填充到选中的单元格中，如图 6-58 所示。

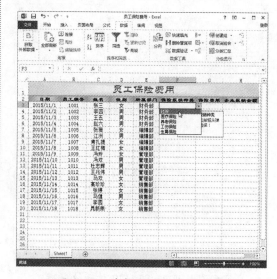

图 6-57 选择报销的保险种类

步骤 6 运用同样的方法，即可填充其他人员的保险报销种类，如图 6-59 所示。

图 6-58　填充保险报销种类

图 6-59　填充其他人员的保险报销种类

6.2.3　输入保险费用

输入保险费用的方法很简单，具体的操作步骤如下。

步骤 1 根据实际情况在"保险费用"列中依次输入员工所花费的医疗费用，如图 6-60 所示。

图 6-60　输入保险费用

步骤 2 选中 G3:G20 单元格区域，打开【设置单元格格式】对话框，在【数字】选项卡的【分类】列表框中选择【会计专用】选项，如图 6-61 所示。

步骤 3 单击【确定】按钮，即可将选中的单元格区域的数值以会计专用格式显示，如图 6-62 所示。

图 6-61　【数字】选项卡

图 6-62　完成单元格的设置操作

6.2.4　计算企业报销金额

不同的企业其保险报销制度也不尽相同，如果不是全额报销整个保险费用，就需要计算企业报销金额。具体的操作步骤如下。

步骤 1 选中 H3 单元格，然后输入 "="，此时工作表处于输入状态，在状态栏左侧会显示出 "输入" 字样，如图 6-63 所示。

图 6-63　输入 "="

步骤 2 输入 "If()" 函数，然后将光标定位在括号中，此时单元格下方显示出该函数的语法，如图 6-64 所示。

图 6-64　输入 "If()" 函数

步骤 3 选中 G3 单元格，即可将其引用到公式中，此时 G3 单元格四周会出现闪烁的虚线边框，如图 6-65 所示。

步骤 4 输入 "="，","，此时 G3 单元格四周闪烁的虚线边框变成实线框，如图 6-66 所示。

步骤 5 输入 ""，G3*0.8，如图 6-67 所示，然后按 Enter 键即可完成公式的输入，

在 H3 单元格中即可显示出计算结果，如图 6-68 所示。

图 6-65　选中 G3 单元格

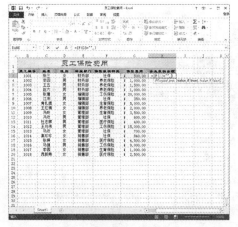

图 6-66　输入 "="，","

图 6-67　输入 ""，G3*0.8

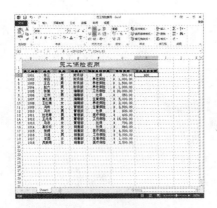

图 6-68 计算结果显示

步骤 6 拖动填充柄，即可完成 H4:H20 单元格的自动填充，得到其他员工的报销金额，如图 6-69 所示。

图 6-69 自动填充

步骤 7 选中 H3:H20 单元格区域，单击【开始】选项卡下【数字】选项组中的【数字格式】下拉按钮，从弹出的菜单中选择【货币】命令，

如图 6-70 所示，此时可以看到数字格式中货币格式的设置结果，如图 6-71 所示。

图 6-70 选择【货币】选项

图 6-71 设置货币格式

6.3 培训学习费用报销单

对于那些企业送去培训学习增强技能的员工，财务部门还需要对其培训过程所花费的费用进行管理，这也是公司日常费用管理中的一项工作。培训学习费用报销单与其他单据一样，也需要一定的规范性条例，本节就对培训学习费用报销单的制作进行详细的介绍。

6.3.1 创建报销单

创建报销单的具体操作步骤如下。

步骤 1 新建一个工作簿，并将其重新命名为"培训学习费用报销单"，然后根据实际情况依次输入培训学习费用报销单所包含的内容，如图 6-72 所示。

图 6-72　输入培训学习费用报销单内容

步骤 2 选中 A1:I1 单元格区域，打开【设置单元格格式】对话框，切换到【字体】选项卡，在其中根据实际需要设置字体、字号和颜色，如图 6-73 所示。

图 6-73　设置标题字体格式

步骤 3 单击【确定】按钮，即可完成标题的设置操作，如图 6-74 所示。

图 6-74　标题设置结果显示

步骤 4 选中 A2:I25 单元格区域，然后按照上面介绍的方法设置单元格区域内字体的对齐方式和字体格式，如图 6-75 所示。

图 6-75　设置选中区域的字体格式

步骤 5 按照上面介绍的方法对工作表中部分单元格进行合并，并适当地调整行高和列宽，如图 6-76 所示。

步骤 6 选中 A1:I25 单元格区域，单击【开始】选项卡下【字体】选项组中的【边框】按钮，从弹出的菜单中选择【所有框线】命令，如图 6-77 所示，即可为选中的单元格区域添加边框，如图 6-78 所示。

步骤 7 单击【保存】按钮，即可将工作簿保存在原有保存位置上。

图 6-76　合并部分单元格

图 6-77　选择【所有框线】命令

图 6-78　添加边框

6.3.2　插入并设置图片

在培训学习费用报销单中还可以插入一些图片，用来美化整个工作表，具体的操作步骤如下。

步骤 1　单击【插入】选项卡下【插图】选项组中的【图片】按钮，打开【插入图片】对话框，在【查找范围】下拉列表中选择图片的保存位置，选中要插入的图片，如图 6-79 所示。

图 6-79　【插入图片】对话框

步骤 2　单击【插入】按钮，即可将选中的图片插入到工作表中，如图 6-80 所示。

图 6-80　插入图片

步骤 3　将鼠标指针移到插入的图片上，此时鼠标指针变成如图 6-81 所示，按住鼠标左键，然后拖动鼠标将图片移动到合适位置后释放鼠标左键即可，如图 6-82 所示。

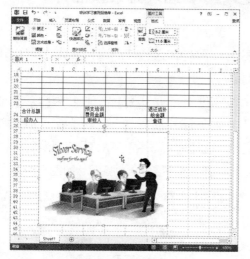

图 6-81　鼠标指针

图 6-82　移动图片位置

步骤 4 将鼠标指针移动到图片四周的控制点上，当指针变成双箭头形状时按住鼠标左键进行拖动，调整到合适大小后释放鼠标左键，如图 6-83 所示。

步骤 5 选中图片，并单击【图片工具】→【格式】选项卡下【调整】选项组中的【更正】按钮，从弹出的菜单中选择合适的亮度和对比度，即可实现图片亮度和对比度的调整操作，如图 6-84 所示。

图 6-83　调整图片大小

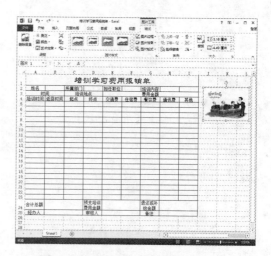

图 6-84　调整图片亮度和对比度

步骤 6 单击【图片样式】选项组中的【其他】按钮，从弹出的菜单中选择合适的图片样式选项，即可实现图片样式的套用操作，如图 6-85 所示。

步骤 7 单击【图片样式】选项组中的【图片效果】按钮，从弹出的菜单中选择需要的效果，即可查看最终的设置效果，如图 6-86 所示。

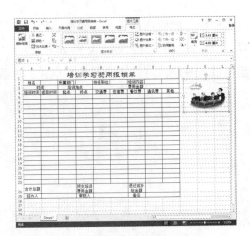

图 6-85 套用图片样式

图 6-86 设置图片效果

6.3.3 插入并设置联机图片

在培训学习费用报销单中除了可以插入文件中的图片之外，还可以插入联机图片，具体的操作步骤如下。

步骤 1 单击【插入】选项卡下【插图】选项组中的【联机图片】按钮，打开【插入图片】对话框，如图 6-87 所示。

图 6-87 【插入图片】对话框

步骤 2 在【搜索必应】搜索框中输入需要搜索的内容，如这里输入"风景"，然后单击搜索框右侧的【搜索】按钮，即可显示出相应的搜索结果，如图 6-88 所示。

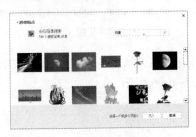

图 6-88 搜索结果显示

步骤 3 选择需要的联机图片，然后单击【插入】按钮，如图 6-89 所示，即可将选择的剪贴画插入到工作表中，如图 6-90 所示。

图 6-89 单击【插入】按钮

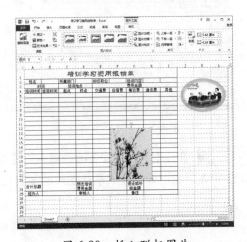

图 6-90 插入联机图片

171

步骤 4 选中插入的剪贴画，此时鼠标指针变成 ✥ 形状，然后按住鼠标左键拖动鼠标将联机图片移动到合适位置后释放鼠标，即可完成联机图片位置的移动操作，如图 6-91 所示。

步骤 5 单击【格式】选项卡下【大小】选项组中的 按钮，打开【设置图片格式】对话框，在【高度】微调框中调节高度值，如图 6-92 所示。

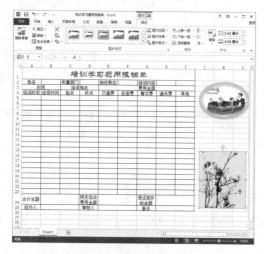

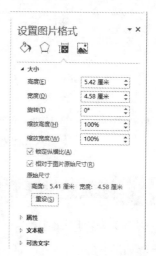

图 6-91　移动联机图片的位置　　　　　　图 6-92　【设置图片格式】对话框

步骤 6 单击【关闭】按钮，即可实现剪贴画高度的调整操作，如图 6-93 所示。

步骤 7 单击【图片样式】选项组中的【其他】按钮，从弹出的菜单中选择合适的选项即可完成图片样式的套用操作，如图 6-94 所示。

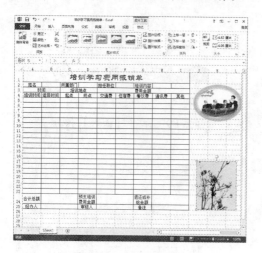

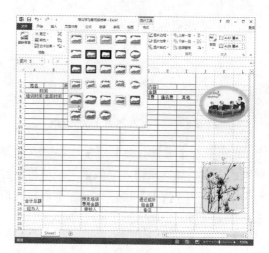

图 6-93　调整图片大小　　　　　　　　　图 6-94　套用图片样式

步骤 8 单击【图片样式】选项组中的【图片效果】按钮，从弹出的菜单中选择需要的选项，如图 6-95 所示，即可完成联机图片的最终设置操作，如图 6-96 所示。

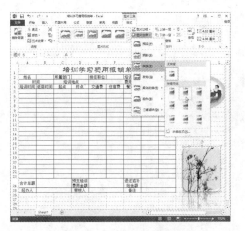

图 6-95　选择图片效果选项

图 6-96　联机图片的最终设置效果

6.4　编制日常费用表

为了更好地反映企业资金的运用情况，统计分析各部门的费用使用情况，企业需要根据各部门的费用统计表制作日常费用表。

6.4.1　设计日常费用表

与其他费用表一样，日常费用表也需要设计其格式，具体的操作步骤如下。

步骤 1 新建一个工作簿，并将其重新命名为"日常费用表"，然后根据实际情况依次输入表格标题和所需的列项目，如图 6-97 所示。

步骤 2 按照前面介绍的方法设置表格标题和列项目的单元格格式，同时调整行高和列宽，如图 6-98 所示。

图 6-97　输入表格标题和所需的列项目

图 6-98　设置标题及单元格格式

步骤 3 根据各部门 11 月份费用统计表，在工作表中输入各列信息，如图 6-99 所示。

图 6-99　输入各列信息

步骤 4 选中 A3:A22 单元格区域，打开【设置单元格格式】对话框。在【数字】选项卡的【分类】列表框中选择【自定义】选项，然后在【类型】文本框中输入"0000"，如图 6-100 所示。

图 6-100　【数字】选项卡

步骤 5 单击【确定】按钮，即可完成数字的设置操作，如图 6-101 所示。

步骤 6 选中 C3:E22 单元格区域，然后单击【对齐方式】选项组中的【居中】按钮，即可将所选单元格区域内的文字居中对齐，如图 6-102 所示。

图 6-101　设置数字格式

图 6-102　居中对齐文本

步骤 7 选中 F3:H22 单元格区域，然后单击【数字】选项组中【数字格式】下拉列表中的【货币】选项，如图 6-103 所示，则数据将以货币形式显现，如图 6-104 所示。

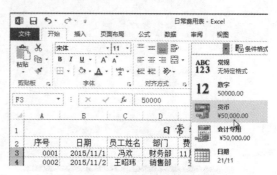

图 6-103　选择【货币】选项

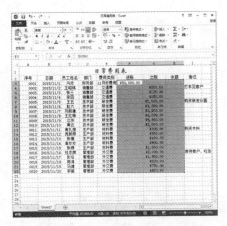

图 6-104　数据以货币形式显现

步骤 8 选中 H3 单元格，并在其中输入公式"=F3-G3"，如图 6-105 所示。然后按 Enter 键，即可显示出计算结果，如图 6-106 所示。

图 6-105　输入公式"=F3-G3"

图 6-106　计算 1 号员工的余额

步骤 9 选中 H4 单元格，并在其中输入公式"=H3+F4-G4"，如图 6-107 所示。然后按 Enter 键，即可计算出 2 号员工的余额，如图 6-108 所示。

图 6-107　输入公式"=H3+F4-G4"

图 6-108　计算 2 号员工的余额

步骤 10 拖动填充柄，即可完成 H5:H22 单元格的自动填充，得到其他员工的余额，如图 6-109 所示。

步骤 11 选中第 4 行，然后右击，从弹出的快捷菜单中选择【插入】命令，打开【插入】对话框。在该对话框中选中【整行】单选按钮，然后单击【确定】按钮，即可在选中的行的上方添加一行，如图 6-110 所示。

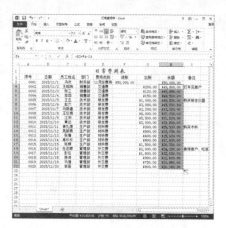

图 6-109　自动填充单元格

图 6-110　插入空白行

步骤 12 在 E4 单元格中输入"财务部总计"，如图 6-111 所示。然后选中 F4 单元格，并在其中输入公式"=F3"，如图 6-112 所示。

图 6-112　输入公式"=F3"

步骤 13 按 Enter 键，即可计算出 11 月份公司财务部进账总计，如图 6-113 所示。

图 6-113　11 月份公司财务部进账总计

步骤 14 运用同样的方法在第 8 行处插入一个空白行，然后在 E8 单元格中输入"销售部总计"，如图 6-114 所示。

图 6-114　输入"销售部总计"

图 6-111　输入"财务部总计"

步骤 15 选中 G8 单元格，并在其中输入公式"=G5+G6+G7"，如图 6-115 所示。然后按 Enter 键，即可计算出 11 月份公司销售部出账总计，如图 6-116 所示。

步骤 16 运用同样的方法，即可计算出技术部、生产部和管理部的总费用，如图 6-117 所示。

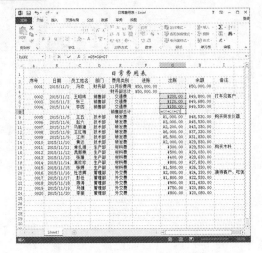

图 6-115　输入公式"=G5+G6+G7"　　图 6-116　11 月份公司销售部出账总计

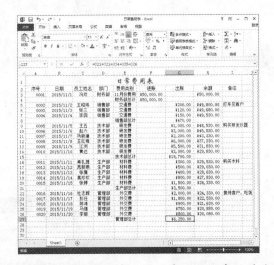

图 6-117　计算出技术部、生产部和管理部的总费用

6.4.2　设计 SmartArt 图形

在讲解 Word 操作功能中已经了解了 SmartArt 的功能概念，但是在 Excel 中同样可以应用此功能，本节就对此进行详细的介绍。下面先介绍设计 SmartArt 图形具体操作步骤。

步骤 1 单击【插入】选项卡下【插入】选项组中的 SmartArt 按钮，打开【选择 SmartArt 图形】对话框，如图 6-118 所示。

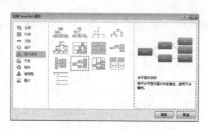

图 6-118 　【选择 SmartArt 图形】对话框

步骤 2 根据需要在左侧列表框中选择 SmartArt 图形的类型，然后从右侧选择相应的布局，最后单击【确定】按钮，即可在文档中插入需要的 SmartArt 图形，如图 6-119 所示。

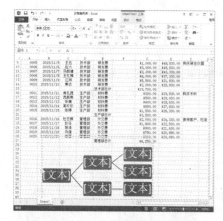

图 6-119 　插入 SmartArt 图形

步骤 3 选中层次结构图中的第 1 个形状即可激活该形状中的文本框，然后在文本框中输入"费用总计"，系统会自动调整文字大小将输入的内容在该形状中显示出来，如图 6-120 所示。

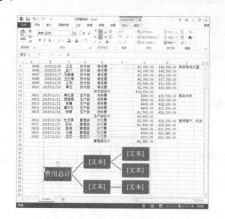

图 6-120 　输入"费用总计"

步骤 4 单击【创建图形】选项组中的【文本窗格】按钮，弹出【在此处键入文字】窗格，如图 6-121 所示。

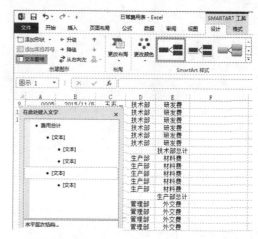

图 6-121 　【在此处键入文字】窗格

步骤 5 选中第 2 个形状的文本框，然后输入文本内容"财务部费用"，如图 6-122 所示。

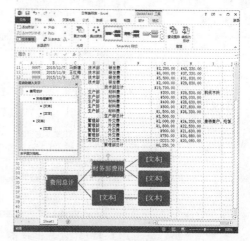

图 6-122 　输入"财务部费用"

步骤 6 按 Enter 键完成输入，同时在该层增加一个形状，如图 6-123 所示。

步骤 7 在新增的形状文本框中输入"销售部费用"，如图 6-124 所示。

步骤 8 在【在此处键入文字】窗格中输入层次结构图其他形状的文本内容，如图 6-125 所示。然后单击【关闭】按钮，即可关闭【在此处键入文字】窗格。

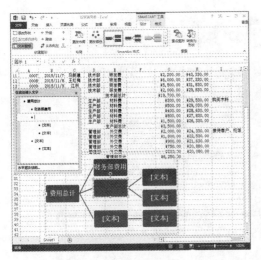

图 6-123　增加形状

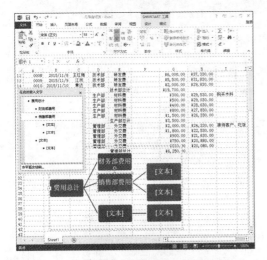

图 6-124　输入"销售部费用"

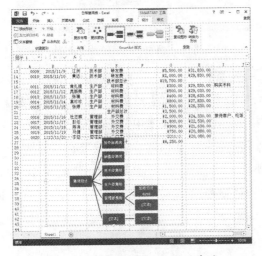

图 6-125　输入其他形状的内容

步骤 9 选中多余的形状，然后按 Delete 键删除多余形状，如图 6-126 所示。

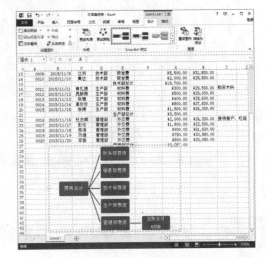

图 6-126　删除形状

步骤 10 选中输入"财务部费用"的模块，单击【设计】选项卡下【创建图形】选项组中的【添加形状】按钮，从弹出的菜单中选择【在下方添加形状】命令，即可在选中的形状的下一层添加一个形状，如图 6-127 所示。

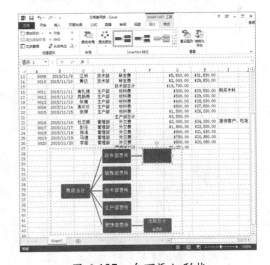

图 6-127　向下添加形状

步骤 11 在添加的形状文本框中输入相应的文本内容，如图 6-128 所示。然后运用同样的方法添加其余的形状，并输入相应的文本，如图 6-129 所示。

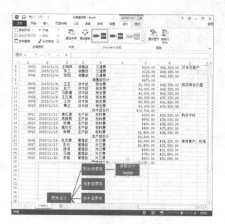

图 6-128　输入文本内容

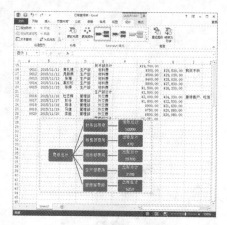

图 6-129　输入其他添加形状的文本内容

6.4.3　设置 SmartArt 图形格式

为了更加美观，用户可以对插入的 SmartArt 图形格式进行相应的设置操作，具体的操作步骤如下。

步骤 1 选中插入的 SmartArt 图形，单击【格式】选项卡下的【大小】按钮，在弹出的下拉列表中调节 SmartArt 图形的高度值和宽度值，如图 6-130 所示。

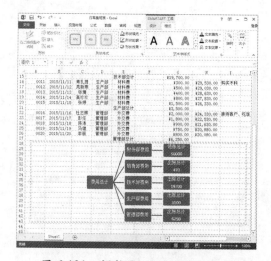

图 6-131　调整 SmartArt 图形大小

步骤 3 选中输入"费用总计"的形状，然后单击【形状样式】选项组中的【形状效果】按钮，从弹出的菜单中选择【预设】命令，并在其子菜单中选择需要的预设选项，如图 6-132 所示，即可实现形状效果的设置操作，如图 6-133 所示。

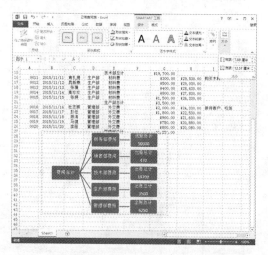

图 6-130　【大小】下拉列表

步骤 2 随即将插入的 SmartArt 图形调整到用户所设置的大小，如图 6-131 所示。

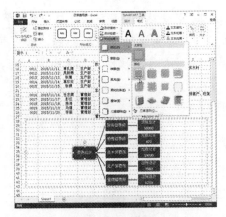

图 6-132　选择【预设】命令

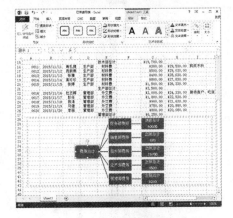

图 6-133　设置形状效果

步骤 4 单击【艺术字样式】选项组中的【文本效果】按钮，从弹出的下拉菜单中选择【转换】命令，然后在其子菜单中选择【左牛角形】命令，即可实现文本效果的设置操作，如图 6-134 所示。

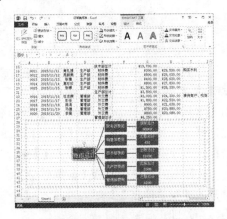

图 6-134　设置文本效果

步骤 5 按住 Ctrl 键依次选中第 2 层的形状，然后单击【形状样式】选项组中的【形状轮廓】按钮，从弹出的菜单中选择相应的颜色即可实现，如图 6-135 所示。

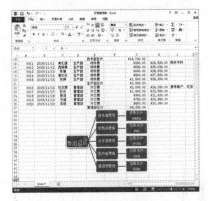

图 6-135　设置形状轮廓

步骤 6 单击【艺术字样式】选项组中的【文本效果】按钮，从弹出的菜单中选择【映像】命令，然后在其子菜单中选择相应的选项，即可完成第 2 层形状的文本效果的设置操作，如图 6-136 所示。

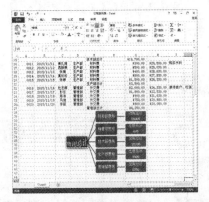

图 6-136　设置第 2 层形状文本效果

步骤 7 按住 Ctrl 键依次选中第 3 层的形状，然后单击【形状样式】选项组中的 ▣ 按钮，打开【设置形状格式】对话框，如图 6-137 所示。

步骤 8 切换到【填充】选项卡，进入到【填充】设置界面，选中【渐变填充】单选按钮，然后单击【预设渐变】下拉按钮，从弹出的下拉列表中选择相应的选项，如图 6-138 所示。

Word Excel PowerPoint 2013 高效办公实战从入门到精通（视频教学版）

图 6-137　【设置形状格式】对话框

图 6-138　【填充】设置界面

步骤 9　单击【关闭】按钮，即可完成第 3 层形状的设置操作，如图 6-139 所示。

步骤 10　选中插入的 SmartArt 图形，然后单

击【形状样式】选项组中的【形状填充】按钮，从弹出的菜单中选择相应的颜色，即可完成 SmartArt 图形的填充操作，如图 6-140 所示。

图 6-139　设置第 3 层形状

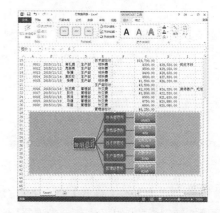

图 6-140　填充 SmartArt 图形

6.5　课后练习疑难解答

疑问 1：用户在对单元格区域进行有效性设置过程中，发现不能成功实现设置操作。

答：检查一下，在【设置】界面中【来源】文本框中的文本之间是否使用逗号隔开，并且这个逗号是否是英文状态下的逗号，因为在【来源】文本框中输入的文本之间需要用英文状态下的逗号隔开。

疑问 2：如何删除数据有效性设置？

答：如果要在 Excel 中取消对单元格数据有效性的设置，则需要先选择不需要再对其数

据进行验证的单元格。如果从所有相似单元格或从工作表上具有有效性的所有单元格中删除数据有效性，则需要先切换到【开始】选项卡，运用【编辑】选项组中的【查找和选择】命令查找这些单元格，然后切换到【数据】选项卡，接着单击【数据工具】选项组中的【数据验证】按钮，从弹出的菜单中选择【数据验证】命令，在打开的【数据验证】对话框中单击【全部清除】按钮，即可完成删除操作。

182

第 7 章

公式与函数：制作学生成绩统计表

● **本章导读：**

　　公式和函数的运用使 Excel 变得非常有用，用户可以使用 Excel 中的公式来计算电子表格中的数据以求得到结果，而当数据更新后，也无须再做额外的工作，系统将自动更新结果。本章就通过制作学生成绩统计表来具体了解公式与函数的功能。

● **学习目标：**

　◎　公式的使用
　◎　插入函数
　◎　常见函数的应用

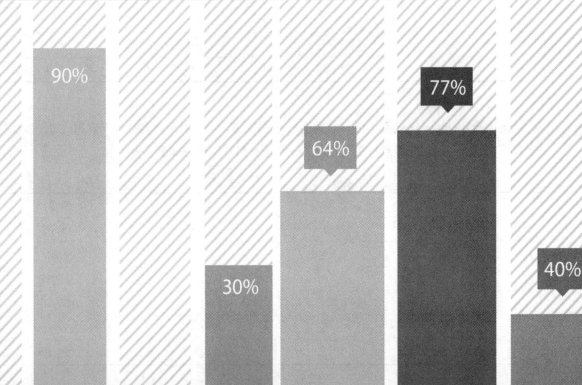

7.1 公式的使用

Excel 中的公式是指在单元格中执行计算功能的各式各样的方程式，其中，公式中元素的结构或次序决定了最终的计算结果。

7.1.1 运算符及优先级

运算符是公式中的主角，要想掌握 Excel 中的公式，就必须先认识这些运算符，以及运算符的优先级顺序。

 1. 运算符

运算符用于指明对公式中的元素所做的计算的类型，在 Excel 中，运算符可以分为算术运算符、比较运算符、文本运算符和引用运算符 4 种。

（1）算术运算符

算术运算符用于完成基本的数学运算，即加、减、乘、除、求幂、百分号等，如表 7-1 所示。

表 7-1　算术运算符

算术运算符	名　称	用　途	示　例
+	加号	加	5+6
−	减号	减，也可以表示负数	9−1，−9
*	星号	乘	6*6
/	斜杠	除	9/2
%	百分号	百分比	90%
^	脱字符	求幂	4^2（相当于 4*4）

（2）比较运算符

比较运算符用于比较两个值，结果为一个逻辑值，即 TRUE（真）或 FALSE（假）。这类运算符常用于判断，根据判断结果决定下一步进行何种操作，如表 7-2 所示。

表 7-2　比较运算符

比较运算符	名　称	用　途	示　例
=	等号	等于	A5=B5
>	大于号	大于	A5>B5
<	小于号	小于	A5<B5
>=	大于等于号	大于等于	A5>=B5
<=	小于等于号	小于等于	A5<=B5
<>	不等号	不等于	A5<>B5

（3）文本运算符

Excel 中的文本运算符只有一个文本串联符 "&"，用于将两个或更多个字符串连接在一起。如单元格 A5 包含"名"，单元格 B5 包含"姓"，若要以格式"名 姓"显示全名可输入公式"=A5&" "&B5"；若要以格式 "姓，名" 显示全名则输入 "=A5&"，"&B5"。

（4）引用运算符

引用运算符用于合并单元格区域，各引用运算符的名称与用途如表 7-3 所示。

表 7-3　引用运算符

引用运算符	名　称	用　途	示　例
：	冒号	引用单元格区域	A5:A15
，	逗号	合并多个单元格引用	SUM（A5:A15,D5:D15）
空格	空格	将两个单元格区域进行相交	A1:C1B1:B5 的结果为 B1

2. 运算符的优先级

在 Excel 中，一个公式中可以同时包含多个运算符，这时就需要按照一定的优先顺序进行计算，对于相同优先级的运算符，将从左到右进行计算。另外，把需要先计算的部分用括号括起来，可提高优先顺序，如表 7-4 所示。

表 7-4　运算符的优先顺序

运　算　符	名　称
：（冒号）	引用运算符
（空格）	
，（逗号）	
%	百分比
^	乘幂
* 和 /	乘和除
+ 和 −	加和减
&	连接两串文本

7.1.2　输入公式

了解了公式中运算符的优先级次序，就可以根据实际情况输入相应的公式，具体的操作步骤如下。

步骤 1 新建一个空白工作簿，在其中输入学生统计表的相关数据，如图 7-1 所示。

步骤 2 选中 J3 单元格，并在其中输入 "=C3"，接着输入 "+"，然后选择单元格 D3，如图 7-2 所示。

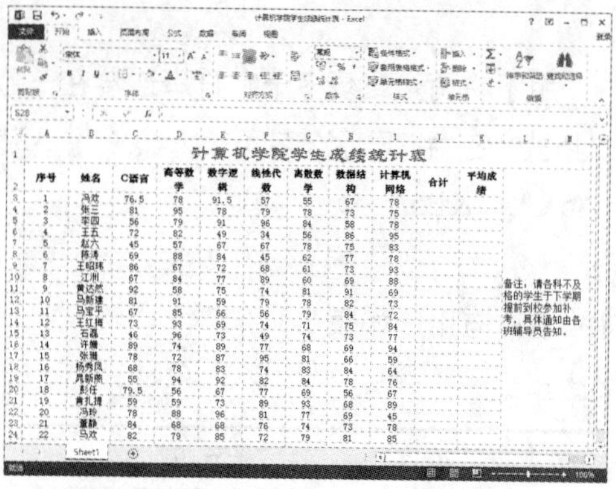

图 7-1　计算机学院学生成绩统计表

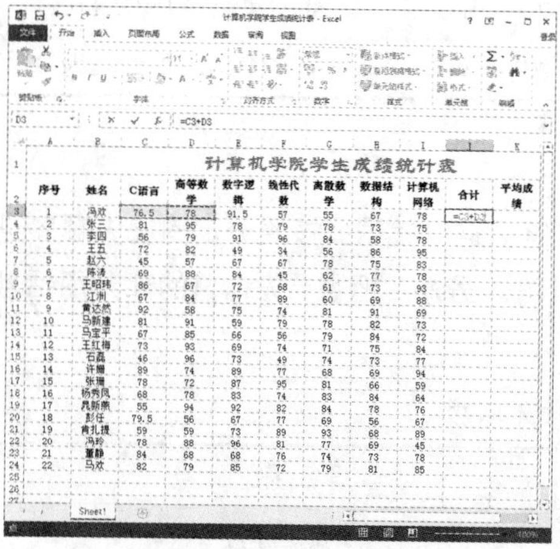

图 7-2　输入"+D3"

步骤 3 按照同样的方法，输入单元格中的整个公式"=C3+D3+E3+F3+G3+H3+I3"，如图 7-3 所示。然后按 Enter 键即可完成计算操作，计算结果如图 7-4 所示。

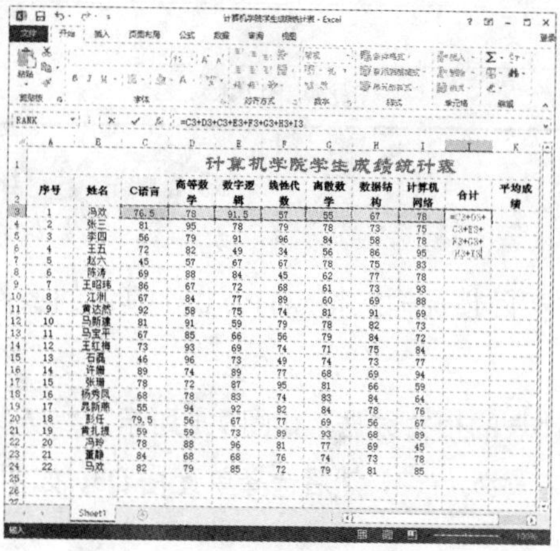

图 7-3　输入公式

图 7-4　计算结果显示

步骤 4 选中J4单元格，然后将光标定位到编辑栏中，并从中输入公式"=C4+D4+E4+F4+G4+H4+I4"，如图 7-5 所示。

图 7-5　输入公式

步骤 5 按 Enter 键，即可计算出第二个学生的成绩总分，如图 7-6 所示。

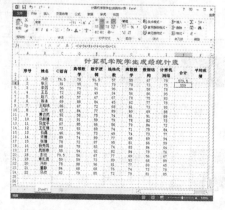

图 7-6　第二个学生的成绩总分

7.1.3　编辑公式

在公式的运用过程中，有时候需要对输入的公式进行修改和复制等编辑工作，具体的操作步骤如下。

步骤 1 双击需要修改公式的单元格，使其处于编辑状态，即可修改单元格中的公式，如图 7-7 所示，然后按 Enter 键即可完成公式的修改操作，如图 7-8 所示。

图 7-7　修改公式

图 7-8　公式修改结果显示

步骤 2 选中 J3 单元格，右击鼠标，从弹出的快捷菜单中选择【复制】命令，如图 7-9 所示。

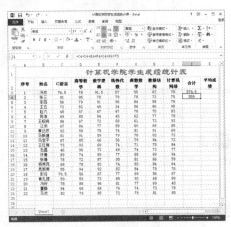

图 7-10　选择【粘贴】命令

步骤 4 这样就可以将 G3 单元格中的公式复制 G5 单元格，计算出第三个学生的成绩总分，如图 7-11 所示。

步骤 5 选中 J3 单元格，并按 Ctrl+C 组合键，然后选中 J6 单元格，并按 Ctrl+V 组合键，即可将 J3 单元格中的公式复制到 J6 单元格中，计算出第四个学生的成绩总分，如图 7-12 所示。

图 7-9　选择【复制】命令

步骤 3 选中 J5 单元格，右击，从弹出的快捷菜单中选择【粘贴】命令，如图 7-10 所示。

图 7-11　第三个学生的成绩总分

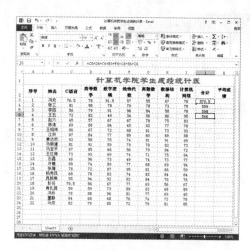

图 7-12　第四个学生的成绩总分

步骤 6 选中 J3 单元格，单击【开始】选项卡下【剪贴板】选项组中的【复制】按钮，复制公式，然后选中 J7 单元格，单击【剪贴板】选项组中的【粘贴】按钮，即可将 J3 单元格中的公式复制到 J7 单元格中，这样就能计算出第五个学生的成绩总分，如图 7-13 所示。

步骤 7 如果希望将单元格中的公式显示出来，只需双击要显示公式的单元格，使其进入编辑状态，此时即可在单元格中显示出公式，如图 7-14 所示。

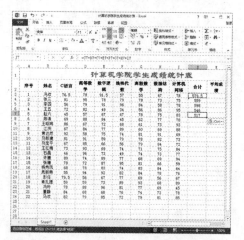

图 7-13　第五个学生的成绩总分

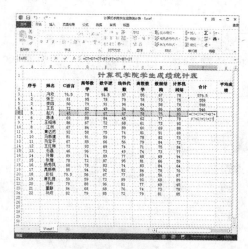

图 7-14　显示公式

7.2 插入函数

Excel 中的函数其实就是一些预定义的公式，这些公式使用一些称为参数的特定数值，按特定的顺序或结构进行计算。在实际操作中，用户可以直接用这些公式对某个区域内的数值进行一系列的运算。

7.2.1　函数的分类

在 Excel 中提供了较多的函数，这里根据函数的功能可以将函数分为以下 10 个大类。

（1）日期和时间函数：用来分析或操作与日期和时间有关的数值。

（2）数学与三角函数：用来进行数学和三角方面的计算。

（3）统计函数：可以对选定区域的数据进行统计分析。

（4）查找与引用函数：在数据清单和表格中查找特定的内容。

（5）数据库函数：用来分析数据清单中的数值是否符合特定的条件。

（6）文本函数：可以处理公式中的文本字符串。

（7）逻辑函数：进行真假值的逻辑判断。

（8）信息函数：可以帮助用户确定单元格中的数据类型。

（9）财务函数：可以进行常见的财务计算。

（10）工程函数：可用于工程处理。

7.2.2　手动插入函数

函数只有在输入到公式中以后才能起作用，用户可以通过手动输入或者插入的方式来输入公式。对一个函数非常熟悉的情况下，用户可以选择手工输入函数及参数到公式中去，具体的操作步骤如下。

步骤 1 双击 J10 单元格使其进入编辑状态，并输入"=SUM()"，然后将光标定位在"("和")"之间，如图 7-15 所示。

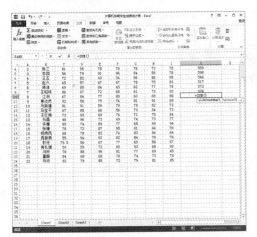

图 7-15　输入"=SUM()"

步骤 2 单击 C10 单元格，此时即可引用该单元格作为 sum 函数的一个参数，如图 7-16 所示。

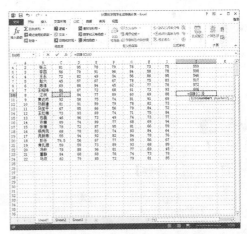

图 7-16　引用 C10 单元格

步骤 3 在公式中输入"，"，单击 D10 单元格作为 sum 函数的另一个参数。然后运用同样的方法，选择其他的函数参数，如图 7-17 所示。

步骤 4 按 Enter 键，即可计算出相应的结果，如图 7-18 所示。

图 7-17　选择其他函数参数

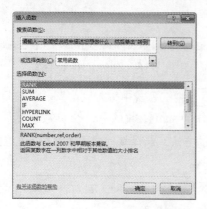

图 7-18　计算结果显示

7.2.3　利用插入函数功能

利用插入函数功能输入函数的具体操作步骤如下。

步骤 1 选中 J11 单元格，单击【公式】选项卡下【函数库】选项组中的【插入函数】按钮，打开【插入函数】对话框，如图 7-19 所示。

图 7-19　【插入函数】对话框

步骤 2 在【选择函数】列表框中选择要插入的函数，这里选择 SUM 选项，然后单击【确定】按钮，打开【函数参数】对话框，如图 7-20 所示。

图 7-20　【函数参数】对话框

步骤 3 单击 Number1 文本框右侧的 按钮，即可在工作表中选择要引用的单元格区域，如图 7-21 所示。

图 7-21　选择引用单元格

步骤 4 选择完毕后单击 按钮，返回到【函数参数】对话框，然后单击【确定】按钮，即可计算出相应的结果，如图 7-22 所示。

图 7-22　J11 单元格数据结果

7.3 常见函数的应用

通过前面的学习已经了解到，函数可以分为 10 个类别，但并不是每一个类别的函数都经常被应用到办公操作中，这里只介绍一些应用率比较高的函数的语法和使用情况。

7.3.1 财务函数

财务函数主要用于进行一般的财务计算。在财务函数中有两个常用的变量：f 和 b。其中 f 为年付息次数，如果按年支付，则 f=1；按半年期支付，则 f=2；按季支付，则 f=4。b 为日计数基准类型，如果日计数基准为"US（NASD）30/360"，则 b=0 或省略；如果日计数基准为"实际天数 / 实际天数"，则 b=1；如果日计数基准为"实际天数 /360"，则 b=2；如果日计数基准为"实际天数 /365"，则 b=3；如果日计数基准为"欧洲 30/360"，则 b=4。

1. PMT 函数

在 Excel 中使用 PMT 函数，可以基于固定利率及等额分期付款方式，返回贷款的每期付款额。其函数表达式为 PMT (rate,nper,pv,fv,type)。其中，rate 表示贷款利率；nper 表示该项贷款的付款总数；pv 表示现值；fv 表示未来值；type 表示 0 或 1，用于指定各期的付款时间是在期初还是在期末。

例如某公司从银行贷款 1 000 000 元，分 10 年偿还，年利率为 8.8%，现在需要计算按年偿还和按月偿还的还款额，条件为等额偿还。具体的操作步骤如下。

步骤 1 在 Excel 2013 主窗口打开的工作表中输入相关数据，选中 E4 单元格之后，在其中输入公式"=PMT(C7,C5,C3,0,1)"，如图 7-23 所示，然后按 Enter 键即可计算出年初偿还额，如图 7-24 所示。

图 7-23 输入公式"=PMT(C7,C5,C3,0,1)"

图 7-24 年初偿还额

步骤 2 选中 F4 单元格之后，在其中输入公式"=PMT(C7,C5,C3)"，如图 7-25 所示，然后按 Enter 键即可显示具体的计算结果，如图 7-26 所示。

图 7-25　输入公式"=PMT(C7,C5,C3)"

图 7-26　年末偿还额

步骤 3 选中 E8 单元格之后，在其中输入公式"=PMT(C7/12,C5*12,C3,0,1)"，如图 7-27所示，然后按 Enter 键即可显示具体的计算结果，如图 7-28 所示。

图 7-27　输入公式

图 7-28　月初偿还额

步骤 4 选中 F8 单元格之后，在其中输入公式"=PMT(C7/12,C5*12,C3)"，如图 7-29 所示，然后按 Enter 键即可显示具体的计算结果，如图 7-30 所示。

图 7-29　输入公式"=PMT(C7/12,C5*12,C3)"

图 7-30　月末偿还额

2. FV 函数

在 Excel 中使用 FV 函数，可以返回基于固定利率和等额分期付款方式的某项投资的未来值，其函数表达式为 FV(rate,nper,pmt,pv, type)。其中，rate 表示各期利率；nper 表示总投资期，即该投资的付款期总数；pmt 表示各期所应支付的金额，这个数值在整个年金期间将保持不变 pv 表示现值,也称本金,如果省略，则假设为零；type 表示数字 0 或 1，用于指定各期的付款时间是在期初还是期末，当省略的时候，默认为 0。

> **注意**　在使用 FV 函数时应该注意：
> ① rate 和 nper 的单位应该保持一致，即同时按年计算或同时按月计算；② 在所有的参数中支出的款项应用负数表示，收入的款项应用正数表示；③ pmt 通常只包括本金和利息，不包括其他的费用和税款；④ 如果省略了 pmt，则必须包括 pv。

假设某投资公司需要对某项目进行投资存款，银行已有存款 50 000，以后每年存入 10 000，年利率为 7.8%，问 15 年后的本息和为多少？如果每月存入 1000 元，15 年后的本息和又是多少？具体的操作步骤如下。

步骤 1　新建一个空白工作簿，在其中输入相关数据，如图 7-31 所示。

图 7-31　建立数据类型

步骤 2　选中 E5 单元格之后，在其中输入

公式"=FV(C2,D2,E2,B2,0)"，如图 7-32 所示，然后按 Enter 键即可显示具体的计算结果，如图 7-33 所示。

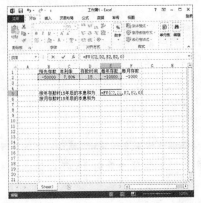

图 7-32　输入公式"=FV(C2,D2,E2,B2,0)"

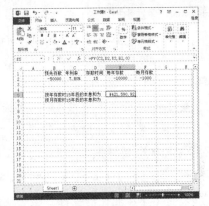

图 7-33　按年存款时 15 年后的本息和

步骤 3　选中 E6 单元格之后，在其中输入公式"=FV(C2/12,D2*12,F2,B2,0)"，如图 7-34 所示，然后按 Enter 键即可显示具体的计算结果，如图 7-35 所示。

图 7-34　输入公式

图 7-35　按月存款时 15 年后的本息和

3. PV 函数

在 Excel 中使用 PV 函数可以返回投资的现值。其函数表达式为 PV(rate,nper,pmt,fv,type)。其中，rate 表示各期利率；nper 表示总投资期；pmt 表示各期所应支付的金额；fv 表示未来值；type 表示数字 0 或 1，用于指定各期的付款时间是在期末还是在期初。

假设某投资公司想要贷款进行投资，每月的承受能力为支付 10 000 元，年利息为 4.5%，贷款期限为 15 年，现在需要计算该公司能承受的最多贷款额是多少。具体的操作步骤如下。

步骤 1 新建一个空白工作簿，在其中输入相关数据，如图 7-36 所示。

图 7-36　建立数据模型

步骤 2 选中 E4 单元格之后，在其中输入公式 "=PV(C4/12,D4*12,−B4,0,0)"，如图 7-37 所示，然后按 Enter 键即可显示具体的计算结果，如图 7-38 所示。

图 7-37　输入公式

图 7-38　最多贷款额

7.3.2　逻辑函数

Excel 提供了几个逻辑函数，通过这些函数可以对单元格中的信息进行各种判断，还可以检查某些条件是否为真，如果条件为真，则还可用其他函数对相关单元格进行一些处理。

1. FALSE 函数和 TRUE 函数

在 Excel 中使用 FALSE 函数和 TRUE 函数，将返回逻辑值 FALSE 和 TRUE，这两个函数的表达式为：FALSE() 和 TRUE()。从表达式中可以看出，这两个函数没有参数，返回的是逻辑值。

2. AND 函数

在 Excel 中，使用 AND 函数可以计算多个逻辑值间的交集，返回逻辑值。其表达式为 AND(logical1, logical2, logical3,…)。

从函数的表达式中可以看出，该函数包含多个参数，参数的个数在 1 到 30 个之间，其中的 logical1, logical2, logical3,…表示待计算的多个逻辑值，各个参数必须能计算为逻辑值 TRUE 或 FALSE，或包含逻辑值的数组或引用。如果数组或者引用中包含文本或空白单元格，则这些值将被忽略，如果指定单元格区域内含有非逻辑值，则函数将返回错误值"#VALUE!"。当所有参数的逻辑值为真时，则 AND 函数返回 TRUE；如果有一个参数的逻辑值为假，则 AND 函数返回 FALSE。

已知新起点公司有一民意调查结果，根据员工的任职年数来对数据进行分类：1～2、3～4、5～6、7 年以上，现在利用 AND 函数判断各任职年数段的调查结果。具体的操作步骤如下。

步骤 1 新建一个空白工作簿，在其中输入相应的数据信息，然后选中 D4 单元格，并在其中输入公式"=IF(AND(B4>=1,B4<=2),C4,"")"，如图 7-39 所示，然后按 Enter 键，即可显示如图 7-40 所示的调查结果。

图 7-39　输入公式

图 7-40　调查结果显示

步骤 2 拖动序列填充柄，复制公式到该列的以下行，则工龄在 1～2 年之间人的调查结果即可判断出来，如图 7-41 所示。

图 7-41　任职年数在 1～2 年之间人的调查结果

步骤 3 选中 E4 单元格，并在其中输入公式"=IF(AND(B4>=3,B4<=4),C4,"")"，如图 7-42 所示，然后按 Enter 键，即可判断出杨秀凤的调查结果，如图 7-43 所示。

图 7-42　输入公式

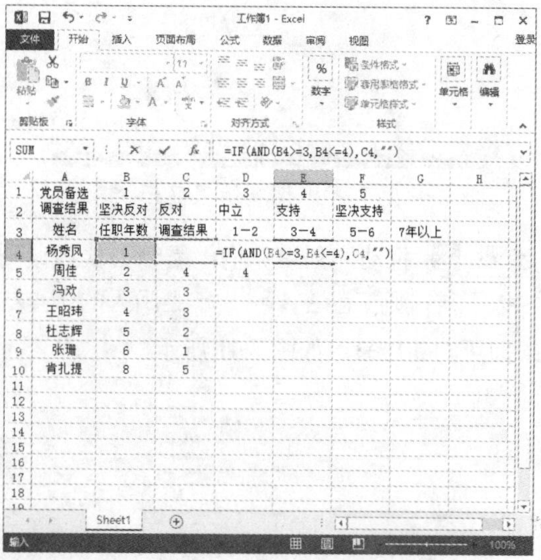

图 7-43　杨秀凤的调查结果

步骤 4 拖动序列填充柄，复制公式到该列的以下行，则任职年数在 3～4 年之间人的调查结果即可判断出来，如图 7-44 所示。

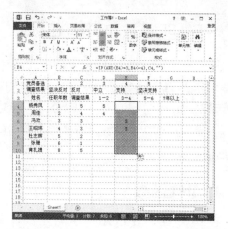

图 7-44　任职年数在 3～4 年之间人的调查结果

步骤 5 选中 F4 单元格，并在其中输入公式"=IF(AND(B4>=5,B4<=6),C4,"")"，如图 7-45 所示，然后按 Enter 键，即可判断出相应任职年数杨秀凤的调查结果，如图 7-46 所示。

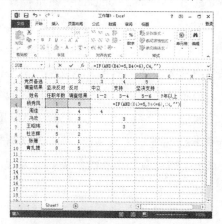

图 7-45　输入公式

图 7-46　任职年数在 5～6 年杨秀凤的调查结果

步骤 6 拖动序列填充柄，复制公式到该列的以下行，则任职年数在 5～6 年之间人的调查结果即可判断出来，如图 7-47 所示。

步骤 7 选中 G4 单元格，并在其中输入公式"=IF(B4>=7,C4,"")"，如图 7-48 所示，然后按 Enter 键，即可判断出 7 年以上任职年数杨秀凤的调查结果，如图 7-49 所示。

图 7-49　结果显示

图 7-47　任职年数在 5～6 年之间人的调查结果

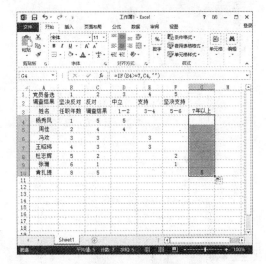

图 7-50　自动填充

3. IF 函数

在 Excel 中使用 IF 函数将执行真假判断，根据逻辑计算的真假值返回不同的结果。其函数的表达式为 IF(logical_test,value_if_true, value_if_false)。从表达式中可以明显地看出该函数包含 3 个参数，其中 logical_test 为公式或者表达式，表示计算结果为 TRUE 或 FALSE 的任意值或表达式；value_if_true 为任意数据，表示 logical_test 求值结果为 TRUE 时返回的值；value_if_false 为任意数据，表示 logical_test 求

图 7-48　输入公式"=IF(B4>=7,C4,"")"

步骤 8 拖动序列填充柄，复制公式到该列的以下行，则任职年数在 7 年以上的人的调查结果即可判断出来，如图 7-50 所示。

值结果为 FALSE 时返回的值。

一般情况下，IF 函数可以嵌套 7 层。用参数 value_if_false 及参数 value_if_true 可以构造复杂的检测条件，计算参数 value_if_false 和 value_if_true 后，函数将返回相应语句执行后的返回值。

已知新起点公司每个员工每月都有一定的写作任务量，现利用 IF 函数根据实际写作数量判断该员工本月的工作能力。具体的操作步骤如下。

步骤 1 新建一个空白工作簿，在其中输入相关数据信息，如图 7-51 所示。

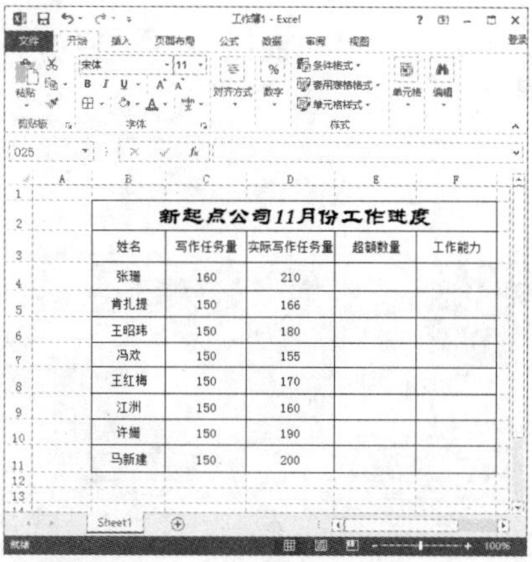

图 7-51 输入已知数据

步骤 2 选中 E4 单元格，并在其中输入公式"=D4-C4"，如图 7-52 所示，然后按 Enter 键，即可计算出张珊的超额数量，如图 7-53 所示。

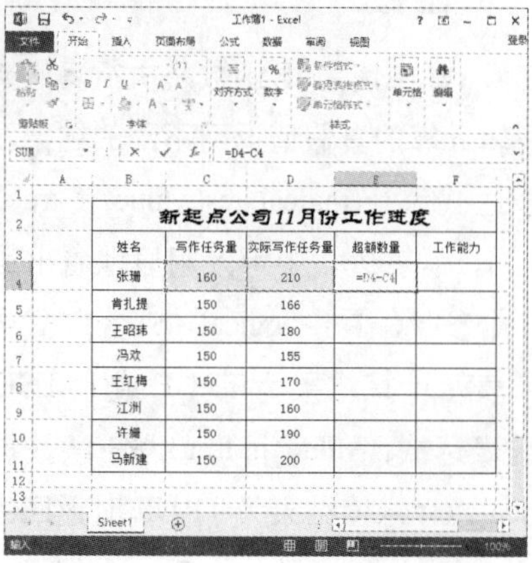

图 7-52 输入公式"=D4-C4"

图 7-53 张珊的超额数量

步骤 3 拖动序列填充柄，复制公式到该列的以下行，则所有员工的超额数量即可计算出来，如图 7-54 所示。

图 7-54 所有员工的超额数量

步骤 4 选中 F4 单元格，并在其中输入公式"=IF(E4<0," 差 ",IF(E4<20," 较 好 ",IF(E4<40," 好 ",IF(E4<60," 优秀 "))))"，如图 7-55 所示，然后按 Enter 键，即可判断出张珊的工作能力，如图 7-56 所示。

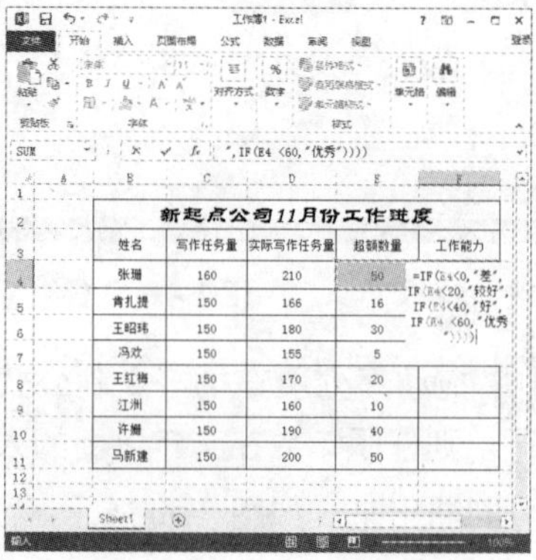

图 7-55 输入相关公式

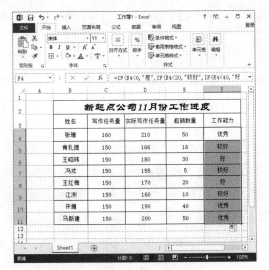

图 7-56 张珊的工作能力

步骤 5 拖动序列填充柄，复制公式到该列的以下行，则所有员工的工作能力即可判断出来，如图 7-57 所示。

图 7-57 所有员工的工作能力

4. OR 函数

在 Excel 中使用 OR 函数，可以计算多个逻辑值的并集，返回的值也是一个逻辑值。其表达式为 OR(logical1, logical2, logical3,…)。从函数的表达式中可以看出，该函数包含多个参数，参数的个数在 1 到 30 个之间，其中

的 logical1, logical2, logical3,… 表示待计算的多个逻辑值。各个参数必须能计算为逻辑值 TRUE 或 FALSE，或者包含逻辑值的数组或引用。如果数组或者引用中包含文本或空白单元格，则这些值将被忽略；如果指定的单元格区域内含有非逻辑值，则函数将返回错误值"#VALUE!"。

在 OR 函数参数组中任何一个参数的逻辑值为 TRUE，则返回 TRUE，如果所有参数的逻辑值为 FALSE，则返回 FALSE。

已知新起点公司员工的年龄，现根据输入某个年龄值判断员工中是否有这个年龄的人，共有几个。具体的操作步骤如下。

步骤 1 在 Excel 2013 主窗口打开的工作表中，根据实际情况设置相应的表格，并在其中输入已知数据，如图 7-58 所示。

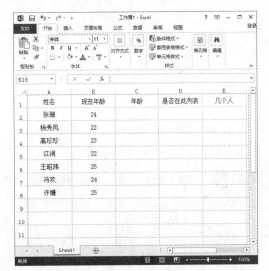

图 7-58 输入已知数据

步骤 2 在 C2 单元格中输入任意一个年龄，这里输入的是"22"，再选中 D2 单元格，并在其中输入公式"=OR(C2=B2:B8)"，如图 7-59 所示。由于是在一个数组中查找是否存在某个指定的值，所以公式要以数组的形式输入。

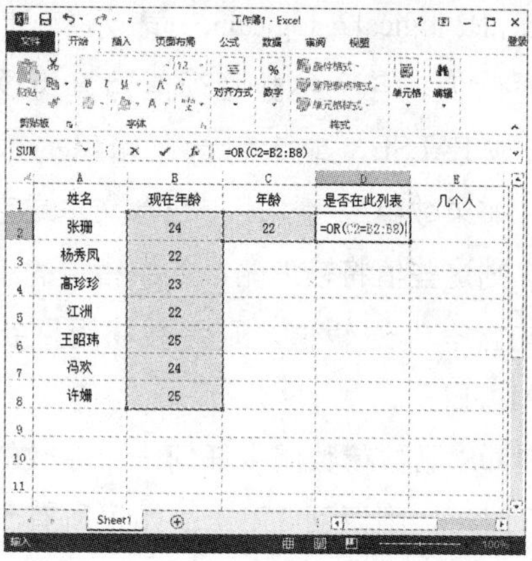

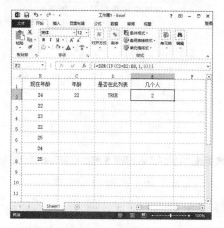

图 7-59　输入公式 "=OR(C2=B2:B8)"

步骤 3 按 Ctrl+Shift+Enter 组合键，即可得出计算结果，如图 7-60 所示。

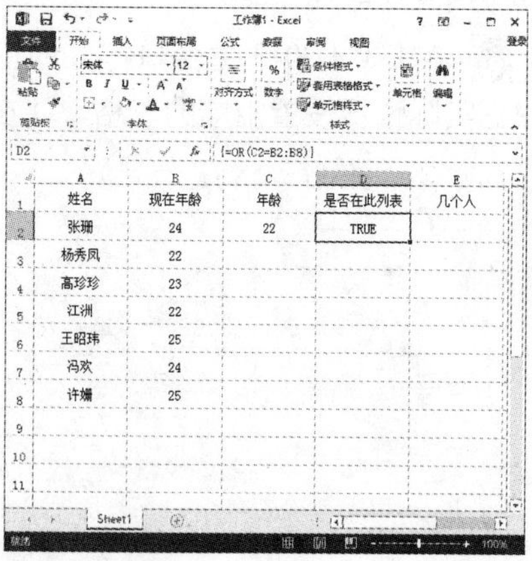

图 7-60　计算结果显示

步骤 4 选中 E2 单元格，并在其中输入公式 "=SUM(IF(C2=B2:B8,1,0))"，如图 7-61 所示。

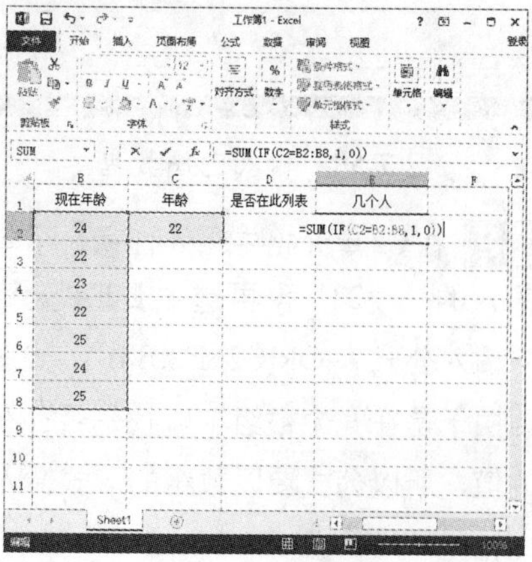

图 7-61　输入公式

步骤 5 按 Ctrl+Shift+Enter 组合键，即可判断出公司中年龄为 22 的总人数，如图 7-62 所示。继续在 D 列单元格中输入其他的年份，运用上述方法，即可判断其他年份出生的人数。

图 7-62　年龄为 22 的总人数

7.3.3　日期和时间函数

Excel 使用预先建立的工作表函数来执行数学、文本或逻辑运算，或查找工作区的有关信息等。只要有可能，在工作中应当尽可能地使用 Excel 系统提供的函数，而不是自己编写公式。利用函数不仅能够提高效率，同时，也能够减少用户的错误和工作表所占的内存空间，提高 Excel 的工作速度。日期函数和时间函数均是 Excel 专门用于处理日期与时间信息的，是日常工作中必不可少的函数。

1. DATE 函数

使用 DATE 函数可以返回代表特定日期的序列号。如果在输入函数之前单元格的格式为"常规"，那么返回的结果将设为日期格式。DATE 函数的函数表达式为 DATE(year, month,day)。其中的参数 year 为 1～4 位，根据使用的日期系统解释该参数。默认情况下，Excel for Windows 使用 1900 日期系统，而

Excel for Macintosh 使用 1904 日期系统。month 代表每年中月份的数字。如果所输入的月份大于 12，将从指定年份的一月份执行加法运算。day 代表在该月份中第几天的数字。如果 day 大于该月份的最大天数时，将从指定月份的第一天开始往上累加。

> **注意**　如果工作簿使用了 1900 日期系统，则 Excel 会将 1900 年 1 月 1 日保存为序列号 1。同理，会将 2001 年 1 月 1 日保存为序列号 36892，这是因为该日期距离 2001 年 1 月 1 日为 36892 天。

计算 2015 年 11 月 11 日距离 1900 年 1 月 1 日的序列号是多少，其数据表如图 7-63 所示。具体的操作步骤如下。

步骤 1 在 Excel 2013 主窗口中选中 A3 单元格之后，在其中输入公式 "=DATE(A2,B2,C2)"，如图 7-64 所示。

图 7-63　原始数据

图 7-64　输入公式

步骤 2 然后按 Enter 键即可计算出结果，如图 7-65 所示。其中 DATE 函数返回结果的默认格式为日期格式，为了得到所对应的系列数，还需要对单元格进行设置。

图 7-65　计算出日期格式的结果

步骤 3 选中返回结果所在的单元格（即 A3 单元格），然后右击该单元格，在弹出的快捷菜单中选择【设置单元格格式】命令，打开【设置单元格格式】对话框。切换到【数字】选项卡，在【分类】列表框中选择【常规】选项，如图 7-66 所示。

图 7-66　【设置单元格格式】对话框

步骤 4 单击【确定】按钮，即可得到日期序列号结果，如图 7-67 所示。

图 7-67　将日期格式转换成日期序列号

2. TODAY 函数

TODAY 函数的作用是返回当前日期序列号，这个当前日期是指计算机系统当前的日期。改变单元格的格式为日期格式，则显示为日期格式。

TODAY 函数的表达式为 TODAY( )。

参数：无

Excel 用户在制作工作报表时，常需要及时添加当前日期，而使用 NOW( ) 函数返回日期时总包含有时间，而大多情况下只需添加当前日期，并不需当前时间，这时便可使用 TODAY( ) 函数。

如果要为如图 7-68 所示的会议记录表添加当前日期，需要进行如下的操作。

图 7-68　原始数据

步骤 1 在 Excel 2013 主窗口中选取 H2 单元格之后，再在其中输入公式"=TODAY ()"，如图 7-69 所示，然后按 Enter 键确认输入，即可在 H2 单元格中返回当前日期，如图 7-70 所示。

图 7-69　输入公式"=TODAY ()"

图 7-70　返回当前日期

步骤 2 右击 H2 单元格，从弹出的快捷菜单中选择【设置单元格格式】命令，从打开的【设置单元格格式】对话框中选择【常规】选项，则日期将以序列号值的形式显现，如图 7-71所示。

图 7-71　以日期序列号显示结果

步骤 3 如果只想在 H2 单元格中显示"制表日期：2015-11-28"，则可在 D2 单元格中输入公式："=" 制表日期:"&TEXT(TODAY(),"YYYY-MM- DD")"，如图 7-72 所示，然后按 Enter 键确认输入，即可在 H2 单元格中返回结果，如图 7-73 所示。

图 7-72　输入公式

图 7-73　返回结果显示

步骤 4 如果在 D2 单元格中输入公式 "=" 制表日期:"&TODAY()"，如图 7-74 所示，则返回结果为"制表日期：42336"，这个日期序列号是随系统当前日期变化而变化的，如图 7-75 所示。

图 7-74　输入公式

图 7-75　返回结果为"制表日期：42336"

3. YEAR 函数

YEAR 函数的作用是返回日期序列号或日期格式中的年份。其表达式为 YEAR(serial_number)。

serial_number 是一个日期值，其中包含要查找的年份。日期有多种输入方式：带引号的文本串（例如 "1998/01/30"）、序列号（例如，如果使用 1900 日期系统则 35825 表示 1998 年 1 月 30 日）或其他公式或函数的结果（例如

DATEVALUE("1998/1/30"))。

根据如图 7-76 所示的数据计算出各个员工的虚工龄。所谓"虚工龄"就是从参加工作算起，每过一年就增加一年工龄。具体的操作步骤如下。

图 7-76　原始数据

步骤 1 在 Excel 2013 主窗口中选取 F2 单元格之后，再在其中输入公式"=YEAR (E2)–YEAR(D2)"，如图 7-77 所示。

步骤 2 按 Enter 键确认输入，即可得到姓名为江洲的虚工龄。拖动序列填充柄，复制公式到该列的以下行，则所有员工的虚工龄即可计算出来，如图 7-78 所示。

图 7-77　输入公式"=YEAR (E2)–YEAR(D2)"

图 7-78　自动填充

7.3.4 统计函数

Excel 提供了许多统计函数，以供在实际工作中解决一些需要进行统计分析的问题。统计函数是用于对数据区域进行统计分析的函数，使用这类函数可以计算所有的标准统计值，如最大、最小值，平均值等。

1. AVERAGE 函数

在 Excel 中，使用 AVERAGE 函数可以返回参数的平均值。其函数表达式为 AVERAGE(number1,number2,…)。其中，number1,number2,… 表示需要计算平均值的 1 ～ 30 个参数。

> **注意** 在使用 AVERAGE 函数时应该注意：①此函数的参数可以是数字、包含数字的名称、数组或引用；②如果数组或引用包含文本、逻辑值或空白单元格，则将被函数忽略，但包含零值的单元格将被计算在内。

假设某学校 2014 年各班期末各学科的总成绩表如图 7-79 所示，现在需要利用 AVERAGE 函数计算出 10 个班级的语文、数学、英语和科学的算术平均值。具体的操作步骤如下。

步骤 3 将 C13 单元格中的公式向右填充复制到 F13 单元格中，即可显示具体的计算结果，如图 7-82 所示。

图 7-82　计算其他学科的平均值

图 7-79　各班学科总分表

步骤 1 在 Excel 2013 主窗口打开的工作表中选取 C13 单元格，并在其中输入公式"=AVERAGE(C3:C12)"，如图 7-80 所示。

2. MAX 函数

在 Excel 中使用 MAX 函数可以返回一组值中的最大值。其函数表达式为 MAX(number1,number2,…)。其中，number1，number2，…表示要从中找出最大值的 1～30 个数字参数。

返回最大值的具体操作步骤如下。

图 7-80　输入公式"=AVERAGE(C3:C12)"

步骤 2 然后按 Enter 键即可计算出语文的平均值，如图 7-81 所示。

步骤 1 在 Excel 2013 主窗口打开的工作表中输入相应参数，如图 7-83 所示。

图 7-81　计算语文的平均值

图 7-83　输入参数

步骤 2 选中 G3 单元格之后，在其中输入公式"=MAX(B3:F3)"，如图 7-84 所示，然后按 Enter 键即可返回最大值，如图 7-85 所示。

图 7-84 输入公式"=MAX(B3:F3)"

图 7-85 返回最大值

步骤 3 将 G3 单元格中的公式向下填充复制到 G5 单元格中，所有的最大值即可返回，如图 7-86 所示。

图 7-86 自动填充公式

3. MIN 函数

在 Excel 中使用 MIN 函数可以返回一组值中的最小值。其函数表达式为 MIN(number1, number2,…)。其中，number1,number2,… 表示要从中找出最小值的 1 ～ 30 个数字参数。

计算最小值的具体操作步骤如下。

步骤 1 在 Excel 2013 主窗口打开的工作表中输入相应的参数值，如图 7-87 所示。

图 7-87 输入参数值

步骤 2 选中 H3 单元格之后，再在其中输入公式"=MIN(B3:F3)"，如图 7-88 所示，然后按 Enter 键即可返回最小值，如图 7-89 所示。

图 7-88 输入公式"=MIN(B3:F3)"

图 7-89 返回最小值

步骤 3 将 H3 单元格中的公式向下填充复制到 H5 单元格中，所有的最小值即可返回，如图 7-90 所示。

图 7-90 复制公式

7.3.5 数学与三角函数

Excel 2013 中包含了许多数学函数和三角函数，每个函数都有其不同的功效。在一些较为复杂的数学运算中，使用这些函数可以提高运算速度，同时也能丰富运算方法。

1. ROUND 函数

在 Excel 中，使用 ROUND 函数可以返回某个数字按指定位数取整后的数字。其函数表达式为 ROUND(number,num_digits)。其中，number 表示需要进行四舍五入的数字，num_

digits 表示指定的位数。

> **注意** 在使用 ROUND 函数时应该注意：如果 num_digits 大于 0，则四舍五入到指定的小数位；如果 num_digits 等于 0，则四舍五入到最接近的整数；如果 num_digits 小于 0，则在小数点的左侧进行四舍五入。

实现将表中的数值进行四舍五入的具体操作步骤如下。

步骤 1 在 Excel 2013 主窗口打开的工作表中输入相应参数，如图 7-91 所示。

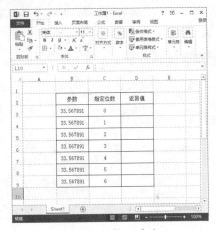

图 7-91 输入参数

步骤 2 选中 D3 单元格之后，在其中输入公式 "=ROUND(B3,C3)"，如图 7-92 所示，然后按 Enter 键即可返回四舍五入结果，如图 7-93 所示。

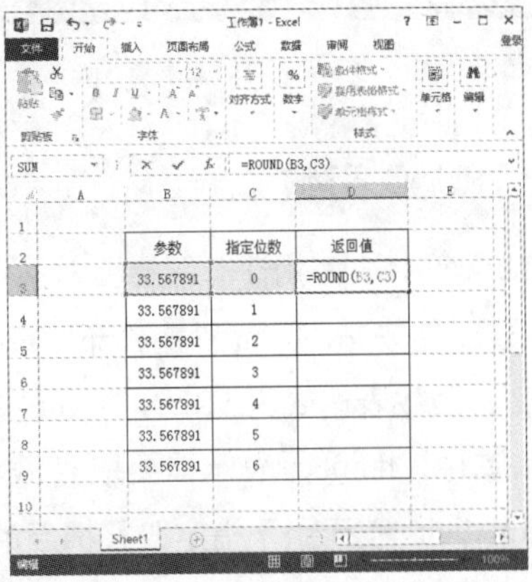

图 7-92 输入公式 "=ROUND(B3,C3)"

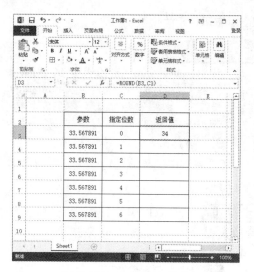

图 7-93　四舍五入结果

步骤 3 拖动序列填充柄，复制公式到该列的以下行，即可返回计算结果，如图 7-94 所示。

图 7-94　计算结果显示

2. TRUNC 函数

在 Excel 中，使用 TRUNC 函数可以将数字的小数部分截去，只留下整数部分或者指定的小数。其函数表达式为 TRUNC (number,num_digits)。其中，number 表示需要取整截尾的数字，num_digits 表示用于指定取整精度的数字，默认值为 0。

注意 TRUNC 函数返回的整数是直接去除数字的小数部分而得到的数字，它并不会将小数部分的值进行四舍五入。

在图 7-95 中将所有给定的数字进行取整，具体的操作步骤如下。

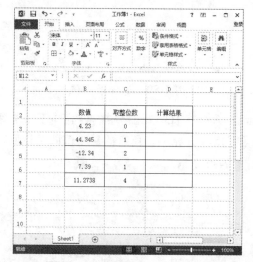

图 7-95　需要取整的数据

步骤 1 在 Excel 2013 主窗口打开的工作表中选取 D3 单元格之后，在其中输入公式"=TRUNC(B3,C3)"，如图 7-96 所示，然后按 Enter 键即可完成取整操作，如图 7-97 所示。

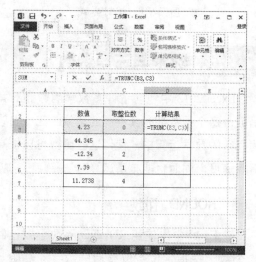

图 7-96　输入公式"=TRUNC(B3,C3)"

图 7-98 所示。

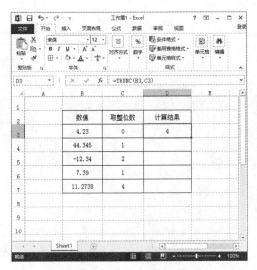

图 7-97 进行取整计算

步骤 2 拖动序列填充柄，复制公式到该列的以下行，即可完成所有数据的取整操作，如

图 7-98 完成所有数据的取整操作

7.4 课后练习疑难解答

疑问 1：在使用名称的过程中，发现不能新建名称。

答：检查一下新建名称的输入，在命名单元格区域的时候，对名称的命名必须遵循一定的规则，具体体现在以下几个方面。

（1）名称的第一个字符必须是字母、汉字或下划线。

（2）名称不能与单元格的名称相同，名称中间不能有空格出现。

（3）名称长度不能超过 255 个字符，字母不区分大小写。

（4）同一个工作簿中定义的名称不能相同。

疑问 2：在使用 FV 函数时需要注意哪些事项？

答：（1）rate 和 nper 的单位应该保持一致，即同时按年计算或同时按月计算；

（2）在所有的参数中支出的款项应用负数表示，收入的款项应用正数表示；

（3）pmt 通常只包括本金和利息，不包括其他的费用和税款；

（4）如果省略了 pmt，则必须包括 pv。

第 **8** 章

巧用图表：制作产品销量统计表

● **本章导读：**

　　与同类软件相比，Excel 具有极强的图表处理功能，可以方便地将数据表格中的有关数据转化成专业化图表。本章通过制作产品销量统计表来了解图表在 Excel 中的应用。

● **学习目标：**

◎ 创建图表
◎ 设置图表布局
◎ 美化图表
◎ 数据透视表
◎ 数据透视图

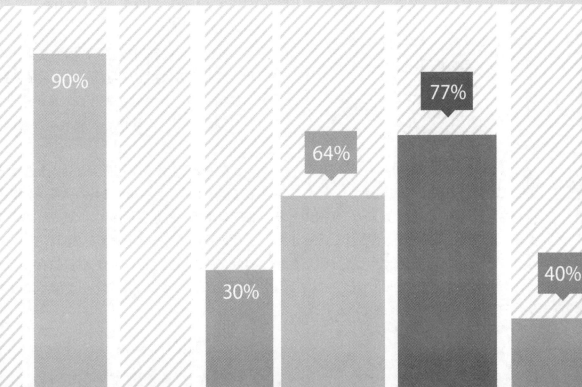

8.1 图表的创建

Excel 提供了丰富的图表类型，有条形图、柱形图、折线图、散点图以及多种复合图表和三维图表，并针对每一种图表类型提供了几种不同的图表格式，供用户自动套用。

8.1.1 图表的类型

（1）条形图

条形图使用水平横条或纵向竖条的长度来表示数据值的大小。条形图强调各个数据项之间的差别情况。一般分类项在垂直轴上标出，而数据的大小在水平轴上标出。这样可以突出数据的比较，从而淡化时间的变动情况。

在 Excel 工作表中切换到【插入】选项卡，在【图表】选项组中单击【插入条形图】按钮，即可发现条形图还包括簇状条形图、堆积条形图、百分比堆积条形图、三维簇状条形图、三维堆积条形图和三维百分比堆积条形图 6 个子类型，如图 8-1 所示。

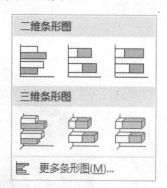

图 8-1　【条形图】下拉列表

（2）柱形图

柱形图也称直方图，是 Excel 默认的图表类型，用以描述不同时期数据的变化或描述各分类项之间的差异。一般分类项在水平轴上标出，而数据的大小在垂直轴上标出。

在 Excel 工作表中切换到【插入】选项卡，

在【图表】选项组中单击【插入柱形图】按钮，即可发现柱形图还包括簇状柱形图、堆积柱形图、百分比堆积柱形图、三维簇状柱形图、三维堆积柱形图、三维百分比堆积柱形图和三维柱形图 7 个子类型，如图 8-2 所示。

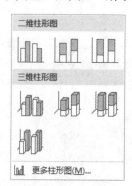

图 8-2　【柱形图】下拉列表

（3）折线图

折线图是以等间隔显示数据的变化趋势，用直线段将各数据点连接起来而组成的图形。一般情况下，分类轴用来代表时间的变化，并且间隔相同，而数值轴代表各时刻数据的大小。

在 Excel 工作表中切换到【插入】选项卡，在【图表】选项组中单击【插入折线图】按钮，即可发现折线图包括折线图、堆积折线图、百分比堆积折线图、带数据标记的折线图、带数据标记的堆积折线图、带数据标记的百分比堆积折线图和三维折线图 7 个子类型，如图 8-3 所示。

图 8-3　【折线图】下拉列表

（4）饼图

饼图是把一个圆面划分为若干个扇形面，每个扇形面代表一项数据值，一般只显示一组数据系列，用于表示数据系列中的每一项占该数据系列的总和的比例值。

在 Excel 工作表中切换到【插入】选项卡，在【图表】选项组中单击【插入饼图或圆环图】按钮，即可发现饼图包括饼图、分离型饼图、复合饼图、复合条饼图、三维饼图和分离型三维饼图 6 个子类型，如图 8-4 所示。

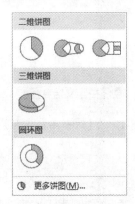

图 8-4　【饼图】下拉列表

（5）面积图

面积图使用折线和分类轴组成的面积以及两条折线之间的面积来显示数据系列的值。面积图强调幅度随时间的变化，通过显示绘制值的总和来展示部分与整体的关系。

在 Excel 工作表中切换到【插入】选项卡，在【图表】选项组中单击【插入面积图】按钮，

即可发现面积图包括面积图、堆积面积图、百分比堆积面积图、三维面积图、三维堆积面积图和三维百分比堆积面积图 6 个子类型，如图 8-5 所示。

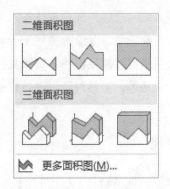

图 8-5　【面积图】下拉列表

（6）散点图

散点图与折线图相似，也是由一系列的点或线组成，在组织数据时，一般将 X 值置于一行或一列中，而将 Y 的值置于相邻的行或列中。散点图用来比较若干个数据系列中的数值，还可以以两组数值显示为 XY 坐标中的一个系列。

在 Excel 工作表中切换到【插入】选项卡，在【图表】选项组中单击【插入散点图（X,Y）或气泡图】按钮，即可发现打开的下拉列表中包括散点图、带平滑线和数据标记的散点图、带平滑线的散点图、带直线和数据标记的散点图、带直线的散点图、气泡图和三维气泡图 7 个子类型，如图 8-6 所示。

图 8-6　【散点图】下拉列表

（7）股价图

股价图是具有三个数据序列的折线图，被用来显示一段给定时间内一种股票的最高价、最低价和收盘价，如图 8-7 所示。通过在最高、最低数据点之间画线形成垂直线条，而轴上的小刻度代表收盘价。股价图多用于金融、商贸等行业，用来描述商品价格、货币兑换率和温度、压力测量等，当然对股价进行描述是最拿手的了。

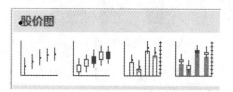

图 8-7　【股价图】下拉列表

（8）曲面图

曲面图主要用于寻找两组数据之间的最佳组合，曲面图中的颜色和图案用来指示出在同一取值范围内的区域。其中包含三维曲面图、三维曲面框架图、曲面图和曲面俯视框架图，如图 8-8 所示。

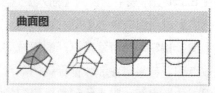

图 8-8　【曲面图】下拉列表

（9）雷达图

雷达图显示数据如何按中心点或其他数据变动，如图 8-9 所示。每个类别的坐标值从中心点辐射，来源于同一序列的数据同线条相连，可以采用雷达图来绘制几个内部关联的序列，很容易地做出可视的对比。

图 8-9　【雷达图】下拉列表

（10）组合图

在 Excel 工作表中切换到【插入】选项卡，在【图表】选项组中单击【插入组合图】按钮，即可发现打开的下拉列表中包括簇状柱形图 - 折线图、簇状柱形图 - 次坐标轴上的折线图和堆积面积图 - 簇状柱形图 3 个子类型，如图 8-10 所示。

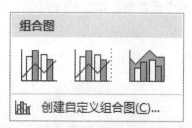

图 8-10　【组合图】下拉列表

8.1.2　创建图表

在 Excel 中建立图表的方法有两种，一种是嵌入式图表，另一种图表工作表。所谓嵌入式图表是指把图表直接绘制在原始数据所在的工作表中，而图表工作表则是把图表绘制在一个独立的工作表中。

以冰箱销量表为例，如图 8-11 所示，建立一个嵌入式图表，具体的操作步骤如下。

步骤 1　选中 F3:F15 和 H3:H15 单元格区域，单击【插入】选项卡下【图表】选项组中的【插入柱形图】按钮，从弹出的菜单中选择【更多柱形图】命令，如图 8-12 所示，即可打开【插入图表】对话框，如图 8-13 所示。

步骤 2　从中选择需要插入的图表的类型，然后单击【确定】按钮，即可完成图表的创建操作，如图 8-14 所示。

图 8-11　原始数据

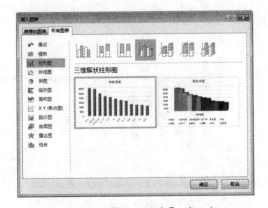

图 8-12　选择【更多柱形图】命令

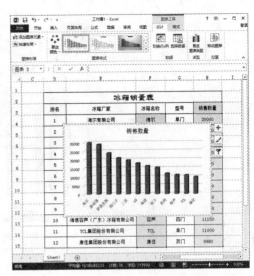

图 8-14　创建图表

至此一张嵌入式图表就创建完成。用户如果想创建一个图表工作表，只需右击创建好的图表，从弹出的如图 8-15 所示的快捷菜单中选择【移动图表】命令，即可打开【移动图表】对话框，如图 8-16 所示。在该对话框中选中【新工作表】单选按钮，并在相应的文本框中输入相应的名称，单击【确定】按钮完成移动操作，实现图表工作表的创建工作，如图 8-17 所示。

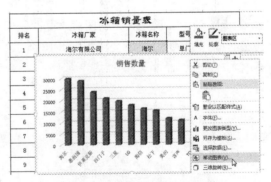

图 8-15　选择【移动图表】命令

图 8-16　【移动图表】对话框

图 8-13　【插入图表】对话框

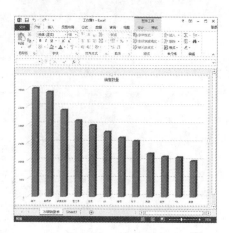

图 8-17 创建图表

8.2 设置图表布局

图表创建完毕之后，用户就可以根据实际需要对创建的图表大小和位置进行调整，可以更改图表的类型、设计图表布局和设计图表样式等操作，从而满足使用的需要。

8.2.1 调整图表大小和位置

设置图表布局的第一步就是要调整图表的大小和位置，具体的操作步骤如下。

步骤 1 选中要调整大小的图表，此时图表区的四周会出现控制点，将鼠标指针移动到图表的左上角，此时鼠标指针变成如图 8-18 所示的形状，按住鼠标左键向左上拖动，拖动到合适的大小即可释放，如图 8-19 所示。

图 8-18 鼠标指针

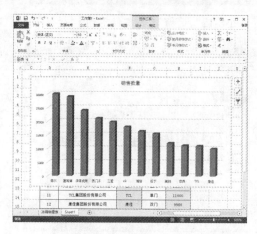

图 8-19 调整图表大小

步骤 **2** 将鼠标指针移动到调整位置的图表上，此时鼠标指针变成 ✥ 形状，按住鼠标左键不放拖动，拖动到合适的位置释放即可，如图 8-20 所示。

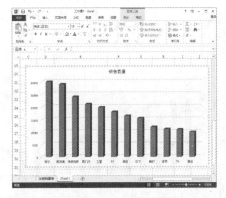

图 8-20 移动图表位置

8.2.2 更改图表类型

创建的图表类型不是固定不变的，用户如果希望更改创建的图表类型，即可进行如下的操作。

步骤 **1** 打开存在图表的工作表，并右击图表的图表区，从弹出的如图 8-21 所示的快捷菜单中选择【更改图表类型】命令，即可打开【更改图表类型】对话框，如图 8-22 所示。

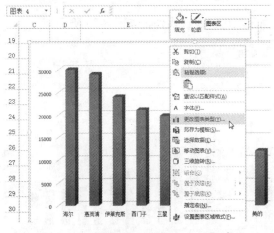

图 8-21 选择【更改图表类型】命令

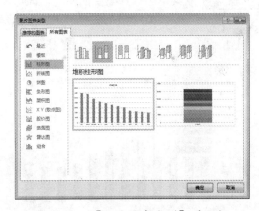

图 8-22 【更改图表类型】对话框

步骤 **2** 选择需要更改的图表类型，并在右侧选择下属类型，然后单击【确定】按钮即可完成图表类型的更改操作，如图 8-23 所示。

8.2.3 设计图表布局

创建的图表布局可以借助于 Excel 2013 提供的布局来设置，操作很简单，只需选中要设计布局的图表，然后单击【设计】选项卡下【图表布局】组中的【快速布局】按钮，从弹出的下拉菜单中选择需要的布局样式，即可完成图表布局的设计操作，如图 8-24 所示。

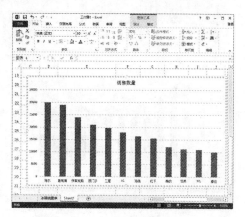

图 8-23 图形更改结果显示

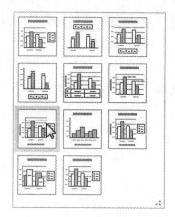

图 8-24 设计图表布局

8.2.4 设计图表颜色

图表创建完成后，用户可以根据需要更改图表的颜色，具体的操作步骤如下。

步骤 1 选中创建的图表，单击【图表工具】→【设计】选项卡下【图表样式】组中的【更改颜色】按钮，即可打开如图 8-25 所示的下拉菜单。

步骤 1 从菜单中选择需要的颜色，即可完成图表颜色的设计操作，如图 8-26 所示。

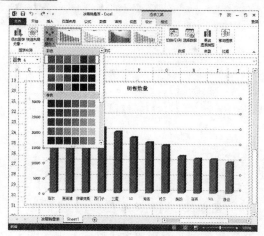

图 8-25 【更改颜色】下拉菜单

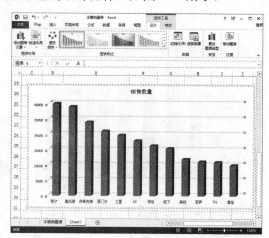

图 8-26 设计图表颜色

8.3 美化图表

默认情况下，创建的图表无论是结构还是颜色都比较单调，用户可以通过设置图表标题、设置图表区、设置绘图区、设置图例格式和设置数据系列等操作来对创建的图表进行美化。

8.3.1 设置图表标题

对于创建的图表，用户可以应用系统提供的布局和外观样式，也可以自行设置。如果希望在创建的图表中添加、设置图表标题，就必须进行如下的操作。

步骤 1 打开存在图表的工作表，选中标题"销售数量"，然后重新命名即可完成图表标题的添加，如图 8-27 所示。

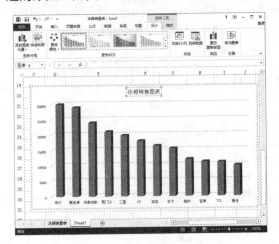

图 8-27 添加图表标题

步骤 2 选中图表标题，单击【开始】选项卡下【字体】选项组中的 按钮，即可打开【字体】对话框，如图 8-28 所示。

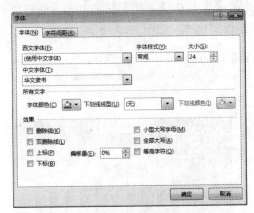

图 8-28 【字体】对话框

步骤 3 从【中文字体】下拉列表框中选择合适的字体，从【字体样式】下拉列表框中选

择【常规】选项，在【大小】微调框中输入字号，然后单击【字体颜色】下拉按钮，从弹出的下拉列表中选择字体的颜色，最后单击【确定】按钮，即可完成图表字体的设置，如图 8-29 所示。

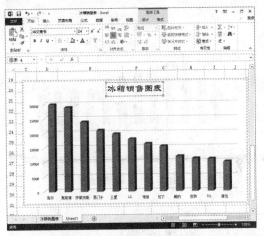

图 8-29 设置图表标题字体

步骤 4 选中标题文本框，并右击，从弹出的快捷菜单中选择【设置图表标题格式】命令，打开【设置图表标题格式】对话框。切换到【填充】选项卡，进入到【填充】设置界面，选中【纯色填充】单选按钮，然后单击【颜色】下拉按钮，从弹出的下拉列表中选择合适的颜色，如图 8-30 所示。

图 8-30 【设置图表标题格式】对话框

步骤 5 设置完毕之后，单击【关闭】按

钮，即可完成图表标题的设置操作，如图 8-31 所示。

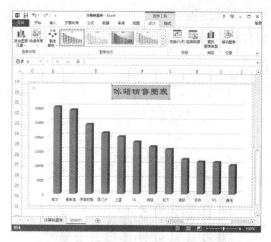

图 8-31　图表标题设置结果显示

8.3.2　设置图表区

如果希望创建的图表更生动，就可以设置图表区，具体的操作步骤如下。

步骤 1 选中图表区，右击，从弹出的快捷菜单中选择【设置图表区域格式】命令，如图 8-32 所示，打开【设置图表区格式】对话框。

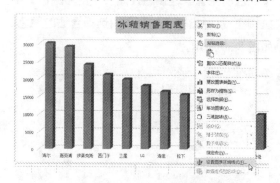

图 8-32　选择【设置图表区域格式】命令

步骤 2 切换到【填充】选项卡，进入到【填充】设置界面，选中【图片或纹理填充】单选按钮，然后单击【文件】按钮。打开【插入图片】对话框，从中选择要插入的图片，如图 8-33 所示。

步骤 3 单击【插入】按钮，返回到【设置图表区格式】对话框，完成填充设置，如图 8-34

所示。

图 8-33　【插入图片】对话框

图 8-34　【设置图表区格式】对话框

步骤 4 单击【关闭】按钮，即可完成图表区的设置操作，如图 8-35 所示。

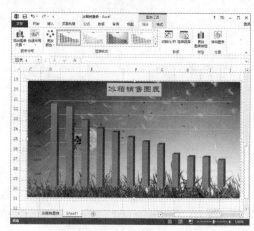

图 8-35　图表区格式设置效果

8.3.3 设置背景墙

设置背景墙的方法与设置图表区的方法相似，具体的操作步骤如下。

步骤 1 选中图表，单击【图表工具 - 格式】选项卡下【当前所选内容】选项组中的【设置所选内容格式】按钮，打开【设置背景墙格式】对话框。切换到【填充】选项卡，选中【渐变填充】单选按钮，然后单击【渐变光圈】选项组中的【颜色】下拉按钮，从弹出的菜单中选择所需的颜色，如图 8-36 所示。

图 8-36 【设置背景墙格式】对话框

步骤 2 单击【关闭】按钮，即可显示设置背景墙后的效果，如图 8-37 所示。

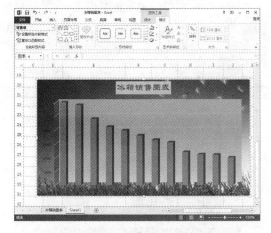

图 8-37 背景墙设置效果

提示 此外，用户还可以选中背景区域，然后右击，从弹出的快捷菜单中选择【设置背景墙格式】命令，如图 8-38 所示，也可以打开【设置背景墙格式】对话框。

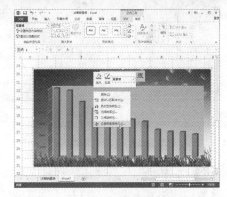

图 8-38 选择【设置背景墙格式】命令

8.3.4 设置图例格式

如果创建的图表中没有图例，还需要添加图例，并对添加的图例格式进行相应的设置。具体的操作步骤如下。

步骤 1 选中图表区，单击【图表工具 - 设计】选项卡下【图表布局】选项组中的【添加图表元素】按钮，从弹出的菜单中选择【图例】命令，最后从弹出的子菜单中选择图例放置的位置，如图 8-39 所示，即可添加一个图例，如图 8-40 所示。

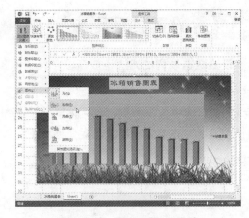

图 8-39 【图例】子菜单

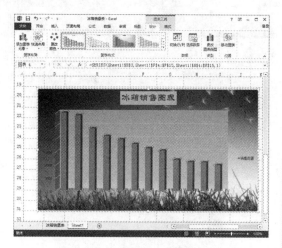

图 8-40 添加图例

步骤 2 右击图例，从弹出的快捷菜单中选择【设置图例格式】命令，打开【设置图例格式】对话框，如图 8-41 所示。

图 8-41 【设置图例格式】对话框

8.3.5 设置数据系列

设置数据系列的方法也很简单，具体的操作步骤如下。

步骤 1 选中数据系列，然后右击，从弹出的快捷菜单中选择【设置数据系列格式】命令，如图 8-44 所示。

步骤 3 切换到【填充】选项卡，进入到【填充】设置界面，选中【图片或纹理填充】单选按钮，然后单击【纹理】下拉按钮，从弹出的菜单中选择所需的选项，如图 8-42 所示。

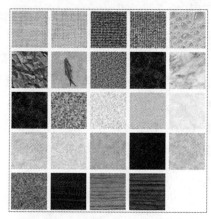

图 8-42 【纹理】下拉菜单

步骤 4 单击【关闭】按钮，即可完成图例的设置操作，如图 8-43 所示。

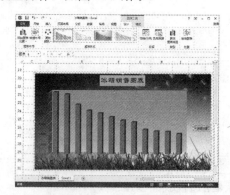

图 8-43 图例设置效果

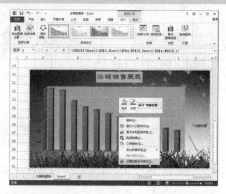

图 8-44 选择【设置数据系列格式】命令

步骤 2 弹出【设置数据系列格式】对话框，切换到【填充】选项卡，在其中选中【渐变填充】单选按钮，然后分别单击【预设渐变】和【颜色】下拉按钮，从弹出的菜单中分别选择需要的颜色，如图 8-45 所示。

步骤 3 单击【关闭】按钮，即可显示设置后的效果，如图 8-46 所示。

图 8-45　【填充】设置界面

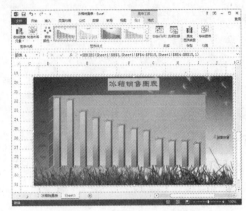

图 8-46　数据系列设置效果

8.4　数据透视表

Excel 2013 提供数据透视表的功能，它不仅能够直观地反映数据的对比关系，而且还具有很强的数据筛选和汇总功能。

8.4.1　创建数据透视表

数据透视表的创建需要遵循一定的顺序才能实现，具体的操作步骤如下。

步骤 1 选中 D2:H15 单元格区域，单击【插入】选项卡下【表格】选项组中的【数据透视表】按钮，从弹出的菜单中选择【数据透视表】命令，即可打开【创建数据透视表】对话框，此时系统已经自动选择了表格区域，如图 8-47 所示。

步骤 2 选中【新工作表】单选按钮，然后单击【确定】按钮，此时系统会自动在新的工作表中创建一个数据透视表，并弹出【数据透视表字段】任务窗格，如图 8-48 所示。

图 8-47　【创建数据透视表】对话框

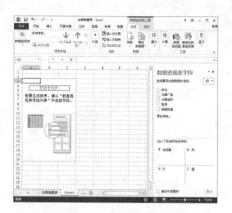

图 8-48　创建数据透视表

步骤 3 双击透视表所在的工作表的标签，将其命名为"数据透视表"，如图 8-49 所示。

图 8-49　重新命名工作表标签

步骤 4 在【选择要添加到报表的字段】列表框中选择要添加的字段，这里选择【冰箱名称】选项，然后将其拖动到【行】列表框中，如图 8-50 所示。

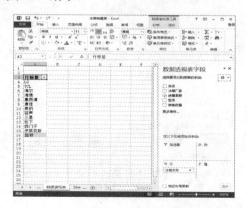

图 8-50　添加字段

步骤 5 在要添加的字段上右击，这里右击【销售数量】选项，从弹出的快捷菜单中选择【添加到行标签】命令，如图 8-51 所示。此时即可将字段【销售数量】添加到行标签中，如图 8-52 所示。

图 8-51　选择【添加到行标签】命令

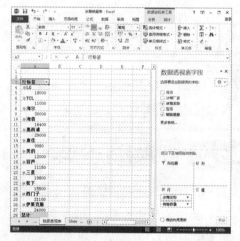

图 8-52　再次添加字段到行标签

步骤 6 在【选择要添加到报表的字段】列表框中选择要添加的字段，这里选择【冰箱厂家】选项，然后将其拖动到【筛选器】列表框中，如图 8-53 所示。

步骤 7 在【选择要添加到报表的字段】列表框中右击【销售数量】选项，从弹出的快捷菜单中选择【∑添加到值】命令，如图 8-54 所示，此时即可将字段【销售数量】添加到【∑值】列表框中，如图 8-55 所示。

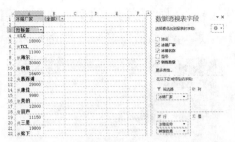

图 8-53 添加字段到【筛选器】列表框

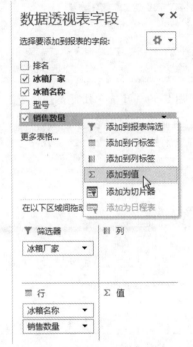

图 8-54 选择【∑ 添加到值】命令

图 8-55 添加字段到【∑ 值】列表框

8.4.2 编辑数据透视表

数据透视表创建完毕之后，还需要根据实际情况，对数据透视表进行布局和样式的编辑操作。具体的操作步骤如下。

步骤 1 选中创建的数据透视表，然后单击【数据透视表工具 - 设计】选项卡下【布局】选项组中的【报表布局】按钮，从弹出的菜单中选择需要的选项，这里选择【以表格形式显示】命令，如图 8-56 所示，此时的数据透视表以表格的形式显示，如图 8-57 所示。

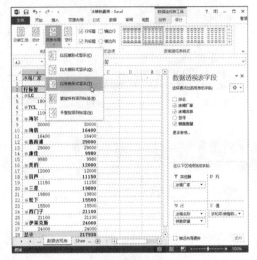

图 8-56 选择【以表格形式显示】命令

图 8-57 设置数据透视表布局

步骤 2 将光标定位到数据透视表中，然后单击【数据透视表样式】选项组中的【其他】按钮，弹出【数据透视表样式】下拉菜单，从菜单中选择需要的样式，即可套用到数据透视表中，如图 8-58 所示。

图 8-58　设置数据透视表样式

8.4.3　汇总计算

数据透视表的强大功能就是通过各种不同形式的汇总计算体现出来的，如果没有汇总计算，数据透视表就变成了对数据的简单分组，本节将对其进行详细的介绍。

1. 选择汇总方式

在默认情况下，数据透视表中数据的汇总方式是求和，用户可以根据实际情况，把汇总函数改成求平均值、最大值或者最小值等。具体的操作步骤如下。

步骤 1 右击数据透视表区域中的"求和项：销售数量"字段，弹出一个快捷菜单，选择【值字段设置】命令，打开【值字段设置】对话框，如图 8-59 所示。

步骤 2 在【值字段汇总方式】列表框中选择数据的汇总方式，这里选择【平均值】选项，然后单击【数字格式】按钮。打开【设置单元

格格式】对话框，在【分类】列表框中选择【数值】选项，小数位数设置为 2，如图 8-60 所示。

图 8-59　【值字段设置】对话框

图 8-60　【设置单元格格式】对话框

步骤 3 单击【确定】按钮，返回到【值字段设置】对话框，再次单击【确定】按钮，改变汇总方式后的数据透视表如图 8-61 所示。

图 8-61　改变汇总方式后的数据透视表

2. 自定义计算

进行汇总计算除了运用标准汇总函数外，Excel 还提供了一套自定义计算，这些自定义计算可以在数据透视表中方便地显示每个项占同一行或同一列总值的百分比值，或者分析显示相邻项之间的差异。

以新起点公司员工的销售业绩为例，查看所有员工的第二季度与第一个季度销售总量的差异，从而比较销售量上升或者下降的情况。具体的操作步骤如下。

步骤 1 打开要进行自定义计算的新起点公司员工销售量表，如图 8-62 所示。

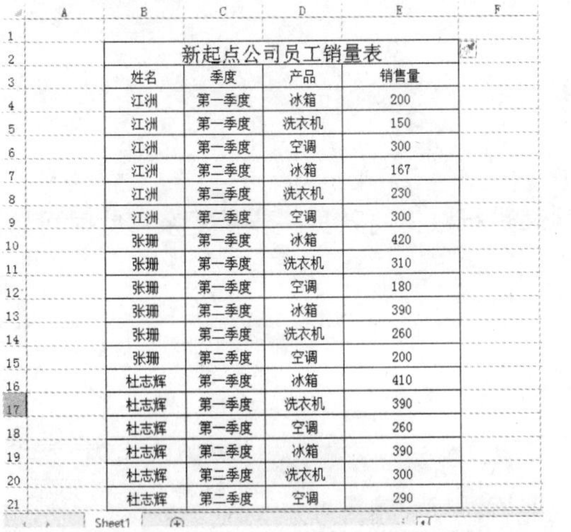

A	B	C	D	E	F
	新起点公司员工销量表				
姓名	季度	产品	销售量		
江洲	第一季度	冰箱	200		
江洲	第一季度	洗衣机	150		
江洲	第一季度	空调	300		
江洲	第二季度	冰箱	167		
江洲	第二季度	洗衣机	230		
江洲	第二季度	空调	300		
张珊	第一季度	冰箱	420		
张珊	第一季度	洗衣机	310		
张珊	第一季度	空调	180		
张珊	第二季度	冰箱	390		
张珊	第二季度	洗衣机	260		
张珊	第二季度	空调	200		
杜志辉	第一季度	冰箱	410		
杜志辉	第一季度	洗衣机	390		
杜志辉	第一季度	空调	260		
杜志辉	第二季度	冰箱	390		
杜志辉	第二季度	洗衣机	300		
杜志辉	第二季度	空调	290		

图 8-62　员工销售量表

步骤 2 为这个员工销售量表创建一个数据透视表，如图 8-63 所示。

步骤 3 在【数据透视表字段】任务窗格中，单击【∑ 值】列表框中的【求和项：销售量】右侧的下拉按钮，从弹出的菜单中选择【值字段设置】命令，打开【值字段设置】对话框，如图 8-64 所示。

图 8-63　创建员工销售量透视表

图 8-64　【值字段设置】对话框

步骤 4 在【值显示方式】下拉列表框中选择【差异】选项，在【基本字段】列表框中选择【季度】字段（表示"季度"字段将是比较字段），并在【基本项】列表框中选择【第一季度】（表示第二季度将与第一季度比较差异），然后单击【确定】按钮即可显示相应的计算结果，如图 8-65 所示。

步骤 5 切换到【数据透视表工具】→【分析】选项卡，在【工具】选项组中单击【数据透视图】按钮，从弹出的对话框中选择相应的图表，即可创建出数据透视图，如图 8-66 所示，这样即可更清晰地显示销售量上升与否的情况。

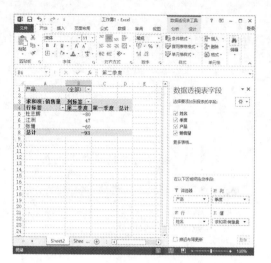

图 8-65　计算结果

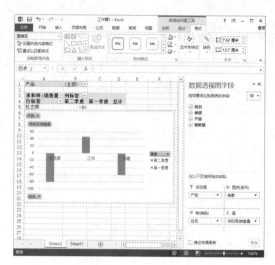

图 8-66　数据透视图

8.5　数据透视图

当数据源中的数据较多时，利用数据透视表进行数据的分析将非常复杂，此时可以通过创建数据透视图将数据更直观地表示出来。

8.5.1　根据表格数据创建数据透视图

通常情况下，创建数据透视图的方法有两种，一种就是根据表格数据创建数据透视图，另一种方法就是根据数据透视表创建数据透视图。本节介绍第一种创建的方法，具体的操作步骤如下。

步骤 1　单击【插入】选项卡下【图表】选项组中的【数据透视图】按钮，从弹出的菜单中选择【数据透视图】命令，打开【创建数据透视图】对话框，如图 8-67 所示。

步骤 2　单击【表/区域】文本框右侧的按钮，在工作表中选择数据区域，如图 8-68 所示。

图 8-67　【创建数据透视图】对话框

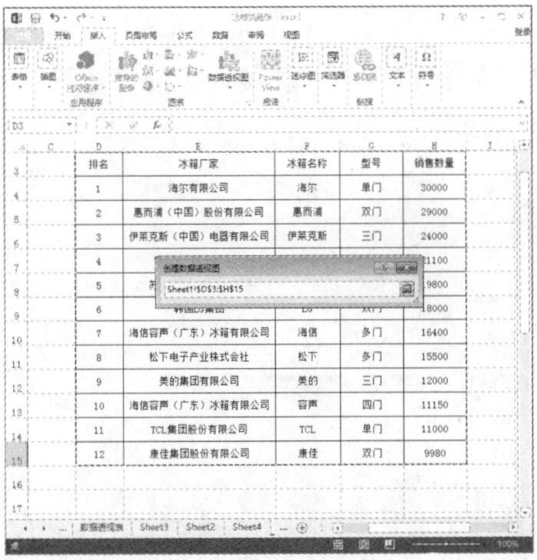

图 8-68 选择数据区域

步骤 3 单击 按钮，返回到【创建数据透视图】对话框，此时在【表／区域】文本框中会显示刚刚选择的单元格区域，选中【新工作表】单选按钮，如图 8-69 所示。

图 8-69 选中【新工作表】单选按钮

步骤 4 单击【确定】按钮，系统即可在新建的工作表中显示创建的数据透视图，如图 8-70 所示。

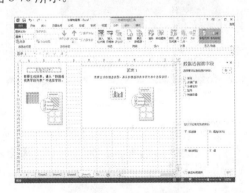

图 8-70 数据透视图

步骤 5 在【选择要添加到报表的字段】列表框中选择要添加的字段，这里选择【冰箱名称】选项，然后将其拖动到【图例字】列表框中，如图 8-71 所示。

图 8-71 拖动字段到【图例字】列表框

步骤 6 在要添加的字段上右击，这里右击【销售数量】选项，从弹出的快捷菜单中选择【∑添加到值】命令，此时即可将字段【销售数量】添加到【∑ 值】列表框中，如图 8-72 所示。

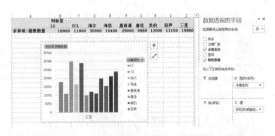

图 8-72 添加字段到【∑ 值】列表框

8.5.2 根据数据透视表创建数据透视图

8.5.1 节介绍了数据透视图的一种创建方法，本节介绍的是另一种数据透视图的创建方法，即根据数据透视表创建数据透视图。具体的操作步骤如下。

步骤 1 在数据透视表中，单击【数据透视表工具】→【分析】选项卡下【工具】选项组中的【数据透视图】按钮，即可打开【插入图表】对话框，如图 8-73 所示。

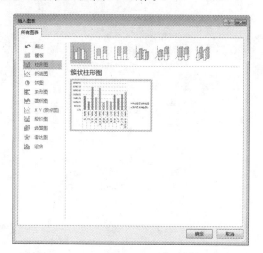

图 8-73 【插入图表】对话框

步骤 2 选择相应的图表类型，然后单击【确定】按钮，即可完成数据透视图的创建操作，如图 8-74 所示。

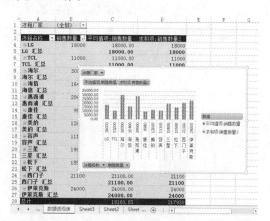

图 8-74 创建数据透视图

8.5.3 更改数据透视图样式

数据透视图与普通图表一样，也可以更改其样式，具体的操作步骤如下。

步骤 1 单击【数据透视图工具】→【分析】选项卡下【显示/隐藏】选项组中的【字段列表】

和【字段按钮】按钮，从弹出的菜单中选择【全部隐藏】命令，即可隐藏相应的任务窗格，如图 8-75 所示。

图 8-75 隐藏任务窗格

步骤 2 单击【数据透视图工具】→【设计】选项卡下【图表样式】选项组中的【其他】按钮，从弹出的菜单中选择需要的图表样式即可，如图 8-76 所示。

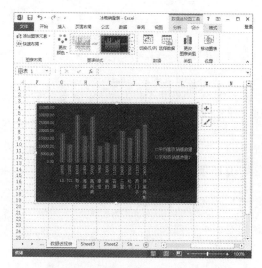

图 8-76 套用图表样式

步骤 3 单击【数据透视图工具】→【格式】选项卡下【当前所选内容】选项组中的【图表区】文本框右侧的下拉按钮，从弹出的菜单中选择【水平（类别）轴】选项，如图 8-77 所示。

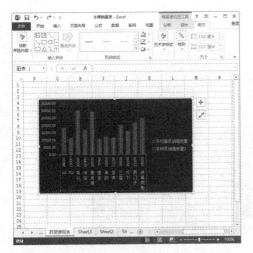

图 8-77 选择【水平（类别）轴】选项

步骤 4 右击水平轴，从弹出的快捷菜单中选择【设置坐标轴格式】命令，即可打开【设置坐标轴格式】对话框，如图 8-78 所示。

图 8-78 【设置坐标轴格式】对话框

步骤 5 切换到【填充】选项卡，进入到【填充】设置界面，选中【纯色填充】单选按钮，然后单击【颜色】下拉按钮，从弹出的下拉列表中选择相应的颜色，如图 8-79 所示。

图 8-79 【填充】设置界面

步骤 6 展开【线条】选项，进入到【线条】设置界面，选中【实线】单选按钮，然后单击【颜色】下拉按钮，从弹出的下拉列表中选择相应的颜色，如图 8-80 所示。

图 8-80 【线条】设置界面

步骤 7 单击【关闭】按钮，即可完成设置操作，如图 8-81 所示。

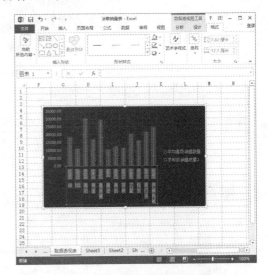

图 8-81 完成坐标轴设置

步骤 8 选中图表的绘图区，打开【设置绘图区格式】对话框，切换到【效果】选项卡，展开【阴影】设置界面，然后单击【预设】下拉按钮，从弹出的菜单中选择相应的阴影选项，如图 8-82 所示。

步骤 9 单击【关闭】按钮，即可完成图表样式的更改，如图 8-83 所示。

图 8-82　【阴影】设置界面

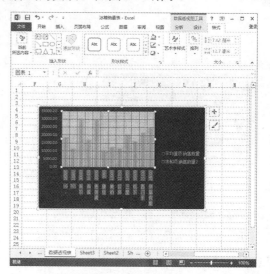

图 8-83　更改图表样式

8.5.4　更改显示项目及图表类型

更改显示项目及图表类型的具体操作步骤如下。

步骤 1 选中图表后，单击【数据透视图工具】→【分析】选项卡下【显示/隐藏】选项组中的【字段列表】按钮，即可弹出【数据透视图字段】任务窗格，如图 8-84 所示。

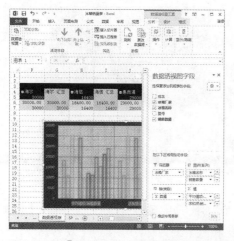

图 8-84　【数据透视图字段】任务窗格

步骤 2 在【选择要添加到报表的字段】列表框中重新设置字段选项，此时可看到数据透

视图和数据透视表中的显示项目均发生了更改，如图 8-85 所示。

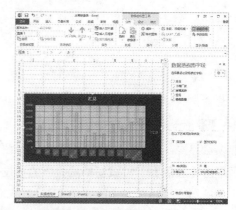

图 8-85　更改显示项目

步骤 3 单击【数据透视图工具】→【设计】选项卡下【类型】选项组中的【更改图表类型】按钮，即可打开【更改图表类型】对话框，选择相应的图表类型，如图 8-86 所示。

步骤 4 单击【确定】按钮，返回到工作表中即可看到图表的变化，如图 8-87 所示。

步骤 5 单击【数据透视图工具】→【设计】选项卡下【图表布局】选项组中的【添加图表元素】按钮，从弹出的下拉菜单中选择【数据标签】→【其他数据标签选项】命令，即可打开【设置数据标签格式】对话框，然后单击【标签选项】选项，在其设置界面选中【值】复选框和【靠上】单选按钮，如图 8-88 所示。

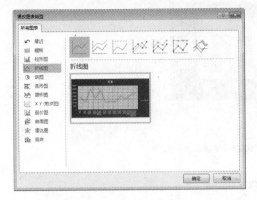

图 8-86　【更改图表类型】对话框

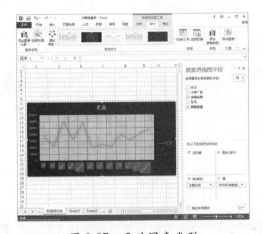

图 8-87　更改图表类型

图 8-88　【设置数据标签格式】对话框

步骤 6 单击【填充】选项卡，进入到【填充】设置界面，选中【渐变填充】单选按钮，然后单击【预设渐变】下拉按钮，从弹出的菜单中选择相应的选项，如图 8-89 所示。

图 8-89　【填充】设置界面

步骤 7 切换到【效果】选项卡，在效果设置界面单击【阴影】选项组中的【预设】下拉按钮，从弹出的菜单中选择相应的选项，如图 8-90 所示。

图 8-90　【阴影】设置界面

步骤 8 单击【关闭】按钮，即可显示设置后的效果，如图 8-91 所示。

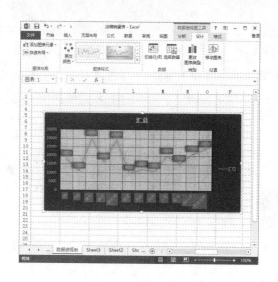

图 8-91　最终设置效果

8.6　课后练习疑难解答

疑问 1：如何更改数据透视表的布局？

答：在数据透视表中，单击一个行、列或页字段，将其拖到透视表上的其他区域，就可以更改现有布局。

疑问 2：如何添加和删除透视表中的字段？

答：若要往创建好的透视表中添加字段，可以将其从字段列表拖到透视表目标区域；若要删除透视表中的字段，只需将其字段拖出透视表，或者将其拖回字段列表即可，删除的字段在字段列表中仍旧可以使用。

9

第 章

综合实例：制作
日常消费计划表

● **本章导读：**

　　本章将通过制作一个日常消费计划表，来综合讲解 Excel 的基本功能，包括工作表的编辑、公式和函数的使用、图表的创建和图形对象的插入等内容，从而对整个 Excel 知识做个全面的总结。

● **学习目标：**

◎ 编辑表格
◎ 公式和函数的使用
◎ 创建图表
◎ 插入图形对象
◎ 链接各个工作表

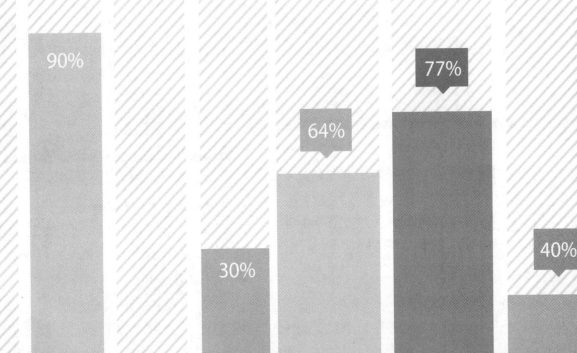

9.1 编辑工作表

工作表是由若干个表格组成的，所以制作日常消费计划的第一步就是对工作表中的单元格进行相应的编辑操作。

9.1.1 插入和重命名工作表

在"日常消费计划"工作簿中包含日常消费、收入汇总、支出汇总、收支平衡、储蓄计划和房屋贷款等 6 个部分。而工作表默认情况下只有 1 个，所以还需要插入工作表，并对各个工作表实现命名操作。具体的操作步骤如下。

步骤 1 新建一个工作簿，将其命名为"日常消费计划"，然后单击工作表标签 Sheet1 右侧的⊕按钮，如图 9-1 所示。

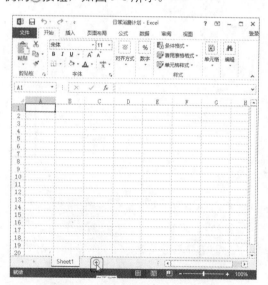

图 9-1 单击【新工作表】按钮

步骤 2 即可在工作表 Sheet1 后面插入一个名为 Sheet2 的空白工作表，如图 9-2 所示。

步骤 3 运用同样的方法，在工作簿中再次插入 4 个空白工作表，如图 9-3 所示。

图 9-2 插入一个空白工作表

图 9-3 插入另外 4 个空白工作表

步骤 4 右击工作表标签 Sheet1，从弹出的快捷菜单中选择【重命名】命令，此时工作表标签处于可编辑状态，从中输入"日常消费"，如图 9-4 所示。

图 9-4　重命名 Sheet1 工作表标签

步骤 5 运用同样的方法对其余 5 个工作表进行重命名操作，如图 9-5 所示。

图 9-5　重命名其他工作表

9.1.2　在工作表中输入文本

工作表插入完毕之后，就可以在工作表中输入需要的文本内容，具体的操作步骤如下。

步骤 1 单击【收入汇总】工作表标签，进入到【收入汇总】工作表，然后选中 A1 单元格，并输入文本"收入汇总表"，如图 9-6 所示。

图 9-6　输入文本"收入汇总表"

步骤 2 在 A2 到 G2 单元格中分别输入"月份""基本工资""奖金收入""利息收入""租金收入""其他收入"和"总收入"，如图 9-7 所示。

图 9-7　输入文本内容

步骤 3 在 A3 单元格中输入"1 月份"，如图 9-8 所示，然后将鼠标指针移动到单元格 A3 的右下角，此时鼠标指针变成＋形状，按住鼠标左键向下拖动，如图 9-9 所示，拖动到 A14 单元格释放鼠标左键，即可在单元格中填充相应的月份，如图 9-10 所示。

图 9-8　输入文本"1 月份"

图 9-9　拖动鼠标

图 9-10　自动填充

步骤 4 在 A15 单元格中输入"合计"，并在单元格区域 B3:F14 中输入相应的内容，如图 9-11 所示。

图 9-11　在指定区域输入文本

步骤 5 运用同样的方法，在其他工作表中输入相应的表格内容，如图 9-12 所示。

图 9-12　在所有工作表中输入文本内容

步骤 6 单击【支出汇总】工作表标签，进入到【支出汇总】工作表，选中 E3 单元格，然后输入"="，如图 9-13 所示。

图 9-13 输入 "="

步骤 7 单击【房屋贷款】工作表标签，进入到【房屋贷款】工作表，选中 B5 单元格，如图 9-14 所示。

图 9-14 选中 B5 单元格

步骤 8 在编辑栏中将该计算公式修改为 "=房屋贷款！B5"，如图 9-15 所示。然后单击【支出汇总】工作表标签，进入到【支出汇总】工作表，将 E3 单元格中的公式更改为 "=-房屋贷款！B5"，如图 9-16 所示。

步骤 9 按 Enter 键即可查计算出 1 月份的贷款，如图 9-17 所示。

图 9-15 修改公式

图 9-16 更改为公式 "=-房屋贷款！B5"

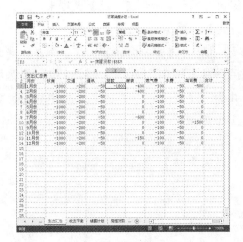

图 9-17 1 月份贷款

步骤 10 拖动序列填充柄，复制公式到 E14 单元格，则所有的结果即可显示出来，如图 9-18 所示。

图 9-18　所有月份贷款支出

9.1.3　美化工作表

没有色彩的世界是灰暗的，没有颜色的工作表是单调的，要想更改这种现象，就需要对工作表进行相应的美化操作。具体的操作步骤如下。

步骤 1 单击【收入汇总】工作表标签，进入到【收入汇总】工作表，选中 A1:G1 单元格区域，然后切换到【开始】选项卡，进入到【开始】界面。

步骤 2 在【对齐方式】选项组中单击【合并后居中】按钮，即可将 A1:G1 单元格区域合并为一个单元格，并将文本居中显示，如图 9-19 所示。

图 9-19　合并居中单元格

步骤 3 运用同样的方法，合并其他工作表中的标题单元格区域，如图 9-20 所示。

图 9-20　设置所有工作表标题

步骤 4 单击【收入汇总】工作表标签，进入到【收入汇总】工作表，然后右击表格标题，从弹出的快捷菜单中选择【设置单元格格式】命令，即可打开【设置单元格格式】对话框，如图 9-21 所示。

图 9-21　【设置单元格格式】对话框

步骤 5 切换到【字体】选项卡，在【字体】列表框中选择需要的字体，在【字号】列表框中选择字体大小，然后单击【颜色】下拉按钮，从弹出的下拉列表中选择相应的字体颜色，如图 9-22 所示。

图 9-22 【字体】选项卡

步骤 6 切换到【填充】选项卡，然后单击【背景色】面板下方的【填充效果】按钮，即可打开【填充效果】对话框。单击【颜色 1】下拉按钮，从弹出的下拉列表中选择【其他颜色】选项，即可打开【颜色】对话框，如图 9-23 所示。

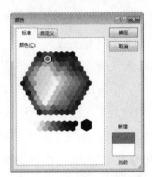

图 9-23 【颜色】对话框

步骤 7 从【颜色】面板中选择填充的颜色，然后单击【确定】按钮，返回到【填充效果】对话框。然后单击【颜色 2】下拉按钮，从弹出的下拉列表中选择颜色 2 的选项，如图 9-24 所示。

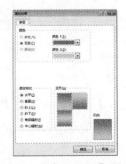

图 9-24 【填充效果】对话框

步骤 8 单击【确定】按钮，返回到【设置单元格格式】对话框，此时在下方的【示例】框中可以预览设置的效果，如图 9-25 所示。

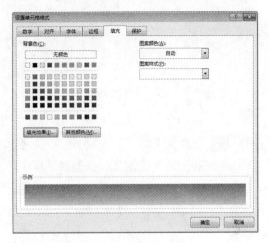

图 9-25 预览设置效果

步骤 9 单击【确定】按钮，即可完成标题的设置操作，如图 9-26 所示。

图 9-26 标题设置结果显示

步骤 10 选中 A2:G2 单元格区域，打开【设置单元格格式】对话框，然后切换到【字体】选项卡，从【字体】列表框中选择【微软雅黑】选项，在【字号】文本框中输入"12"，并单击【颜色】下拉按钮，从弹出的下拉列表中选择字体颜色，如图 9-27 所示。

图 9-27　设置字体

步骤 11 切换到【填充】选项卡，单击【其他颜色】按钮，从弹出的【颜色】对话框中选择相应的填充颜色，然后单击【确定】按钮，返回到【设置单元格格式】对话框，如图 9-28 所示。

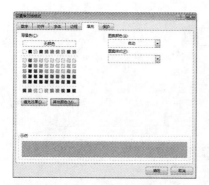

图 9-28　设置填充颜色

步骤 12 单击【确定】按钮，即可完成指定区域的设置操作，然后根据实际需要调整单元格的大小，以便使文本能够完全显示，如图9-29 所示。

图 9-29　指定区域设置效果

步骤 13 选中 A3:G15 单元格区域，运用前面的方法打开【设置单元格格式】对话框，在【字体】选项卡中设置正文字体的颜色，如图 9-30 所示。

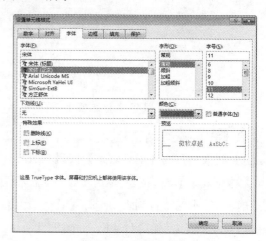

图 9-30　设置正文字体颜色

步骤 14 切换到【填充】选项卡，在打开的界面中单击【其他颜色】按钮，从弹出的【颜色】对话框中选择相应的填充颜色，然后单击【确定】按钮。返回到【设置单元格格式】对话框，即可预览正文的填充颜色，如图 9-31 所示。

图 9-31　设置正文填充颜色

步骤 15 单击【确定】按钮，即可查看正文的设置效果，如图 9-32 所示。

图 9-32 正文设置结果显示

步骤 16 选中 A2:G15 单元格区域，打开【设置单元格格式】对话框，切换到【边框】选项卡，从【样式】列表框中选择边框线条样式，单击【颜色】下拉按钮，从弹出的下拉列表中选择边框颜色，在【预置】选项组中选择【外边框】和【内部】选项，如图 9-33 所示。

图 9-33 【边框】选项卡

步骤 17 单击【确定】按钮，即可完成边框的设置，如图 9-34 所示。

图 9-34 边框设置结果显示

步骤 18 选中 A2:G15 单元格区域，单击【开始】选项卡下【对齐方式】选项组中的【居中】按钮，即可将表格中的文本居中显示，如图 9-35 所示。

图 9-35 居中显示文本

步骤 19 选中 B3:G15 单元格区域，打开【设置单元格格式】对话框，在【数字】选项卡的【分类】列表框中选择【货币】选项，然后在【负数】列表框中选择相应的选项，如图 9-36 所示。

图 9-36 【数字】选项卡

步骤 20 单击【确定】按钮，即可完成设置操作，如图 9-37 所示。

步骤 21 运用同样的方法，设置其他工作表中的单元格的格式，如图 9-38 所示。

图 9-37　设置货币格式

图 9-38　设置其他工作表

9.2　公式和函数的使用

制作日常消费计划表，离不开公式和函数，因为只有使用 Excel 中的公式函数才能计算电子表格中的数据以求得结果。

9.2.1　使用公式

众所周知，Excel 以数据处理、计算功能见长，从简单的四则运算到复杂的财务计算、统计分析，这一系列的操作都是通过公式和函数完成的。使用公式具体的操作步骤如下。

步骤 1 单击【收入汇总】工作表标签，进入到【收入汇总】工作表，并选中 G3 单元格，然后输入"=B3"，如图 9-39 所示。

步骤 2 在 G3 单元格中输入"+"，然后选择 C3 单元格，如图 9-40 所示。

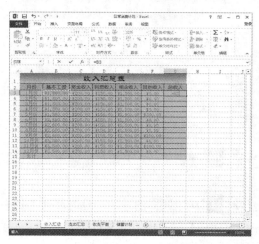

图 9-39　输入"=B3"

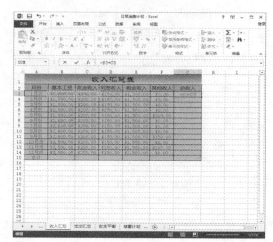

图 9-40　选择 C3 单元格

步骤 3 运用同样的方法，输入完整的公式"=B3+C3+D3+E3+F3"，如图 9-41 所示，然后按 Enter 键即可计算出 1 月份的总收入，如图 9-42 所示。

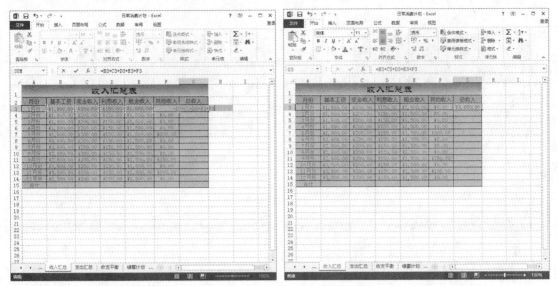

图 9-41 输入公式"=B3+C3+D3+E3+F3" 图 9-42 1 月份总收入

步骤 4 将鼠标指针移动到 G3 单元格的右下角，此时鼠标指针变成如图 9-43 所示的形状，然后按下鼠标左键向下拖动到 G15 单元格，释放鼠标，此时所有月份的收入即可计算出来，如图 9-44 所示。

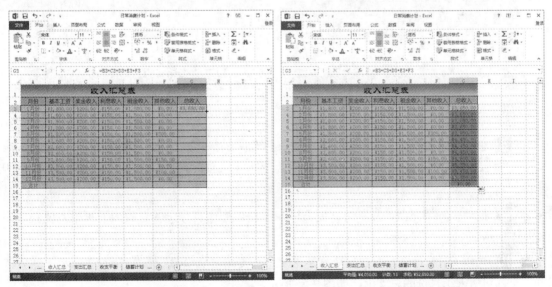

图 9-43 鼠标指针形状 图 9-44 所有月份总收入

步骤 5 选中 B15 单元格，输入公式"=B3+B4+B5+B6+B7+B8+B9+B10+B11+B12+B13+B14"，如图 9-45 所示，然后按 Enter 键即可计算出 1 年的总基本工资，如图 9-46 所示。

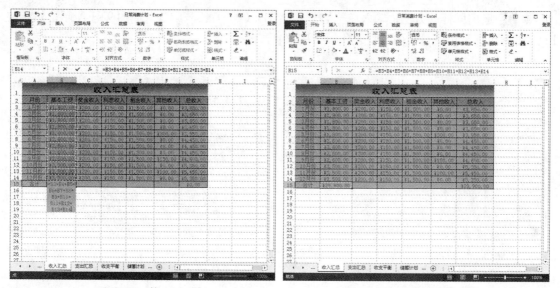

图 9-45　输入公式　　　　　　　　　图 9-46　1 年的总基本工资

步骤 6 选中 B15 单元格，复制公式到 F15 单元格，则所有的合计数据即可计算出来，如图 9-47 所示。

步骤 7 运用同样的方法计算工作表"支出汇总"中的"合计"列的值，如图 9-48 所示。

图 9-47　填充复制公式　　　　　　　图 9-48　计算"支出汇总"工作表

步骤 8 单击【收支平衡】工作表标签，进入到【收支平衡】工作表，并选中 B3 单元格，输入公式"=收入汇总!$G3"，如图 9-49 所示，然后按 Enter 键即可引入 1 月份的总收入，如图 9-50 所示。

步骤 9 拖动序列填充柄，复制公式到 B14 单元格，则所有月份的总收入即可引入成功，如图 9-51 所示。

步骤 10 选中 C3 单元格，并在其中输入公式"=支出汇总!$J3"，如图 9-52 所示，然后按 Enter 键即可引入 1 月份的总支出，如图 9-53 所示。

步骤 11 拖动序列填充柄，复制公式到 C14 单元格，则所有月份的总支出即可引入成功，如图 9-54 所示。

图 9-49　输入公式"=收入汇总!$G3"

图 9-50　引入 1 月份总收入

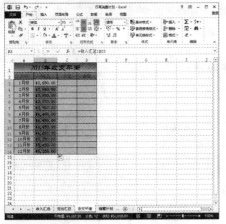

图 9-51　引入所有月份的总收入

图 9-52　输入公式"=支出汇总!$J3"

图 9-53　引入 1 月份的总支出

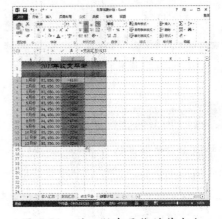

图 9-54　引入所有月份的总支出

步骤 12　选中 D3 单元格，并在其中输入公式"=B3+C3"，如图 9-55 所示，然后按 Enter 键，即可计算出 1 月份的余额，如图 9-56 所示。

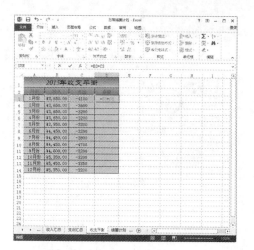

图 9-55　输入公式"=B3+C3"

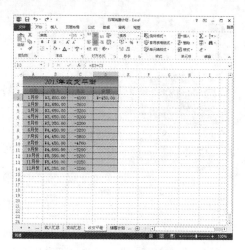

图 9-56　1月份余额

步骤 13 拖动序列填充柄，复制公式到D14单元格，则所有月份的余额即可计算出来，如图9-57所示。

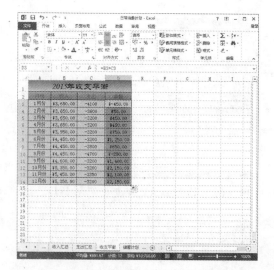

图 9-57　所有月份的余额

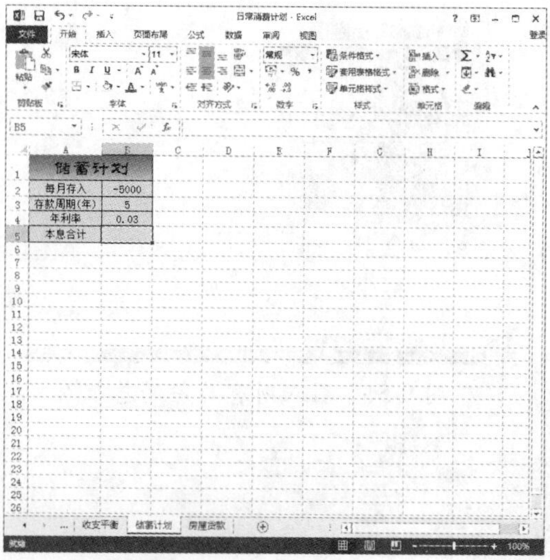

9.2.2　使用函数

对于那些简单的计算，直接输入计算公式就可以计算出来，但是对于那些复杂专业的计算来说，就需要借助于函数来实现。具体的操作步骤如下。

步骤 1 单击【储蓄计划】工作表标签，进入到【储蓄计划】工作表，从中输入所需的文本信息，如图9-58所示。

图 9-58　输入文本信息

步骤 2 选中B5单元格，单击【公式】选项卡下【函数库】选项组中的【插入函数】按钮，即可打开【插入函数】对话框，如图9-59所示。

步骤 3 单击【或选择类别】下拉按钮，从弹出的下拉列表中选择【财务】选项，然后在【选择函数】列表框中选择要插入的函数选项，如图9-60所示。

图 9-59 【插入函数】对话框

图 9-60 选择 FV 函数

步骤 4 单击【确定】按钮，打开【函数参数】对话框，在 Rate 文本框中输入"B4/12"，在 Nper 文本框中输入"B3*12"，在 Pmt 文本框中输入"B2"，在 type 文本框中输入"1"，如图 9-61 所示。

图 9-61 【函数参数】对话框

步骤 5 单击【确定】按钮，即可计算出本

息合计金额，如图 9-62 所示。

图 9-62 计算本息合计

步骤 6 单击【房屋贷款】工作表标签，进入到【房屋贷款】工作表，从中输入所需的文本信息，如图 9-63 所示。

图 9-63 输入信息

步骤 7 选中 B5 单元格，然后单击编辑栏左侧的【插入函数】按钮，即可打开【插入函数】对话框，单击【或选择类别】下拉按钮，从弹出的下拉列表中选择【财务】选项，然后在【选择函数】列表框中选择 PMT 选项，如图 9-64 所示。

图 9-64　选择 PMT 函数

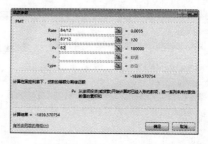

图 9-65　设置函数参数

步骤 8 单击【确定】按钮，打开【函数参数】对话框，在 Rate 文本框中输入"B4/12"，在 Nper 文本框中输入"B3*12"，在 Pv 文本框中输入"B2"，如图 9-65 所示。

步骤 9 单击【确定】按钮，即可计算出月还款额，如图 9-66 所示。

图 9-66　计算月还款额

9.3 创建图表对象

日常消费计划表包含好多的数据，为了能更直观地展示各个数据，还需要创建图表，本节就对此进行详细的介绍。

9.3.1 插入图表

在日常消费计划工作簿中插入图表的方法与以往插入图表的方法相似，具体的操作步骤如下。

步骤 1 单击【收入汇总】工作表标签，进入到【收入汇总】工作表，选择 A2:A14 单元格区域和 G2:G14 单元格区域，然后切换到【插入】选项卡，进入到【插入】界面。

步骤 2 单击【图表】选项组中的【插入柱形图】按钮，从弹出的菜单中选择【簇状柱形图】选项，即可在工作表中插入一个簇状柱形图，如图 9-67 所示。

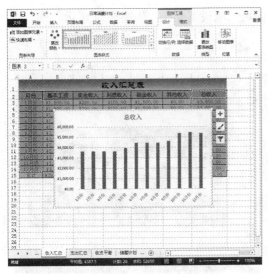

图 9-67　创建图表

步骤 3 选中创建的图表，拖动到合适位置，然后根据实际需要更改其大小，其结果如图 9-68 所示。

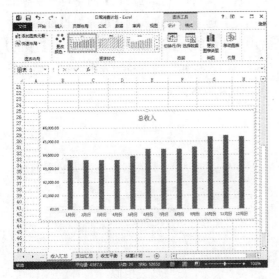

图 9-68　更改图表位置和大小

步骤 4 单击【支出汇总】工作表标签，进入到【支出汇总】工作表，选择 A2:I3 单元格区域，然后单击【插入】选项卡下【图表】选项组中的【擦入饼图或环形图】按钮，从弹出的菜单中选择相应的选项，即可在工作表中插入一个饼图，如图 9-69 所示。

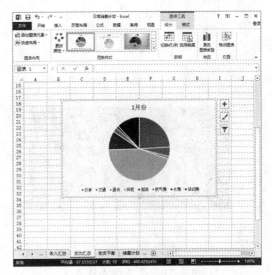

图 9-69　创建饼图

9.3.2　美化图表

图表与工作表一样，要想提高视觉效果，就需要对创建的图表进行美化，具体的操作步骤如下。

步骤 1 单击【收入汇总】工作表标签，进入到【收入汇总】工作表，选中创建的图表，然后切换到【图表工具】→【设计】选项卡，进入到【设计】界面。

步骤 2 单击【图表样式】选项组中的【其他】按钮，即可打开【图表样式】下拉菜单，如图 9-70 所示，从中选择合适的图表样式，即可将图表样式应用到创建的图表中，如图 9-71 所示。

图 9-70　【图表样式】下拉菜单

步骤 3 选中图表区，打开【设置图表区格式】对话框，切换到【填充】选项卡，进入到【填充】设置界面，选中【图片或纹理填充】单选按钮，如图 9-72 所示。

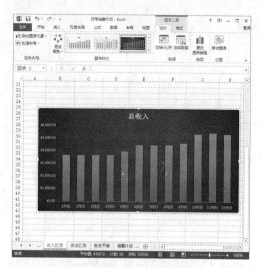

图 9-71　应用图表样式

图 9-72　【设置图表区格式】对话框

步骤 4 单击【文件】按钮，打开【插入图片】
对话框，从中选择要作为填充背景的图片文件，
如图 9-73 所示。

图 9-73　【插入图片】对话框

步骤 5 单击【插入】按钮，返回到【设置
图表区格式】对话框，然后单击【关闭】按钮，

即可完成设置操作，如图 9-74 所示。

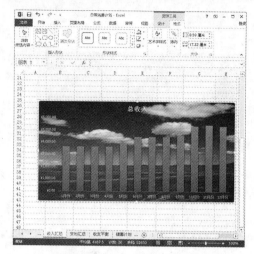

图 9-74　图表区格式效果

步骤 6 选中绘图区，然后单击【当前所选
内容】选项组中的【设置所选内容格式】按钮，
即可打开【设置绘图区格式】对话框。切换到
【填充】选项卡，进入到【填充】设置界面，
选中【纯色填充】单选按钮，然后单击【颜色】
下拉按钮，从弹出的下拉列表中选择需要的颜
色，如图 9-75 所示。

图 9-75　【设置绘图区格式】对话框

步骤 7 单击【关闭】按钮，即可完成设置
操作，如图 9-76 所示。

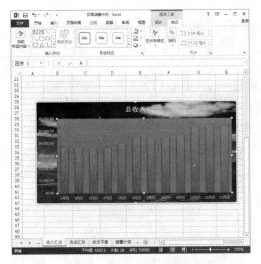

图 9-76　绘图区格式效果

步骤 8 选中图表标题文本，然后右击，从弹出的快捷菜单中选择【字体】命令，即可打开【字体】对话框。从中设置中文字体、字体样式和字体大小，最后单击【字体颜色】下拉按钮，从弹出的下拉列表中选择相应的颜色选项，如图 9-77 所示。

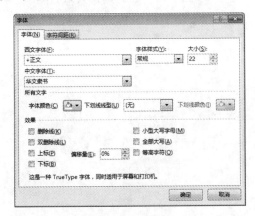

图 9-77　【字体】对话框

步骤 9 单击【确定】按钮，即可完成图表标题文本的设置操作，如图 9-78 所示。

步骤 10 根据实际情况，在图表标题文本框中输入本图表的标题，如图 9-79 所示。

步骤 11 单击【支出汇总】工作表标签，进入到【支出汇总】工作表，选中整个图表区，打开【设置图表区格式】对话框，切换到【填充】选项卡，然后选中【图片或纹理填充】单选按钮，单击【文件】按钮。打开【插入图片】对话框，从中选择要作为填充背景的图片文件，最终的显示效果如图 9-80 所示。

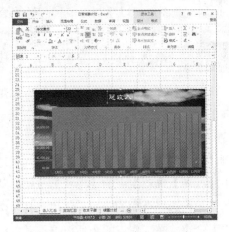

图 9-78　设置图表标题文本

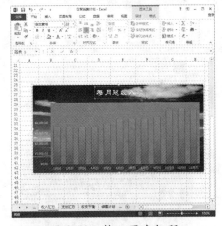

图 9-79　输入图表标题

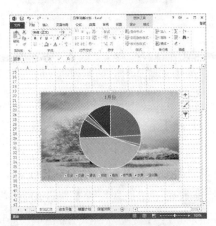

图 9-80　设置绘图区格式

9.4 插入图形对象

日常消费计划还需要各式各样的图形用以点缀，而在 Excel 2013 中，包含大量的图形，运用这些图形可以绘制出多种图像，给人一种美的享受。

9.4.1 插入形状

在 Excel 中，插入形状有别于插入图形，具体的操作步骤如下。

步骤 1 单击【日常消费】工作表标签，进入到【日常消费】工作表，单击【插入】选项卡下【插图】选项组中的【形状】按钮，从弹出的菜单中选择合适的选项，这里选择【圆角矩形】命令，在工作表的合适位置拖动鼠标左键，即可绘制一个圆角矩形形状，如图 9-81 所示。

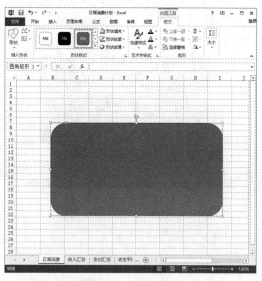

图 9-81 绘制图形

步骤 2 选中绘制的圆角矩形图形，单击【绘图工具】→【格式】选项卡下【形状样式】选项组中的【形状轮廓】按钮，从弹出的菜单中选择合适的颜色即可，如图 9-82 所示。

步骤 3 单击【形状样式】选项组右下角的 按钮，打开【设置图片格式】对话框，选中【图片或纹理填充】单选按钮，如图 9-83 所示。

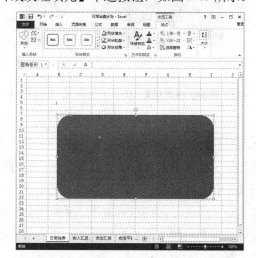

图 9-82 图形填充效果

图 9-83 选中【图片或纹理填充】单选按钮

步骤 4 单击【文件】按钮，打开【插入图片】对话框，从中选择要作为填充背景的图片文件，单击【插入】按钮。返回到【设置图片格式】对话框，然后单击【关闭】按钮，即可查看设置效果，如图 9-84 所示。

图 9-84　图片填充效果

步骤 5　单击【插图】选项组中的【形状】按钮，从弹出的菜单中选择【心形】选项，此时鼠标指针变成 + 形状，在工作表的合适位置拖动鼠标左键绘制 4 个心形形状，如图 9-85 所示。

图 9-85　绘制心形

步骤 6　选中绘制的心形形状，右击，从弹出的快捷菜单中选择【设置形状格式】命令，如图 9-86 所示。

步骤 7　打开【设置形状格式】对话框，选中【渐变填充】单选按钮，然后单击【预设渐变】下拉按钮，从弹出的下拉列表中选择合适的选项，如图 9-87 所示。

图 9-86　选择【设置形状格式】命令

图 9-87　【设置形状格式】对话框

步骤 8　单击【线条】选项卡，进入到【线条】设置界面，选中【无线条】单选按钮，如图 9-88 所示。

图 9-88　【线条】设置界面

步骤 9　单击【关闭】按钮，即可完成心形的设置操作，如图 9-89 所示。

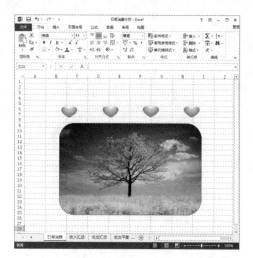

图 9-89　设置心形形状

步骤 10 单击【绘图工具】→【格式】选项卡下【形状样式】选项组中的【形状效果】按钮，从弹出的菜单中选择【发光】菜单的子菜单，即可查看到设置效果，如图 9-90 所示。

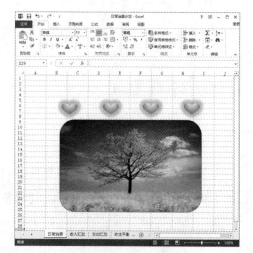

图 9-90　设置发光效果

9.4.2 插入联机图片

插入联机图片的方法很简单，具体的操作步骤如下。

步骤 1 单击【插入】选项卡下【插图】选项组中的【联机图片】按钮，即可弹出【插入

图片】对话框，如图 9-91 所示。

图 9-91　【插入图片】对话框

步骤 2 在【搜索必应】文本框中输入需要搜索的内容，然后单击【搜索】按钮，即可显示出相应的搜索结果，如图 9-92 所示。

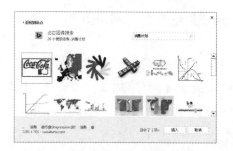

图 9-92　搜索结果显示

步骤 3 在搜索出来的结果中选择要插入的联机图片，然后单击【插入】按钮，即可将其插入到工作表中，如图 9-93 所示。

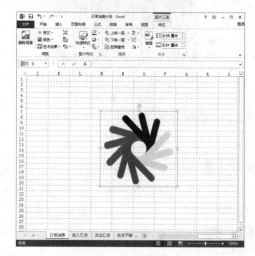

图 9-93　插入联机图片

步骤 4 选中插入的联机图片，然后根据实际需要调整联机图片的大小和位置，如图 9-94 所示。

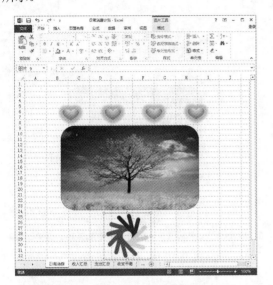

图 9-94　调整联机图片大小和位置

步骤 5 选中联机图片，单击【绘图工具】→【格式】选项卡下【图片样式】选项组中的【其他】按钮，即可打开【图片样式】下拉菜单，如图 9-95 所示。

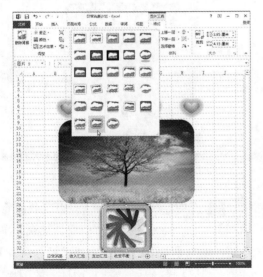

图 9-95　【图片样式】下拉菜单

步骤 6 选择合适的图片样式，即可显示出相应的效果，如图 9-96 所示。

图 9-96　联机图片效果

9.4.3　插入文本框

在 Excel 中，文本框分横排和竖排两种情况，用户在使用的时候可以根据实际需要选择相应的文本框类型。插入文本框的具体操作步骤如下。

步骤 1 单击【插入】选项卡下【文本】选项组中的【文本框】按钮，从弹出的下拉菜单中选择【横排文本框】命令，此时鼠标指针变成形状，在工作表的合适位置绘制一个横排文本框，如图 9-97 所示。然后在文本框中输入"日常消费计划"文本，如图 9-98 所示。

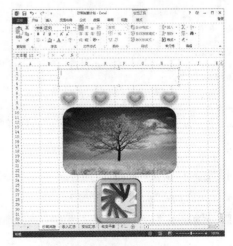

图 9-97　绘制横排文本框

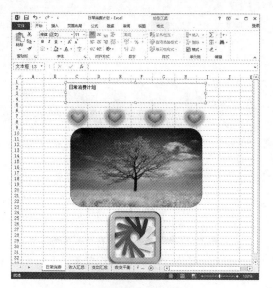

图 9-98　输入文本内容

步骤 2 选中输入的文本内容，然后单击【字体】选项组右下角的 按钮，打开【字体】对话框，从【中文字体】下拉列表框中选择合适的字体，在【大小】微调框中输入字号，最后单击【字体颜色】下拉按钮，从弹出的下拉列表中选择合适的颜色，如图9-99所示。

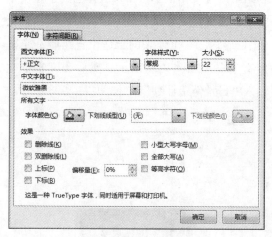

图 9-99　【字体】对话框

步骤 3 单击【确定】按钮，即可完成字体的设置操作，效果如图9-100所示。

步骤 4 单击【对齐方式】选项组中的【居中】

按钮，使其居中显示，如图9-101所示。

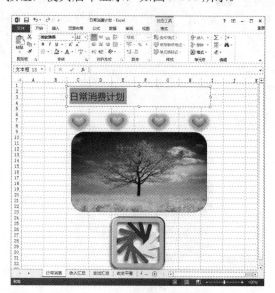

图 9-100　字体设置效果

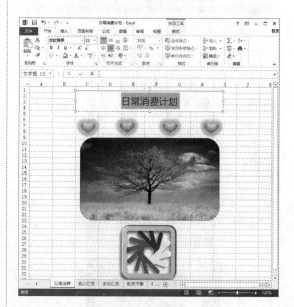

图 9-101　居中显示文本

步骤 5 选中绘制的文本框，打开【设置形状格式】对话框，选中【图片或纹理填充】单选按钮，单击【文件】按钮，打开【插入图片】对话框，从中选择需要在文本框中插入的图片。单击【关闭】按钮，完成文本框的设置操作，最终的效果如图9-102所示。

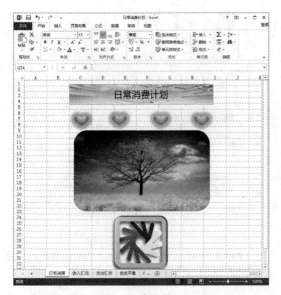

图 9-102 文本框设置效果

9.4.4 插入艺术字

艺术字可以使文字更加的醒目，并且艺术字的特殊效果会使文档更加的美观、生动。插入艺术字的具体操作步骤如下。

步骤 1 单击【储蓄计划】工作表标签，进入到【储蓄计划】工作表，然后单击【插入】选项卡下【文本】选项组中的【艺术字】按钮，从弹出的如图 9-103 所示的下拉菜单中选择合适的艺术字样式，即可在工作表中插入一个名为"请在此放置您的文字"的文本框，如图 9-104 所示。

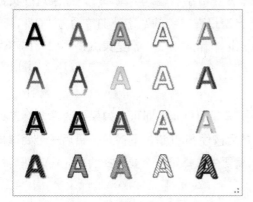

图 9-103 【艺术字】下拉菜单

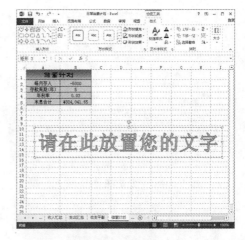

图 9-104 插入文本框

步骤 2 在文本框中输入需要的文本内容，如图 9-105 所示，然后选中刚刚输入的艺术字文本，右击，从弹出的快捷菜单中选择【字体】命令，即可打开【字体】对话框。

图 9-105 输入艺术字内容

步骤 3 根据实际需要设置中文字体和字体颜色，如图 9-106 所示，然后单击【确定】按钮，完成艺术字的设置操作，如图 9-107 所示。

步骤 4 选中艺术字文本框，右击鼠标，从弹出的快捷菜单中选择【设置形状格式】命令，打开【设置形状格式】对话框，选中【图片或纹理填充】单选按钮，然后单击【文件】按钮，即可打开【插入图片】对话框，从中选择需要插入的图片。然后单击【插入】按钮，返回到【设置形状格式】对话框。

图 9-106　设置字体和颜色

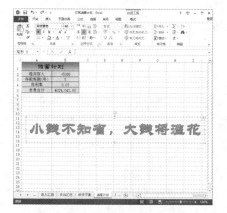

图 9-107　艺术字设置效果

步骤 5 单击【关闭】按钮，即可完成设置操作，最终设置效果如图 9-108 所示。

图 9-108　最终设置效果

9.5　课后练习疑难解答

疑问 1：如何在表格中输入负数？

解答：输入负数的时候有两种方法：一种就是直接在数字前输入"减号"，如果这个负数是分数的话，需要将这个分数置于括号中；另一种方法是在单纯的数字外加单括号"()"，这个单括号是在英文半角状态下输入的，例如，在单元格中输入"(2)"，结果就是"–2"，不过这个方法有点麻烦，而且不能用于公式中。

疑问 2：如何选择工作表中的单元格？

解答：如果选择单个单元格，直接用鼠标单击要选择的单元格即可；如果要选择多个连续的单元格，则需要先选择第一个要选择的单元格，然后按住 Shift 键的同时单击最后一个要选择的单元格即可；如果选择不连续的单元格区域，则需要先选择第一个要选择的单元格，然后按住 Ctrl 键依次单击要选择的单元格即可。

第 **3** 篇

PowerPoint 高效办公

现在办公中经常用到产品演示、技能培训、业务报告。一个好的PPT能使公司的会议，报告，产品销售更加高效、清晰和容易。本篇学习PPT幻灯片的制作和演示方法。

第10章

PPT 基础：制作产品调查报告

● **本章导读：**

　　PowerPoint 2013 是 Office 2013 中的一个独立软件，和其他 Office 2013 软件一样，该软件功能强大，易学易用，界面友好，在设计制作多媒体课件中得到了广泛应用。本章通过制作产品调查报告来了解 PowerPoint 2013 的基础知识，包括演示文稿的基本操作，幻灯片的基本操作，输入并编辑文本、表格和图表，从而实现演示文稿的完整制作。

● **学习目标：**

◎ 初识 PPT
◎ 演示文稿的基本操作
◎ 幻灯片的基本操作
◎ 输入并编辑文本
◎ 输入并编辑表格
◎ 输入并编辑图表

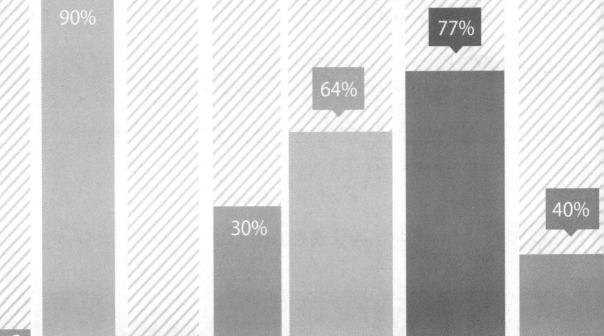

10.1 初识PPT

在运用 PowerPoint 2013 制作幻灯片之前，首先应该了解其最基本的知识，包括知识体系、创建演示文稿的流程以及 PowerPoint 2013 的文档格式等内容，为幻灯片的成功制作奠定技术基础。

10.1.1 了解 PowerPoint 2013 的知识体系

通常情况下，PowerPoint 2013 的知识体系包括 5 个方面，具体如下。

（1）编辑幻灯片内容

首先输入幻灯片的内容，包括汉字、英文字符、标点以及特殊符号等，然后对这些输入的内容进行复制、移动、查找、替换、重复和撤销操作，与此同时，还需要对输入的字体和段落格式进行相应的设置，包括设置字体、字号、段落对齐、缩进、间距、项目符号和编号等。

（2）美化幻灯片

在幻灯片中有时还需要插入图片、图形、艺术字、表格、图表等内容，并对插入的图片、图形和艺术字的格式进行相应的设置，同时还要设置表格结构、图表类型以及外观样式，最后还需要对幻灯片的风格进行统一。

（3）加入多媒体资源

在编辑幻灯片的过程中，有时还需要加入多媒体资源，包括媒体库中的视频和音频，以及录制的声音文件等，同时还要设置视频和音频的播放方式。

（4）设置动画与交互效果

在编辑幻灯片的过程中，还需要设置幻灯片切换效果，并为幻灯片中的对象添加动画效果，然后通过设置超链接实现交互，设置按钮的交互功能。

（5）幻灯片设置与播放

设置幻灯片的播放，包括排练计时、录制旁白、隐藏幻灯片、设置放映时的屏幕分辨率以及设置自定义放映，然后进入放映状态、控制幻灯片的切换等。

10.1.2 制作 PowerPoint 2013 演示文稿的流程

无论制作哪种性质的演示文稿，都需要遵循如图 10-1 所示的制作流程。

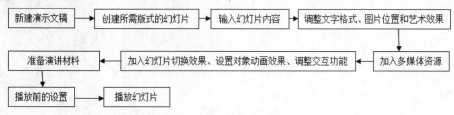

图 10-1　演示文稿的制作流程

10.1.3 PowerPoint 2013 文档的格式

PowerPoint 2013 继承了以往 PowerPoint 版本的所有功能，但是又有别于以往版本的 PowerPoint，其文档是以 XML 格式保存的，其新的文件扩展名是在以前的文件扩展名后添加 x

或 m。其中，x 表示不含宏的 XML 文件，而 m 则表示包含宏的 XML 文件。

PowerPoint 2013 具体的文件类型与其对应的扩展名如表 10-1 所示。

表 10-1　PowerPoint 2013 文件类型及与其对应的扩展名

PowerPoint 2013 文件类型	扩展名
PowerPoint 2013 演示文稿	.pptx
PowerPoint 2013 启用宏的演示文稿	.pptm
PowerPoint 2013 模板	.potx
PowerPoint 2013 启用宏的模板	.potm

10.1.4　演示文稿与幻灯片之间的区别与联系

演示文稿与幻灯片之间是包括与被包括的关系，演示文稿是由多个幻灯片组成的，所有数据包括数字、符号、图片以及图表等都输入到幻灯片中，运用 PowerPoint 2013 可以创建多个演示文稿，而在演示文稿中又可以根据需要新建很多幻灯片。

10.2　演示文稿的基本操作

美轮美奂的演示文稿给人一种美的享受，如果想掌握精美演示文稿的制作方法，就需要先了解演示文稿的基本操作，本节将对此进行详细的介绍。

10.2.1　新建演示文稿

在 PowerPoint 2013 中，新建演示文稿的方法不止一种，当启动 PowerPoint 2013 后，系统默认新建一个空白演示文稿，如图 10-2 所示。也可以在启动的演示文稿中切换到【文件】选项卡，进入到【文件】设置界面，如图 10-3 所示，然后选择【新建】选项，进入到【新建】界面，如图 10-4 所示。单击【空白演示文稿】选项，即可创建空白演示文稿，如图 10-5 所示。

图 10-2　空白演示文稿

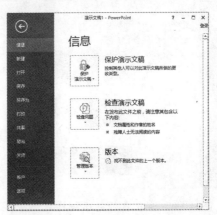

图 10-3　【文件】设置界面

图 10-4　【新建】界面

图 10-5　新建空白演示文稿

除了前面介绍的方法之外，用户还可以根据系统自带的模板创建演示文稿，具体的操作步骤如下。

步骤 1 在【新建】界面中，会显示出系统自带的所有模板样式，如图 10-6 所示。

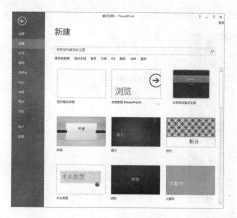

图 10-6　系统自带的模板样式

步骤 2 选择需要的模板样式，然后单击【创建】按钮，即可创建一个演示文稿，如图 10-7 所示。

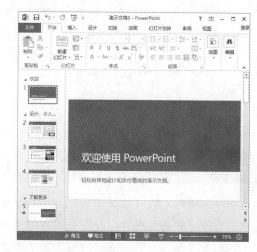

图 10-7　根据模板创建演示文稿

10.2.2 保存演示文稿

演示文稿编辑完毕后就需要保存起来，具体的操作步骤如下。

步骤 1 切换到【文件】选项卡，在打开的界面中选择【另存为】选项，然后双击【计算机】按钮，打开【另存为】对话框，在【文件名】文本框中输入文件的名称，然后在【保存类型】下拉列表框中选择演示文稿的保存类型，如图 10-8 所示。

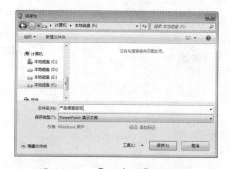

图 10-8　【另存为】对话框

步骤 2 单击【保存】按钮，即可完成演示文稿的保存操作，如图 10-9 所示。

图 10-9　保存演示文稿

如果打开的演示文稿是已经保存过的，那么重新编辑之后，如果要保存在原来的位置上，那么直接单击快速访问工具栏中的【保存】按钮即可。如果要重新保存到别的位置，只需按照保存新建演示文稿的方法进行保存即可。

除此之外，PowerPoint 2013 还提供了自动保存功能，这个功能可以有效地缩小因断电或死机所造成的损失。自动保存演示文稿具体的操作步骤如下。

步骤 1 切换到【文件】选项卡，在打开的界面中选择【选项】选项，打开【PowerPoint 选项】对话框，如图 10-10 所示。

图 10-10　【PowerPoint 选项】对话框

步骤 2 选择【保存】选项，然后在【保存演示文稿】选项组中选中【保存自动恢复信息时间间隔】复选框，并在右侧的微调框中输入自动保存的时间，如图 10-11 所示。

图 10-11　【保存】设置界面

步骤 3 单击【确定】按钮，即可完成设置操作，这样系统就会每隔一段时间即自动保存演示文稿。

10.2.3 打开与关闭演示文稿

用户如果要查看编辑过的演示文稿，就要打开该文稿，查看后还需要再将其关闭，这是一个连贯性的操作，缺了哪一步都是不完整的。

1. 打开演示文稿

如果要查看计算机中的演示文稿，就需要切换到【文件】选项卡，在打开的界面中选择【打开】选项，然后双击【计算机】按钮，打开【打开】对话框，如图 10-12 所示。定位到要打开的文档的路径下，然后选中要打开的演示文稿，最后单击【打开】按钮，即可打开需要查看的演示文稿。

图 10-12　【打开】对话框

2. 关闭演示文稿

对演示文稿进行编辑、保存之后就可以将其关闭，关闭的方法也不止一种，可以切换到【文件】选项卡，选择【关闭】选项；也可以单击文档右上角的【关闭】按钮 ![x]，如图 10-13 所示。

图 10-13　单击【关闭】按钮

10.2.4 加密演示文稿

为了避免自己创建的演示文稿被偷窥或是恶意更改，就可以将保存的演示文稿加密，具体的操作步骤如下。

步骤 1 切换到【文件】选项卡，在打开的【信息】界面中单击【保护演示文稿】按钮，从弹出的列表中选择【用密码进行加密】选项，如图 10-14 所示。

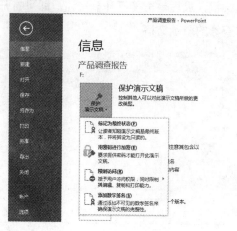

图 10-14　选择【用密码进行加密】选项

步骤 2 打开【加密文档】对话框，并在【密码】文本框中输入设置的密码，如图 10-15 所示。

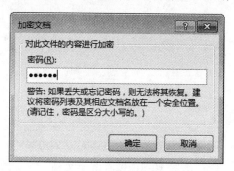

图 10-15　【加密文档】对话框

步骤 3 单击【确定】按钮，打开【确认密码】对话框，在文本框中再次输入密码，如图 10-16 所示。

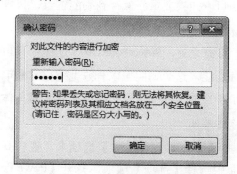

图 10-16　【确认密码】对话框

步骤 4 单击【确定】按钮，即可完成演示文稿的加密操作，并在【信息】界面中显示出来，如图 10-17 所示。

图 10-17　加密演示文稿

提示 如果用户想要再次打开加密后的文稿，则会弹出【密码】对话框，在文本框中输入加密的密码，如图 10-18 所示，然后单击【确定】按钮，即可打开演示文稿。如果想要取消密码保护，只需打开【加密文档】对话框，将【密码】文本框中的密码删除，然后单击【确定】按钮即可，如图 10-19 所示。

图 10-18 【密码】对话框

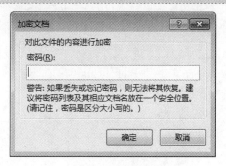

图 10-19 取消密码保护

10.3 幻灯片的基本操作

介绍完演示文稿的基本操作之后，就开始介绍演示文稿的主角——幻灯片的基本操作，包括幻灯片的创建、幻灯片的移动、幻灯片的复制和幻灯片的删除等。

10.3.1 新建幻灯片

演示文稿通常是由多张幻灯片组成的，在编辑演示文稿的过程中，随着内容的不断增加，常常需要新建幻灯片，具体的操作步骤如下。

步骤 1 打开需要新建幻灯片的演示文稿，确定新建幻灯片的位置，然后右击，从弹出的快捷菜单中选择【新建幻灯片】命令，如图 10-20 所示，即可在选中的幻灯片下方插入一张新的幻灯片，如图 10-21 所示。

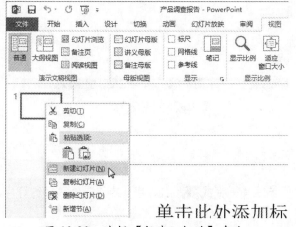

图 10-20 选择【新建幻灯片】命令

图 10-21 新建幻灯片

步骤 2 选中要插入幻灯片的位置，单击【开始】选项卡下【幻灯片】选项组中的【新建幻灯片】按钮，从弹出的下拉菜单中选择幻灯片的版式，如图 10-22 所示，即可新建一张新版式的幻灯片，如图 10-23 所示。

图 10-22　幻灯片的版式

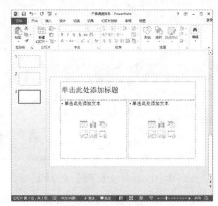

图 10-23　新建新版式的幻灯片

10.3.2 删除幻灯片

在演示文稿中，如果不要某些幻灯片，可以将其删除。方法很简单，只需右击需要删除的幻灯片，从弹出的快捷菜单中选择【删除幻灯片】命令，如图 10-24 所示，即可删除不需要的幻灯片，如图 10-25 所示。

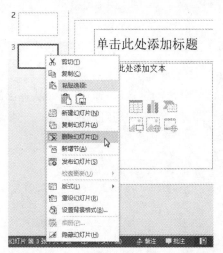

图 10-24　选择【删除幻灯片】命令

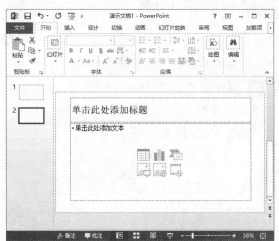

图 10-25　删除幻灯片

10.3.3 选择幻灯片

一个演示文稿中存在多张幻灯片，如果要编辑某一张或多张幻灯片，就需要先选择幻灯片，具体的操作步骤如下。

步骤 1 如果要选择一张幻灯片，则只需在打开的演示文稿的【幻灯片】选项卡中单击需要选择的幻灯片即可，如图 10-26 所示。

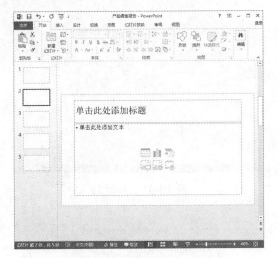

图 10-26 选择一张幻灯片

步骤 2 如果要选择多张相邻的幻灯片，则单击第一张幻灯片，然后在按住 Shift 键的同时单击最后一张幻灯片即可，如图 10-27 所示。

图 10-27 选择多张相邻的幻灯片

步骤 3 如果要选择多张不相邻的幻灯片，则需要单击第一张幻灯片，然后在按住 Ctrl 键的同时单击要选择的多张幻灯片即可，如图 10-28 所示。

图 10-28 选择多张不相邻的幻灯片

步骤 4 如果要选择全部幻灯片，则需要确保当前处于普通视图方式下，单击【幻灯片】选项卡中的任意位置，然后单击【开始】选项卡下【编辑】选项组中的【选择】按钮，在弹出的下拉菜单中选择【全选】命令，即可选中当前演示文稿中的所有幻灯片，如图 10-29 所示。

图 10-29 选择全部的幻灯片

10.3.4 移动幻灯片

在对幻灯片进行编辑的过程中，有时候需要对创建的幻灯片进行移动，方法是：在左侧的【幻灯片】选项卡中选择要移动的幻灯片，如图 10-30 所示，然后按住鼠标左键，将幻灯片拖动到合适的位置后释放鼠标左键，即可完成幻灯片的移动操作，如图 10-31 所示。

图 10-30　选择要移动的幻灯片

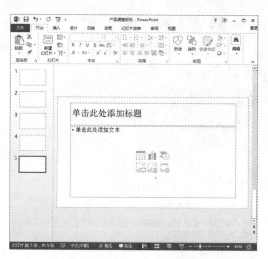

图 10-31　移动结果

10.3.5　复制幻灯片

在对幻灯片进行编辑的过程中，有时候需要对创建的幻灯片进行复制，具体的操作步骤如下。

步骤 1 打开演示文稿，右击需要复制的幻灯片，从弹出的快捷菜单中选择【复制】命令，如图 10-32 所示。

步骤 2 右击需要复制到的目标位置，从弹出的快捷菜单中选择【粘贴】命令，即可将选择的幻灯片复制到目标位置，如图 10-33 所示，并且演示文稿中所有幻灯片的序号将自动重新排列。

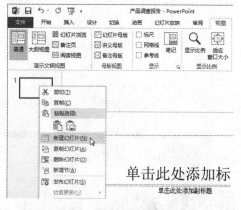

图 10-32　选择【复制】命令

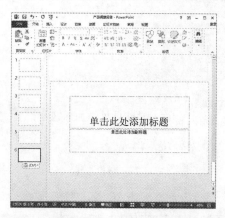

图 10-33　复制幻灯片

10.3.6　隐藏幻灯片

创建的幻灯片并不是每张都需要播放，对于那些不需要播放的幻灯片，可以将其隐藏起来，具体的操作步骤如下。

步骤 1 选择需要隐藏的幻灯片，然后右击，从弹出的快捷菜单中选择【隐藏幻灯片】命令，如图 10-34 所示。

步骤 2 此时幻灯片的标号上会显示一条删除斜线，表明此幻灯片已经被隐藏，如图 10-35 所示。

图 10-34　选择【隐藏幻灯片】命令

图 10-35　隐藏幻灯片

10.4 输入并编辑文本

编辑演示文稿的第一步就是向演示文稿中输入内容，包括文字、各类符号、日期和时间等，并对输入的文本进行编辑。

10.4.1 输入文本

在幻灯片中输入文字的方式与在 Word 2013 中输入汉字的方式相似，具体的操作步骤如下。

步骤 1 打开需要输入文字的演示文稿，单击提示输入标题的占位符，此时占位符中会出现闪烁的光标，如图 10-36 所示。

步骤 2 在占位符中输入标题"汽车质量调查报告"，然后单击占位符外的任意位置即可完成输入，如图 10-37 所示。

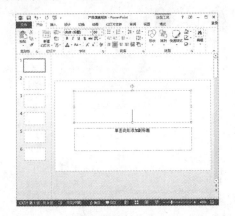

图 10-36　单击提示输入标题的占位符

图 10-37　输入标题文字

步骤 3 单击【单击此处添加副标题】占位符，然后单击【插入】选项卡下【符号】选项组中的【符号】按钮，打开【符号】对话框，选择不同的字体及其子集，然后在下方的列表框中选择需要的符号，如图 10-38 所示。

图 10-38　【符号】对话框

步骤 4 单击【插入】按钮，然后再单击【关闭】按钮，即可完成符号的插入操作。重复几次插入操作，即可完成所有符号的插入操作，如图 10-39 所示。

图 10-39　输入符号

步骤 5 按 Enter 键，光标移到下一行，单击【文本】选项组中的【日期和时间】按钮，即可打开【日期和时间】对话框，在【可用格式】列表框中选择需要的日期和时间格式，在【语言（国家 / 地区）】下拉列表框中选择日期的语言显示方式，如图 10-40 所示。

图 10-40　【日期和时间】对话框

步骤 6 单击【确定】按钮，完成日期的输入操作，如图 10-41 所示。

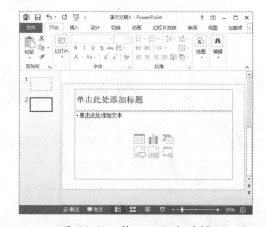

图 10-41　输入日期和时间

步骤 7 选中第 3、4 张幻灯片，按照上面介绍的方法输入相应的标题，如图 10-42 和图 10-43 所示。

图 10-42　输入标题"汽车市场分析"

图 10-43　输入标题"汽车市场分析图表"

步骤 8 选中第 2 张幻灯片，单击【插入】选项卡下【文本】选项组中的【文本框】按钮，从弹出的下拉菜单中选择【横排文本框】命令，在要添加文本框的位置绘制一个横排文本框，在其中输入本张幻灯片的标题，如图 10-44 所示。

图 10-44　输入幻灯片的标题

步骤 9 然后运用同样的方法，在本张幻灯片中绘制一个正文文本框，并根据实际情况输入相应的正文内容，如图 10-45 所示。

图 10-45　输入正文内容

10.4.2 编辑文本

文本输入完毕之后，还需要对其进行编辑操作，具体的操作步骤如下。

步骤 1 选中第 1 张幻灯片，并选中标题文本，然后单击【字体】选项组中的按钮，打开【字体】对话框，从中设置中文字体、字体大小和颜色，如图 10-46 所示。

图 10-46　【字体】对话框

步骤 2 单击【确定】按钮，即可完成标题字体的设置操作，效果如图 10-47 所示。

图 10-47　字体设置效果

步骤 3 运用同样的方法，设置其他幻灯片中标题文本的字体格式，如图 10-48 所示。

图 10-48　其他幻灯片中的字体效果

步骤 4 选中第 2 张幻灯片，选择标题文本框中的文本内容，然后单击【段落】选项组中的 按钮，打开【段落】对话框，单击【对齐方式】下拉按钮，从弹出的下拉列表中选择【居中】选项，如图 10-49 所示。

图 10-49　【段落】对话框

步骤 5 单击【确定】按钮，即可完成对齐方式的设置操作，如图 10-50 所示。

图 10-50　设置文字对齐方式

步骤 6 选中第 2 张幻灯片中的正文内容，然后在【视图】选项卡下的【显示】选项组中选中【标尺】复选框，此时在功能区下方和 PowerPoint 主窗口的左侧显示水平和垂直标尺，如图 10-51 所示。

图 10-51　显示水平和垂直标尺

步骤 7 通过拖动标尺中的缩进标记即可设置段落的缩进方式，如图 10-52 所示。标尺中的缩进标记对应的名称如图 10-53 所示。

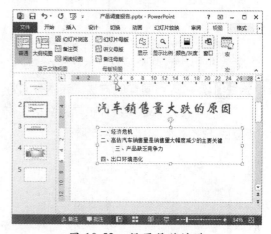

图 10-52　设置段落缩进

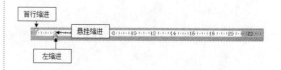

图 10-53　缩进标记对应的名称

提示　如果拖动首行缩进标记，可调整光标所在的当前段或选择的多个段的首行缩进位置；如果拖动左缩进标记，可调整光标所在的当前段或选择的多个段的左缩进位置；如果拖动悬挂缩进标记，可调整光标所在的当前段或选择的多个段的悬挂缩进位置。

步骤 8　选中第 2 张幻灯片中的正文内容，然后单击【段落】选项组中的 按钮，打开【段落】对话框，在【间距】选项组中分别设置段前和段后的距离，如图 10-54 所示。最后单击【确定】按钮，即可看到设置效果，如图 10-55 所示。

图 10-54　设置段间距

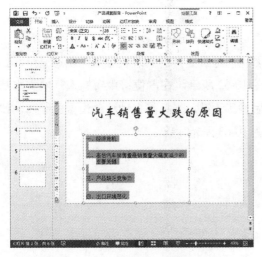

图 10-55　段间距设置效果

步骤 9　单击【段落】选项组中的【行距】按钮，从弹出的下拉菜单中选择行距值，即可实现行间距的设置操作，如图 10-56 所示。

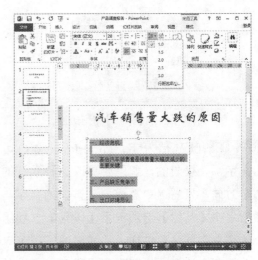

图 10-56　设置行间距

步骤 10　用户如果希望文本分栏显示，只需要选中文本框内的文本内容并右击，从弹出的快捷菜单中选择【设置形状格式】命令，弹出【设置形状格式】对话框，在该对话框中单击【文本选项】组中的【文本框】按钮，进入到【文本框】设置界面，如图 10-57 所示。

图 10-57　【文本框】设置界面

步骤 11　单击【分栏】按钮，打开【分栏】对话框，在【数量】微调框中输入所需的列数，如图 10-58 所示，单击【确定】按钮即可完成分栏操作。

图 10-58　【分栏】对话框

步骤 12 默认情况下，PowerPoint 窗口中的文字都是横向的，如果要更改这种默认的文字方向，只需选中需要更改方向的文字，然后单击【开始】选项卡下【段落】选项组中的【文字方向】按钮，从弹出的下拉菜单中选择相应的命令，即可完成段落文字方向的设置，如图 10-59 所示。

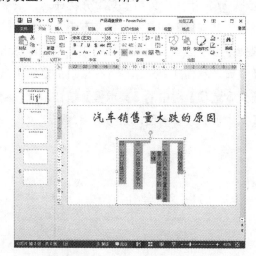

图 10-59　更改文字方向

> **提示** 在下拉菜单中如果选择【其他选项】命令，即可打开【设置文本效果格式】对话框，在【文字方向】下拉列表框中选择相应的选项，如图 10-60 所示，然后单击【关闭】按钮即可完成设置操作。

步骤 13 选中第 3 张幻灯片，右击幻灯片内容占位符内的任意位置，在弹出的快捷菜单中选择【段落】命令，打开【段落】对话框。然后单击【制表位】按钮，即可打开【制表位】对话框，在【制表位位置】微调框中输入制表位的数值，在【对齐方式】选项组中选择制表位的对齐方式，如图 10-61 所示。

图 10-60　【设置文本效果格式】对话框

图 10-61　【制表位】对话框

步骤 14 单击【设置】按钮，即可完成制表位的设置。按照同样的方法即可设置多个制表位。设置完成后连续两次单击【确定】按钮，返回到 PowerPoint 演示文稿，即可在标尺上看到已经设置好的制表位呈黑色状态显示，如图 10-62 所示。在占位符中每输入一次文本然后按 Tab 键，光标将自动移动设置的距离，如图 10-63 所示。

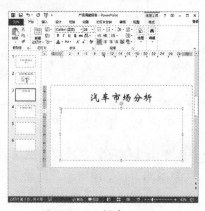

图 10-62　制表位显示

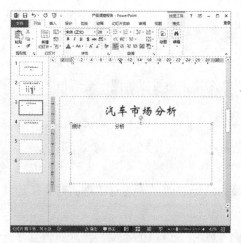

图 10-63　使用制表位输入文本

> **提示**　　如果要删除制作的制表位，
> 则只需在【制表位】对话框中选择需要删
> 除的制表位，然后单击【清除】或【全部
> 清除】按钮即可完成删除操作。

步骤 15　选中第 2 张幻灯片，选中要插入编
号的文本内容并右击，从弹出的快捷菜单中选
择【编号】命令，如图 10-64 所示，然后从子
菜单中选择相应的编号样式即可完成编号的套
用操作，如图 10-65 所示。

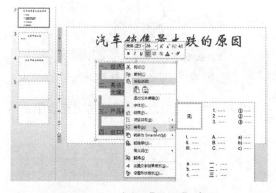

图 10-64　选择【编号】命令

步骤 16　选中要插入项目符号的文本内容，
然后右击，从弹出的快捷菜单中选择【项目符
号】命令，如图 10-66 所示，然后从子菜单中
选择相应的项目符号样式即可完成项目符号的
套用操作，如图 10-67 所示。

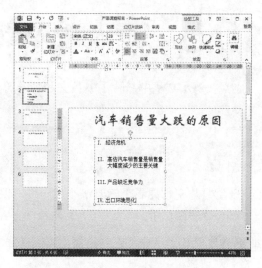

图 10-65　编号设置结果

图 10-66　选择【项目符号】命令

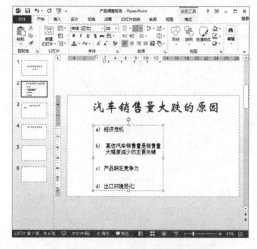

图 10-67　项目符号设置结果

10.5 插入并编辑表格

在演示文稿中，除了中英文和特殊符号等内容之外，还可以创建一些表格来满足演示文稿的编辑使用。

10.5.1 插入表格

在幻灯片中创建表格的方法不止一种，但使用最为广泛的就是通过对话框的方式来创建，具体的操作步骤如下。

步骤 1 选中第 3 张幻灯片，然后单击【插入表格】按钮，如图 10-68 所示，即可打开【插入表格】对话框。

步骤 2 在【列数】微调框中输入插入表格的列数，在【行数】微调框中输入表格的行数，如图 10-69 所示。

图 10-68　单击【插入表格】按钮　　　　图 10-69　【插入表格】对话框

步骤 3 单击【确定】按钮，即可插入表格，如图 10-70 所示，然后根据实际情况在表格中输入相应的内容，如图 10-71 所示。

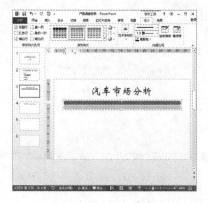
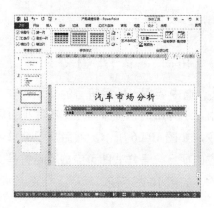

图 10-70　插入表格　　　　图 10-71　输入表格内容

10.5.2 编辑表格

表格插入完毕之后，还需要对插入的表格进行编辑，包括调整表格结构、设置外观样式和设置文本格式等。

1. 调整表格结构

通常情况下，创建的表格其结构单一，如果要想更改表格结构，就需要对插入的表格进行结构的调整，以满足使用的需要。

（1）插入和删除行与列

在表格中插入行和列的方法有多种，可以单击表格中的某个单元格，然后单击【布局】选项卡下【行和列】选项组中的【在上方插入】按钮，即可在光标所在单元格的上方插入一个新行；单击【在下方插入】按钮，即可在光标所在单元格的下方插入一个新行，如图 10-72 所示；单击【在左侧插入】按钮，即可在光标所在单元格的左侧插入一个新列，如图 10-73 所示；单击【在右侧插入】按钮，即可在光标所在单元格的右侧插入一个新列。除此之外，用户选中一个单元格并右击，从弹出的快捷菜单中选择【插入】命令，即可从子菜单中选择要插入行和列的位置。

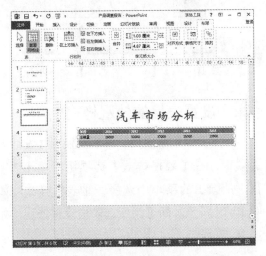

图 10-72　在下方插入一行

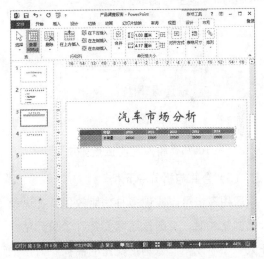

图 10-73　在左侧插入一列

如果要删除单元格中不需要的行或列，可以右击需要删除的行或列，从弹出的快捷菜单中选择【删除】命令，在弹出的子菜单中选择相应的选项即可删除选中的行或列。还可以单击要删除的行或列中包含的一个单元格，然后切换到【布局】选项卡，在【行和列】选项组中单击【删除】按钮，从弹出的下拉菜单中选择【删除行】或【删除列】命令即可。

（2）设置行高和列宽

表格的行高和列宽不是一成不变的，用户可以根据需要进行相应的调整。可以通过拖动鼠标来改变行高和列宽，也就是将光标指向要调整行的行边框或列的列边框，当光标变成如图 10-74 所示的形状时，按住鼠标左键拖动即可调整行高或列宽。

图 10-74　调整行高列宽的箭头

如果需要更精确地调整行高和列宽，就需要选择要调整行高的行或列宽的列，然后单击【布局】选项卡，在如图 10-75 所示的【高度】或【宽度】文本框中输入相应的数值，按 Enter 键即可调整行高或列宽。

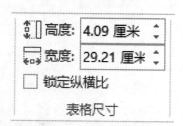

图 10-75　输入高度值或宽度值

（3）合并与拆分单元格

运用表格可以实现多种功能效果，在调整表格的结构时，有时候还需要将几个单元格合并成一个单元格，以满足使用的需要。方法很简单，只要选中需要合并的单元格，然后切换到【布局】选项卡，在【合并】选项组中单击【合并单元格】按钮，即可将选中的多个单元格合并到一起，如图 10-76 所示。相反的，如果要拆分某个单元格，只要选中此单元格，然后切换到【布局】选项卡，在【合并】选项组中单击【拆分单元格】按钮，即可打开【拆分单元格】对话框，输入拆分后的列数和行数，如图 10-77 所示，然后单击【确定】按钮，即

可完成单元格的拆分操作。

图 10-76　合并单元格

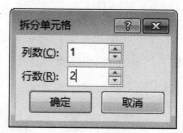

图 10-77　【拆分单元格】对话框

2. 设置表格的外观样式

选定要设置的表格，然后切换到【设计】选项卡，在【表格样式】选项组中单击按钮，从弹出的菜单中选择一种表格样式，如图 10-78 所示，即可为所选表格设置外观，如图 10-79 所示。

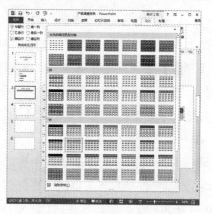

图 10-78　【表格样式】菜单

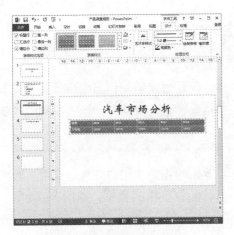

图 10-79　套用表格样式

3. 设置表格中的文本格式

设置表格中的文本格式的具体操作步骤如下。

步骤 1 选中要设置字体格式的表格文本，单击【开始】选项卡下【字体】组中的 按钮，打开【字体】对话框，从中设置中文字体、大小和颜色，如图 10-80 所示。

图 10-80　设置字体

步骤 2 单击【确定】按钮，即可完成字体的设置操作，如图 10-81 所示。然后单击【段落】选项组中的【居中】按钮，即可实现文字的居中显示，如图 10-82 所示。

步骤 3 用户如果对系统提供的默认字体不满意，可以对表格设置快速文字样式，只需选中需要设置样式的文字，然后单击【设计】选项卡下【艺术字样式】选项组中的【快速样

式】按钮，从弹出的下拉菜单中选择需要的样式，即可为表格中的文字设置相应的样式，如图 10-83 所示。

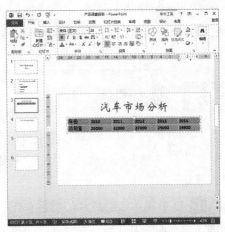

图 10-81　设置效果

图 10-82　居中显示文本

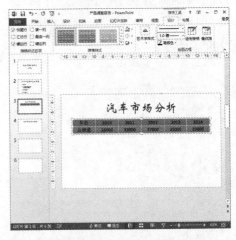

图 10-83　设置文字样式

10.6 插入并编辑图表

PowerPoint 2013 虽然不是专业的图表制作软件，但是也能够制作出相当精美的图表，它能将单调的表格内容转化为丰富多彩的图表，把枯燥的数字形象化，给人一种醒目美观的感觉。

10.6.1 插入图表

在 PowerPoint 2013 中，插入图表与插入表格一样，也可以利用占位符插入图表，具体的操作步骤如下。

步骤 1 选中第 4 张幻灯片，然后单击占位符中的【插入图表】按钮，打开【插入图表】对话框，选择要插入的图表类型，如图 10-84 所示。

图 10-84 【插入图表】对话框

步骤 2 单击【确定】按钮，即可在当前幻灯片中插入选择类型的图表，并自动打开 Excel 2013 应用程序，显示默认的数据，如图 10-85 所示。

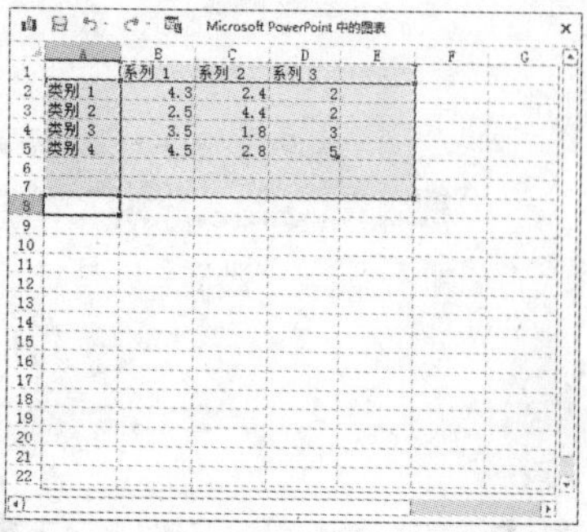

图 10-85 Excel 2013 应用程序

步骤 3 根据第 3 张幻灯片表格中的数据修改 Excel 数据表中的数据，如图 10-86 所示。完成数据表中数据的修改操作，关闭 Excel 数据表即可自动更新创建符合要求的图表，如图 10-87 所示。

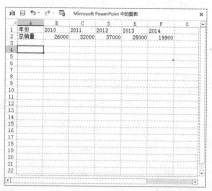

图 10-86 修改 Excel 数据表中的数据

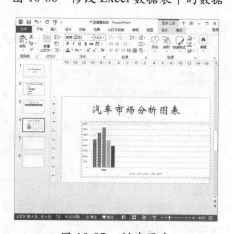

图 10-87 创建图表

10.6.2 编辑图表

创建完图表之后，接下来的工作就是对创建的图表进行编辑，具体的操作步骤如下。

步骤 1 选中第 4 张幻灯片中的图表，单击
【设计】选项卡下【类型】选项组中的【更
改图表类型】按钮，即可打开【更改图表类
型】对话框，从中选择需要的图表类型，如
图 10-88 所示。

图 10-88　【更改图表类型】对话框

步骤 2 单击【确定】按钮，即可完成图表
类型的更改操作，如图 10-89 所示。

图 10-89　完成图表类型的更改

步骤 3 选中整个图表，单击【设计】选项
卡下【图表样式】选项组中的【其他】按钮，
即可弹出系统自带的图表样式，如图 10-90 所示。

图 10-90　系统自带的图表样式

步骤 4 从中选择需要的样式并单击，即可
套用选择的图表样式，如图 10-91 所示。

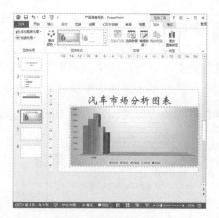

图 10-91　应用图表样式

步骤 5 选中整个图表，然后单击【图表布
局】选项组中的【快速布局】按钮，从弹出的
下拉菜单中选择需要的图表布局，即可应用图
表布局，如图 10-92 所示。

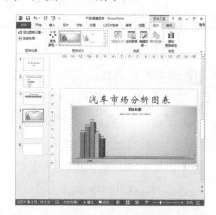

图 10-92　应用图表布局

步骤 6 选中图表标题，并在其中输入相应
的图表标题内容，如图 10-93 所示。

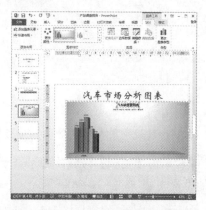

图 10-93　输入图表标题内容

285

步骤 7 选中图表标题文本，单击【开始】选项卡下【字体】选项组中的 按钮，即可打开【字体】对话框，从中设置中文字体、大小和颜色，然后单击【确定】按钮，即可完成图表标题字体的设置操作，如图 10-94 所示。

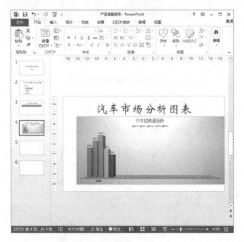

图 10-94　设置图表标题字体

步骤 8 选中图表标题，单击【格式】选项卡下【当前所选内容】选项组中的【设置所选内容格式】按钮，即可打开【设置图表标题格式】对话框，选中【纯色填充】单选按钮，单击【颜色】下拉按钮，从弹出的下拉列表中选择所需的颜色，如图 10-95 所示。

图 10-95　【设置图表标题格式】对话框

步骤 9 单击【关闭】按钮，即可查看图表标题的设置效果，如图 10-96 所示。

步骤 10 选中图表区，然后右击，从弹出的

快捷菜单中选择【设置图表区域格式】命令，如图 10-97 所示。

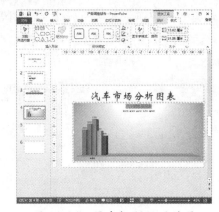

图 10-96　图表标题设置效果

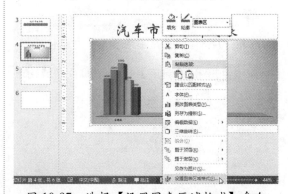

图 10-97　选择【设置图表区域格式】命令

步骤 11 打开【设置图表区格式】对话框，切换到【填充】选项卡，在其中选中【图片或纹理填充】单选按钮，如图 10-98 所示。

图 10-98　【设置图表区格式】对话框

步骤 12 单击【联机】按钮，弹出【插入图片】对话框，在搜索栏中输入"剪贴画"，然后按 Enter 键即可进行搜索，从搜索的结果中选择需要使用的剪贴画文件，如图 10-99 所示。

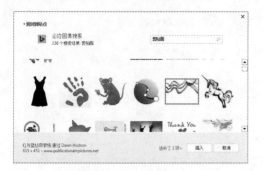

图 10-99　选择图片

步骤 13 单击【插入】按钮，返回到【设置图表区格式】对话框，然后单击【关闭】按钮，即可完成图表区格式的设置操作，如图 10-100 所示。

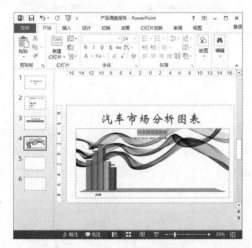

图 10-100　图表区设置效果

步骤 14 选中绘图区，单击【格式】选项卡下【当前所选内容】选项组中的【设置背景墙格式】按钮，即可打开【设置背景墙格式】对话框。切换到【填充】选项卡，选中【渐变填充】单选按钮，然后单击【颜色】下拉按钮，

从弹出的下拉列表中选择所需的颜色选项，如图 10-101 所示。

图 10-101　【设置背景墙格式】对话框

步骤 15 单击【关闭】按钮，即可查看绘图区背景格式的设置效果，如图 10-102 所示。

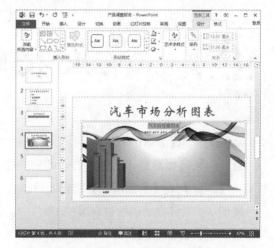

图 10-102　绘图区设置效果

步骤 16 选中图例，单击【格式】选项卡下【当前所选内容】选项组中的【设置所选内容格式】按钮，即可打开【设置图例格式】对话框，选中【靠下】单选按钮，如图 10-103 所示。

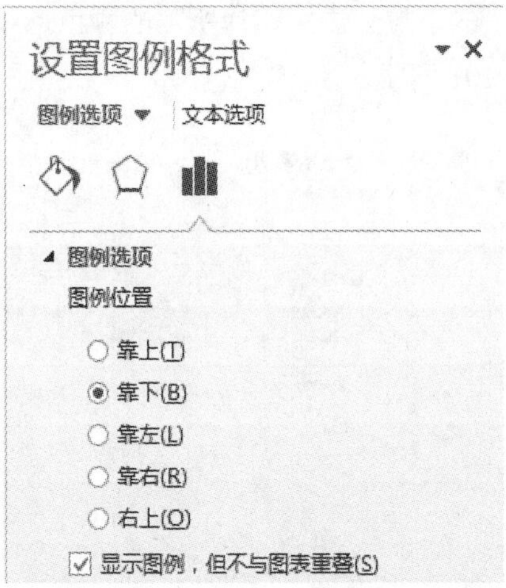

图 10-103 【设置图例格式】对话框

图 10-104 【填充】选项卡

步骤 17 切换到【填充】选项卡，选中【纯色填充】单选按钮，然后单击【颜色】下拉按钮，从弹出的下拉列表中选择相应的颜色，如图 10-104 所示。

步骤 18 单击【关闭】按钮，即可完成图例的设置操作，如图 10-105 所示。

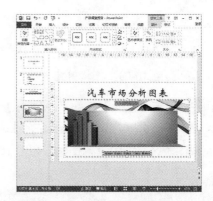

图 10-105 图例设置效果

10.7 课后练习疑难解答

疑问 1：如何删除制表位？

答：如果要删除制作的制表位，则只需在【制表位】对话框中选择需要删除的制表位，然后单击【清除】或【全部清除】按钮即可。

疑问 2：如何重新显示被隐藏的幻灯片？

答：选中被隐藏的幻灯片，然后右击，从弹出的快捷菜单中选择【隐藏幻灯片】命令，即可将隐藏的幻灯片重新显示。

美化 PPT：制作企业宣传 PPT

● 本章导读：

　　本章首先设计幻灯片，接着在幻灯片中使用图片、图形、艺术字以及多媒体等内容，从而使演示文稿丰富多彩，达到美化 PPT 的效果。通过本章的学习，读者可以从中掌握美化 PPT 的方法。

● 学习目标：

- ◎ 设计幻灯片
- ◎ 插入图形对象
- ◎ 插入媒体剪辑
- ◎ 插入动画效果
- ◎ 链接幻灯片

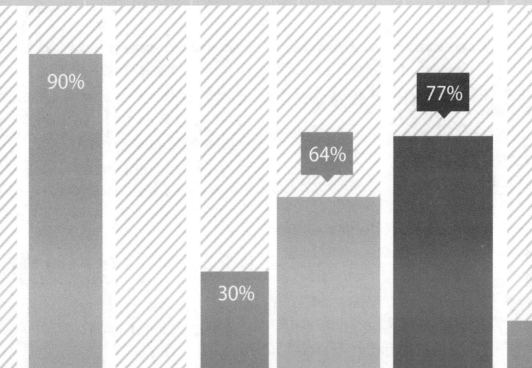

11.1 设计幻灯片

演示文稿是由一张张幻灯片组成的，要想美化演示文稿，首先就需要设计幻灯片的主题效果和背景效果。

11.1.1 设置幻灯片主题效果

在 PowerPoint 2013 中，系统自带的有多种幻灯片主题效果，用户可以根据实际需要设置幻灯片的主题效果，具体的操作步骤如下。

步骤 1 打开演示文稿，单击【设计】选项卡下【主题】选项组中的【其他】按钮，即可弹出【主题】下拉菜单，如图 11-1 所示。

步骤 2 从菜单中选择需要的主题选项，即可完成主题效果的设置操作，如图 11-2 所示。

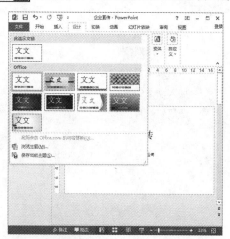

图 11-1 【主题】下拉菜单

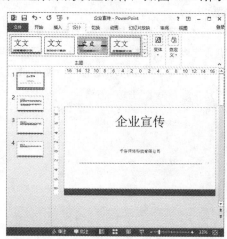

图 11-2 主题效果

11.1.2 设置幻灯片背景

设置幻灯片背景的方法很简单，具体的操作步骤如下。

步骤 1 单击【设计】选项卡下【变体】选项组中的【其他】按钮，从弹出的下拉菜单中选择【背景样式】命令，从其子菜单中选择需要的背景样式，即可完成幻灯片背景的设置，如图 11-3 所示。

步骤 2 单击【自定义】选项组中的【设置背景格式】按钮，即可打开【设置背景格式】对话框。切换到【填充】选项卡，在打开的界面中选中

【渐变填充】单选按钮，然后单击【渐变光圈】选项组中的【颜色】按钮，从弹出的下拉列表中选择相应的颜色选项，如图 11-4 所示。

步骤 3 如果单击【全部应用】按钮，然后再单击【关闭】按钮，则演示文稿中所有的幻灯片都会应用刚刚设置的背景格式，如图 11-5 所示。

步骤 4 如果不单击【全部应用】按钮，直接单击【关闭】按钮，则就只有一张幻灯片应用格式。运用同样的方法可以分别设置每个幻灯片的背景，如图 11-6 所示。

图 11-3 设置幻灯片背景

图 11-4 【设置背景格式】对话框

图 11-5 自定义设置幻灯片背景

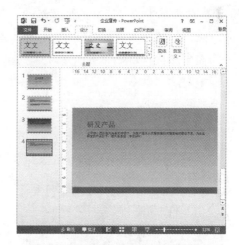

图 11-6 设置不同的幻灯片背景

11.2 插入图形对象

图片和图形是丰富演示文稿中两个重要的角色，通过图片和图形的点缀，从而美化整个演示文稿，给人一种活跃的色彩。

11.2.1 插入并设置形状

在美化 PPT 的过程中，有时候为了达到画龙点睛的功效，还需要在演示文稿中插入相应的形状，并对插入的形状进行设置。具体的操作步骤如下。

步骤 1 选中第 2 张幻灯片，单击【插入】选项卡下【插图】选项组中的【形状】按钮，即可弹出【形状】下拉菜单，如图 11-7 所示。

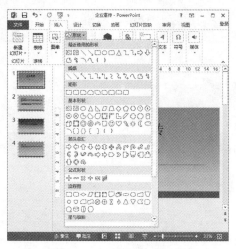

图 11-7　【形状】下拉菜单

步骤 2 从菜单中选择所需的形状选项，此时鼠标变成＋形状，然后在幻灯片的合适位置绘制一个组合形状，如图 11-8 所示。

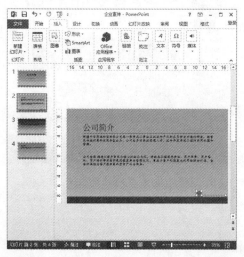

图 11-8　绘制形状

步骤 3 选中绘制的形状，然后单击【格式】选项卡下【形状样式】选项组中的【形状填充】按钮，从弹出的下拉菜单中选择形状的填充颜色，如图 11-9 所示。

步骤 4 单击【形状样式】选项组中的【形状轮廓】按钮，从弹出的下拉菜单中选择形状轮廓的颜色，如图 11-10 所示。

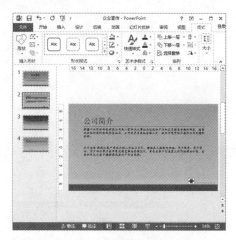

图 11-9　设置形状填充颜色

图 11-10　设置形状轮廓颜色

步骤 5 单击【形状样式】选项组中的【形状效果】按钮，从弹出的如图 11-11 所示的下拉菜单中选择合适的选项，即可实现形状效果的设置操作，然后在形状上方输入公司名称，如图 11-12 所示。

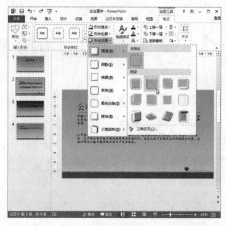

图 11-11　【形状效果】下拉菜单

图 11-12 设置形状效果

11.2.2 插入并设置联机图片

图片包括联机图片和计算机中保存的图片两种形式，如果要在幻灯片中插入并设置联机图片，则需要进行如下的操作。

步骤 1 选中第 4 张幻灯片，单击【插入】选项卡下【图像】选项组中的【联机图片】按钮，即可打开【插入图片】对话框，如图 11-13 所示。

图 11-13 【插入图片】对话框

步骤 2 在【搜索必应】搜索框中输入"剪贴画"，然后单击【搜索】按钮，即可搜索到相关的素材文件，如图 11-14 所示。

步骤 3 在搜索出来的结果中选择要插入的联机图片，然后单击【插入】按钮，即可将其插入到幻灯片中，如图 11-15 所示。

图 11-14 搜索结果显示

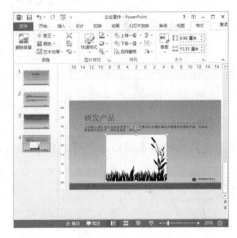

图 11-15 插入联机图片

步骤 4 选中插入的联机图片，右击，从弹出的快捷菜单中选择【置于底层】→【置于底层】命令，如图 11-16 所示。

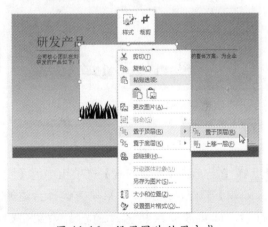

图 11-16 设置图片放置方式

293

步骤 **5** 选中插入的联机图片，将其拖动到幻灯片中合适的位置，然后调整联机图片的大小，如图 11-17 所示。

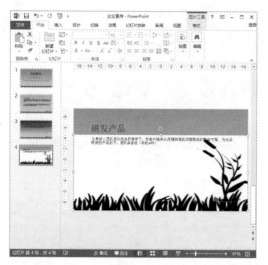

图 11-17 调整联机图片位置和大小

步骤 **6** 单击【图片工具】→【格式】选项卡下【图片样式】选项组中的【其他】按钮，从弹出的菜单中选择合适的图片样式，即可套用选择的图片样式，如图 11-18 所示。

图 11-18 应用图片样式

步骤 **7** 单击【图片样式】选项组中的【图片效果】按钮，从弹出的菜单中选择合适的选项，即可改变联机图片的图片效果，如

图 11-19 所示。

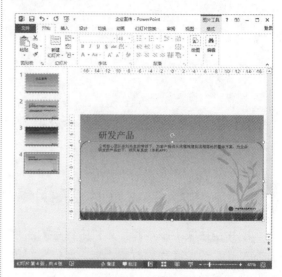

图 11-19 设置联机图片的图片效果

11.2.3 插入并设置图片

如果要在演示文稿中插入计算机中存在的图片，并对插入的图片进行设置，必须进行如下的操作。

步骤 **1** 单击【插入】选项卡下【图像】选项组中的【图片】按钮，即可打开【插入图片】对话框，从中选择要插入的图片文件，如图 11-20 所示。

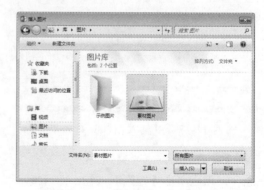

图 11-20 【插入图片】对话框

步骤 **2** 单击【插入】按钮，即可在演示文稿中插入所需的图片，如图 11-21 所示。

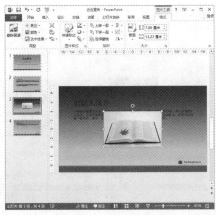

图 11-21　插入图片

步骤 **3**　单击图片，直接拖动图片边框上的控制点即可调整图片大小，如图 11-22 所示。如果想更精确地设置图片的大小，则可以切换到【格式】选项卡，在如图 11-23 所示的【大小】选项组的【高度】和【宽度】微调框中输入需要的图片的尺寸，即可设置图片的大小，如图 11-24 所示。

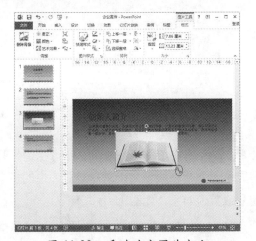

图 11-22　手动改变图片大小

图 11-23　【大小】选项组

图 11-24　设置图片大小

步骤 **4**　将鼠标指针移动到插入的图片文件上，此时鼠标指针变成形状，按下鼠标左键拖动图片到合适的位置即可释放，如图 11-25 所示。

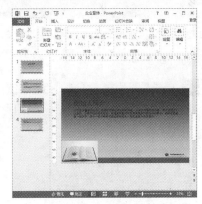

图 11-25　调整图片位置

步骤 **5**　选中图片，单击【绘图工具】→【格式】选项卡下【调整】选项组中的【更正】按钮，从弹出的菜单中设置图片的锐化/柔化、亮度/对比度，如图 11-26 所示。

图 11-26　设置图片的锐化、柔化、亮度和对比度

步骤 6 单击【调整】选项组中的【颜色】
按钮，从弹出的菜单中选择图片的颜色饱和度、
色调和重新着色，如图 11-27 所示。

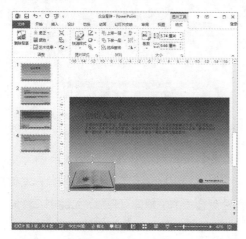

图 11-27 设置图片的颜色饱和度、色调和
重新着色

步骤 7 单击【图片样式】选项组中的【其他】
按钮，从弹出的下拉列表中可以选择图片的外
观样式，如图 11-28 所示。

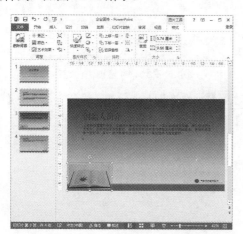

图 11-28 更换图片外观样式

步骤 8 选中需要对齐的多个图片，然后单
击【格式】选项卡，在【排列】选项组中单击
【对齐】按钮，从弹出的菜单中如果选择【底
端对齐】选项，可以将选择的多个图片以底端
对齐，如图 11-29 所示。

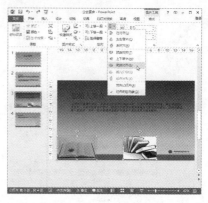

图 11-29 底端对齐多个图片

步骤 9 切换到【视图】选项卡，然后单击【显
示】选项组中的【网格设置】按钮，即可打开
【网格和参考线】对话框，选中【屏幕上显示
网格】复选框，如图 11-30 所示。

图 11-30 【网格和参考线】对话框

步骤 10 单击【确定】按钮，即可在幻灯片
中显示对齐网格线，用于对齐幻灯片中的多个
图片或其他对象，如图 11-31 所示。

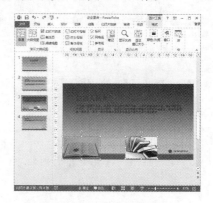

图 11-31 显示网格线

11.2.4 插入并设置艺术字

企业宣传 PPT 包含的元素丰富多彩，除了前面介绍的元素之外，还可以根据需要在幻灯片中插入并设置艺术字，具体的操作步骤如下。

步骤 1 选中第 4 张幻灯片，单击【插入】选项卡下【文本】选项组中的【艺术字】按钮，即可弹出【艺术字】下拉菜单，如图 11-32 所示。

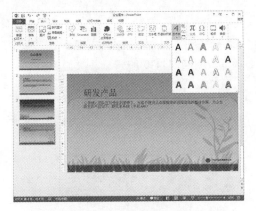

图 11-32 【艺术字】下拉菜单

步骤 2 从菜单中选择自己需要的艺术字样式，即可在幻灯片中出现"请在此放置您的文字"文本框，如图 11-33 所示。

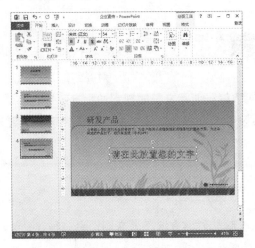

图 11-33 插入艺术字

步骤 3 根据实际需要在文本框中输入相应的内容，如图 11-34 所示，将艺术字文本框移动到标题文本框处，然后选中标题文本框并将其删除掉，如图 11-35 所示。

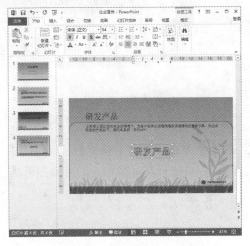

图 11-34 输入艺术字内容

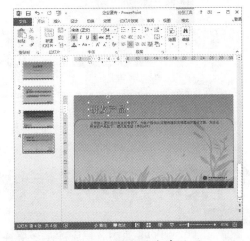

图 11-35 调整艺术字位置

步骤 4 单击【绘图工具】→【格式】选项卡下【艺术字样式】选项组中的【文本填充】按钮，从弹出的下拉菜单中选择文本填充颜色，如图 11-36 所示。

步骤 5 单击【艺术字样式】选项组中的【文本轮廓】按钮，从弹出的下拉菜单中选择文本轮廓颜色，如图 11-37 所示。

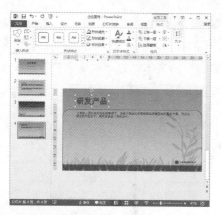

图 11-36　设置文本填充

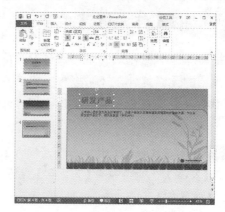

图 11-37　设置文本轮廓

步骤 6 单击【艺术字样式】选项组中的【文本效果】按钮，从弹出的下拉菜单中选择相应的子菜单，如图 11-38 所示，即可看到艺术字的设置效果，如图 11-39 所示。

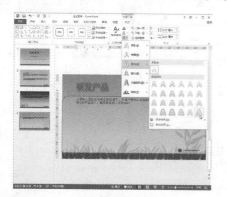

图 11-38　【文本效果】子菜单

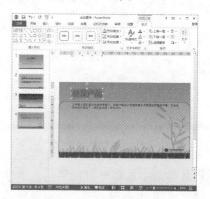

图 11-39　设置文本效果

11.3　插入多媒体对象

在 PowerPoint 演示文稿中添加多媒体内容可以提高演示文稿的视觉和听觉效果，例如，可以为幻灯片或幻灯片中的对象添加动画切换效果，可以在演示中播放背景音乐，或者解说者旁白等。

11.3.1　插入声音

在幻灯片中插入声音的方法有两种：一种是从电脑文件中直接插入音频，另一种就是录制音频。首先介绍的是剪贴画音频的插入方法，具体的操作步骤如下。

步骤 1 选中第 1 张幻灯片，单击【插入】选项卡下【媒体】选项组中的【音频】按钮，从弹出的菜单中选择【录制音频】命令，即可弹出【录制声音】对话框。在【名称】文本框中输入录制的音频名称，单击【录制】按钮●可开始录音，录制完毕后单击【停止】按钮■，即可停止录音。如需要先试听录音效果，可单击【播放】按钮▶，如图 11-40 所示。

图 11-40 　【录制声音】对话框

步骤 2 单击【确定】按钮，即可在当前幻灯片中插入一个声音图标，如图 11-41 所示。然后按住鼠标左键拖动声音图标到幻灯片的合适位置，如图 11-42 所示。

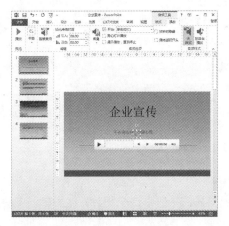

图 11-41 　插入声音图标

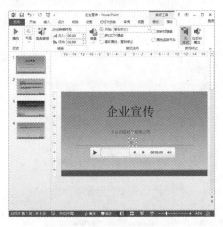

图 11-42 　移动声音图标

步骤 3 如果在【音频】下拉菜单中选择【PC上的音频】选项，即可打开【插入音频】对话框，从中选择需要的声音选项，如图 11-43 所示，然后单击【插入】按钮，即可完成音频的插入操作。

图 11-43 　【插入音频】对话框

11.3.2 插入影片文件

插入影片文件的方法有两种，这里介绍其中的一种，具体的操作步骤如下。

步骤 1 选中第 4 张幻灯片，单击【插入】选项卡下【媒体】选项组中的【视频】按钮，从弹出的菜单中选择【PC上的视频】命令，打开【插入视频文件】对话框，从中选择需要插入的视频文件，如图 11-44 所示。

图 11-44 　【插入视频文件】对话框

步骤 2 单击【插入】按钮，即可将需要的影片插入到幻灯片中，如图 11-45 所示。

步骤 3 单击鼠标左键拖动影片到合适位置，并根据需要调整影片的大小，如图 11-46 所示。

图 11-45　插入影片文件

图 11-46　调整影片大小和位置

11.3.3　设置声音和影片的播放效果

在幻灯片中插入声音和影片之后，切换到【播放】选项卡，在如图 11-47 所示的【音频选项】选项组中和如图 11-48 所示的【视频选项】选项组中对声音和影片进行播放效果的设置。

图 11-47　【音频选项】选项组

图 11-48　【视频选项】选项组

11.4　插入动画效果

为了更加丰富演示文稿中的内容，也可以插入一些动画，这样一定程度上增强了演示文稿的动画功能。

插入动画的具体操作步骤如下。

步骤 1　选中第 1 张幻灯片，根据实际需要插入一张图片，并选中这个图片，然后单击【动画】选项组，进入到【动画】界面。

步骤 2　单击【高级动画】选项组中的【添加动画】按钮，从弹出的菜单中选择需要的动画选项，如图 11-49 所示。即可完成所选对象的动画设置，效果如图 11-50 所示。

图 11-49　【添加动画】菜单

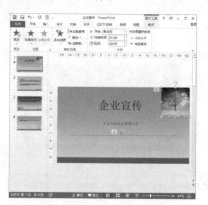

图 11-50　插入动画效果

步骤 3 运用同样的方法，即可在第 2 张幻灯片中插入相应的动画效果，如图 11-51 所示。

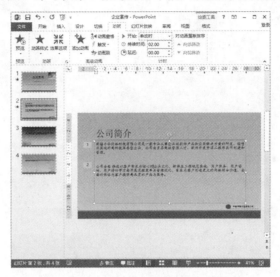

图 11-51　插入其他的动画效果

11.5　课后练习疑难解答

疑问 1：如何删除幻灯片中的声音？

答：选择幻灯片中的声音图标，然后按 Delete 键即可删除插入幻灯片中的声音。

疑问 2：在幻灯片中如何自行录制声音文件？

答：选择要插入声音的幻灯片，然后切换到【插入】选项卡，在【媒体】选项组中单击【音频】按钮，从弹出的菜单中选择【录制音频】命令，即可打开【录音】对话框。在对话框中输入录音的名称，然后单击 ● 按钮开始录制声音。声音录制好后单击 ■ 按钮停止录音，最后单击 ▶ 按钮就可以收听录制的声音内容了。

第12章

PPT 的放映、安全与打包

本章导读：

演示文稿创建完毕之后，就可以放映创建的演示文稿。另外，如果要在别的地方放映创建的演示文稿，就需要将演示文稿打包，以供使用之便。通过本章的学习，读者可对演示文稿的放映、安全与打包有一个全面的认识。

学习目标：

◎ 放映演示文稿前的准备工作

◎ 控制演示文稿的放映过程

◎ 保护演示文稿安全

◎ 打包与解包演示文稿

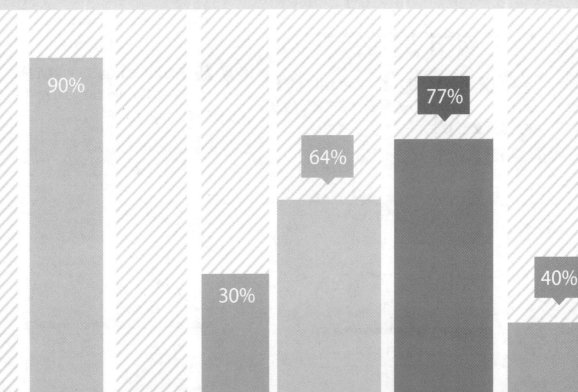

12.1 放映演示文稿前的准备工作

制作演示文稿的最终目的是为了让用户观看，为了获得更好的播放效果，在正式播放演示文稿之前，用户还需要对其进行一些前期设置，如设置放映方式、自定义幻灯片的播放顺序、进行排练计时等。

12.1.1 设置幻灯片的切换效果

在设置幻灯片放映之前，首先需要设置切换幻灯片的切换效果，具体的操作步骤如下。

步骤 1 打开演示文稿，单击【切换】选项卡下【切换到此幻灯片】选项组中的【其他】按钮，即可弹出切换方式下拉菜单，从中选择需要的切换方式，如图 12-1 所示。

图 12-1 选择切换方式

步骤 2 单击【计时】选项组中的【声音】下拉按钮，从弹出的下拉列表中选择需要的声音选项，如图 12-2 所示。

图 12-2 选择切换声音

步骤 3 单击【计时】选项组中的【持续时间】微调框，设置幻灯片的持续时间，如图 12-3 所示。

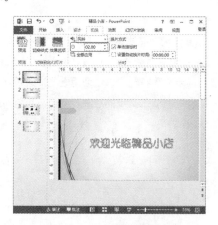

图 12-3 设置持续时间

步骤 4 单击【计时】选项组中的【全部应用】按钮，此时演示文稿中所有的幻灯片都会应用该切换效果，如图 12-4 所示。

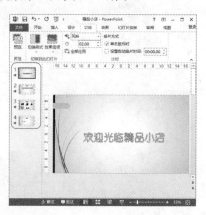

图 12-4 应用切换效果

12.1.2　设置放映方式

设置演示文稿的放映方式是很关键的步骤，在其中可以指定放映类型、放映范围、换片方式，以及是否播放旁白、是否播放动画效果等选项，具体的操作步骤如下。

步骤 1 单击【幻灯片放映】选项卡下【设置】选项组中的【设置幻灯片放映】按钮，即可打开【设置放映方式】对话框。

步骤 2 在【放映类型】选项组中选中【演讲者放映（全屏幕）】单选按钮，在【放映选项】选项组中选中【循环放映，按 Esc 键终止】复选框，如图 12-5 所示。

图 12-5　【设置放映方式】对话框

步骤 3 单击【确定】按钮，即可完成放映方式的设置操作。

12.1.3　使用排练计时

排练计时是指使用幻灯片的计时功能来记录每张幻灯片在演示时所需的时间，以便在对观众进行演示时使用排列计时来自动播放幻灯片。如果幻灯片中包含动画对象，则会对每一个项目进行逐一排练和计时。使用排练计时具体的操作步骤如下。

步骤 1 单击【幻灯片放映】选项卡下【设置】选项组中的【排练计时】按钮，即可进入演示文稿的演示状态，此时会在窗口左上角显示一

个【录制】工具栏并自动开始计时，如图 12-6 所示。

图 12-6　【录制】工具栏

步骤 2 PowerPoint 开始记录第一张幻灯片的播放时长，如果觉得播放的时间符合要求，就可以单击鼠标左键或是单击【录制】工具栏中的按钮，继续设置下一张幻灯片的播放时长。演示文稿中的幻灯片排练完成后，将打开如图 12-7 所示的信息提示框，如果要保留幻灯片排练时间就单击【是】按钮。

图 12-7　信息提示框

步骤 3 完成排练计时操作后，单击【视图】选项卡下【演示文稿视图】选项组中的【幻灯片浏览】按钮，系统将自动切换到【幻灯片浏览】视图，在每张幻灯片右下方显示其所需的播放时间，如图 12-8 所示。

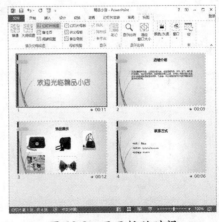

图 12-8　显示播放时间

12.1.4　录制旁白

演讲者可以通过录制旁白在幻灯片中添加解说，并可以同时录制观众的评语。如果不想在整个演示文稿中使用旁白，还可以仅在选定的幻灯片上录制评语或关闭旁白，只在需要时才播放旁白。在录制旁白时，需要先连接好话筒。录制旁白具体的操作步骤如下。

步骤　**1**　选中第 1 张幻灯片，单击【幻灯片放映】选项卡下【设置】选项组中的【录制幻灯片演示】按钮，从弹出的下拉菜单中选择【从当前幻灯片开始录制】命令，即可打开【录制幻灯片演示】对话框，如图 12-9 所示。

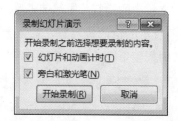

图 12-9　【录制幻灯片演示】对话框

步骤　**2**　选中相应的复选框，然后单击【开始录制】按钮，即可进入演示文稿的放映状态，开始录制旁白等内容。录制完毕后按 Esc 键，即可返回 PowerPoint 编辑窗口，在录制旁白的幻灯片上将显示一个声音图标，如图 12-10 所示。

图 12-10　声音图标

步骤　**3**　运用同样的方法，即可为其他的幻灯片录制相应的内容，如图 12-11 所示，双击对应的声音图标即可收听录制的内容。

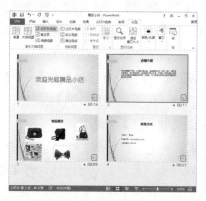

图 12-11　录制旁白

12.1.5　设置自定义放映

在默认情况下播放演示文稿时，幻灯片是按照在演示文稿中的先后顺序从前到后进行播放的。如果需要给特定的观众放映演示文稿的特定部分，可以自定义幻灯片的播放顺序和播放范围，将演示文稿中的幻灯片结组放映，具体的操作步骤如下。

步骤　**1**　单击【幻灯片放映】选项卡下【开始放映幻灯片】选项组中的【自定义幻灯片放映】按钮，从弹出的下拉菜单中选择【自定义放映】命令，即可打开【自定义放映】对话框，如图 12-12 所示。

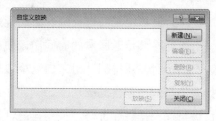

图 12-12　【自定义放映】对话框

步骤　**2**　单击【新建】按钮，即可打开【定义自定义放映】对话框，在【幻灯片放映名称】文本框中输入自定义放映的名称，如图 12-13 所示。

图 12-13　【定义自定义放映】对话框

步骤 3 在【在演示文稿中的幻灯片】列表框中选择要加入到自定义放映中的幻灯片，然后单击【添加】按钮，即可将所选幻灯片添加到右侧，如图 12-14 所示。

图 12-14　添加幻灯片

步骤 4 单击【确定】按钮，返回到【自定义放映】对话框，显示创建的自定义放映，如图 12-15 所示。

图 12-15　添加自定义放映方案

步骤 5 如果希望浏览创建的自定义放映方案，则可以单击【放映】按钮，如果不浏览则单击【关闭】按钮，即可完成自定义放映的设置操作。

12.2　控制演示文稿的放映过程

演示文稿放映前的所有准备已经就绪，接下来就可以放映相应的演示文稿，在放映的过程中，用户可以根据需要对放映的演示文稿进行控制。

12.2.1　启动与退出幻灯片放映

在放映幻灯片的过程中，用户如果要浏览演示文稿的整个内容，就需要从第一张幻灯片开始播放，而此时无论选择的是哪张幻灯片，只需切换到【幻灯片放映】选项卡，在如图 12-16 所示的【开始放映幻灯片】选项组中单击【从头开始】按钮，即可进入放映状态并从第一张幻灯片开始放映。如果要细查某张幻灯片的实际播放效果，可以直接在编辑窗口中先选择好这张幻灯片，然后在如图 12-16 所示

的选项组中单击【从当前幻灯片开始】按钮即可。

图 12-16　【开始放映幻灯片】选项组

如果要退出幻灯片放映，只需右击，从弹出的快捷菜单中选择【结束放映】命令，即可退出放映状态。若所有的幻灯片都已经放映完毕，只需单击即可退出放映状态。

12.2.2 控制幻灯片的放映

　　默认情况下，幻灯片的放映是一张张地按顺序播放，如果希望根据实际需要有选择性地跳跃播放，则需要进行如下的操作。

步骤 1 打开演示文稿，按 F5 键即可进入放映状态。单击可以按幻灯片的顺序依次播放，也可以右击幻灯片，从弹出的快捷菜单中选择【上一张】或【下一张】命令往后或往前播放。

步骤 2 如果希望有选择性地播放自定义幻灯片，可以右击，从弹出的快捷菜单中选择【自定义放映】命令，在其子菜单中显示可以跳转到的自定义幻灯片，如图 12-17 所示。选择完毕后可由当前位置直接跳转到选择的位置继续播放。

图 12-17　选择跳转幻灯片

12.2.3 为幻灯片添加墨迹注释

　　在播放演示文稿的过程中，有时候还需要对演示文稿中的某些内容进行重点标识，具体的操作步骤如下。

步骤 1 在演示文稿的放映状态下，定位到要添加注释的幻灯片，右击，从弹出的快捷菜单中选择【指针选项】命令，然后在其子菜单中选择添加注释所用的笔形，如图 12-18 所示。

步骤 2 按住鼠标左键并拖动，即可在幻灯片上对需要添加墨迹注释的内容进行标注，如图 12-19 所示。

图 12-18　选择笔形

图 12-19　添加墨迹注释

步骤 3 退出播放状态，系统自动弹出如图 12-20 所示的提示框，根据需要选择相应的按钮即可完成墨迹注释的添加操作。

图 12-20　保存墨迹注释提示框

12.2.4 设置黑屏或白屏

　　在播放演示文稿的过程中，如果希望能有充裕的时间对演示文稿的内容进行讲解，可以把播放的屏幕设置成黑屏或是白屏。方法很简单，只需右击演示文稿中的幻灯片，从弹出的快捷菜单中选择【屏幕】→【黑屏】或是【屏幕】→【白屏】命令，如图 12-21 所示，即可完成设置。

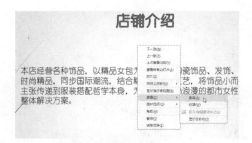

图 12-21 设置黑屏或白屏

12.2.5 隐藏或显示鼠标指针

在演示文稿的放映过程中，如果要隐藏鼠标指针，则只需右击正在播放的幻灯片，从弹出的快捷菜单中选择【指针选项】→【箭头选项】→【永远隐藏】命令，如图 12-22 所示，即可完成鼠标的隐藏操作。

图 12-22 隐藏或显示鼠标指针

12.2.6 在放映状态下启动其他程序

众所周知，演示文稿在放映的过程中都是全屏显示的，如果要启动其他程序就显得不太方便，但是 PowerPoint 提供了在播放过程中启动其他程序的功能。在演示文稿的放映过程

中右击，从弹出的快捷菜单中选择【屏幕】→【显示任务栏】命令，如图 12-23 所示，此时将在屏幕下方显示出【开始】菜单和任务栏。单击任务栏中的任务按钮可以切换应用程序窗口，还可以单击■按钮启动新的应用程序，如图 12-24 所示。

图 12-23 选择【屏幕】→【显示任务栏】命令

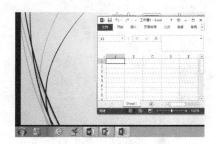

图 12-24 启动其他程序

12.2.7 自定义放映

在演示文稿的放映过程中右击，从弹出的快捷菜单中选择【自定义放映】命令，然后在其子菜单中选择要播放的自定义放映，即可实现自定义放映；或者在【自定义放映】对话框中单击【放映】按钮，也可自定义放映演示文稿。

12.3 保护演示文稿安全

创建的演示文稿中可能含有企业的重要机密，所以保护演示文稿安全就成了一项重要的操作。

12.3.1 检查演示文稿

保护演示文稿安全，首先就是要检查演示文稿中是否含有隐私数据，并根据需要对这些隐私数据进行相应的操作。检查演示文稿的具体操作步骤如下。

步骤 1 切换到【文件】选项卡，进入到【文件】设置界面，然后选择【信息】选项，打开【信息】设置界面。

步骤 2 单击【检查问题】按钮，从弹出的列表中选择【检查文档】选项，如图 12-25 所示，即可打开【文档检查器】对话框。

图 12-25 选择【检查文档】选项

步骤 3 从中选择要进行检查的项目，如图 12-26 所示，然后单击【检查】按钮，系统自动对文档进行检查。检查完毕后显示出相应的检查结果，如图 12-27 所示。如果要删除隐私数据，则需要单击【全部删除】按钮，最后单击【关闭】按钮即可完成操作。

图 12-26 【文档检查器】对话框

图 12-27 检查结果

12.3.2 为演示文稿添加标记

为了禁止自己创建的演示文稿不被别人随意地篡改，可以为演示文稿添加标记，具体的操作步骤如下。

步骤 1 切换到【文件】选项卡，进入到【文件】设置界面，然后选择【信息】选项，打开【信息】设置界面。

步骤 2 单击【保护演示文稿】按钮，从弹出的菜单中选择【标记为最终状态】选项，如图 12-28 所示，即可弹出如图 12-29 所示的信息提示框。

图 12-28 选择【标记为最终状态】选项

图 12-29　信息提示框

步骤 3 单击【确定】按钮，弹出一个提示框显示该文档已经被标记为最终状态，并且禁止输入、编辑以及校对等，如图 12-30 所示。

图 12-30　禁止编辑提示

步骤 4 单击【确定】按钮，PowerPoint 演示文稿的状态中将显示出最终状态标记，如图 12-31 所示。

图 12-31　最终状态标记

12.3.3 为演示文稿设置密码

在前面的章节中已经介绍过演示文稿的加密操作，这里介绍另外一种为演示文稿设置密码的方法，具体的操作步骤如下。

步骤 1 切换到【文件】选项卡，进入到【文件】界面，然后单击【另存为】按钮，即可打开【另存为】对话框。

步骤 2 单击【工具】按钮，从弹出的菜单中选择【常规选项】选项，如图 12-32 所示，即可打开【常规选项】对话框。在【打开权限密码】文本框中输入打开演示文稿的密码，在【修改权限密码】文本框中输入修改演示文稿的密码，如图 12-33 所示。

图 12-32　选择【常规选项】选项

图 12-33　【常规选项】对话框

步骤 3 单击【确定】按钮，打开【确认密码】对话框，输入上步的密码，如图 12-34 所示。再次单击【确定】按钮，返回到【另存为】对话框，选择保存位置并输入相应的名称。最后单击【保存】按钮，即可完成密码的设置操作。

图 12-34　【确认密码】对话框

步骤 **4** 如果再次打开设置过密码的演示文稿，会弹出【密码】对话框，如图 12-35 所示。如果在文本框中输入修改权限的密码，那么用户可以打开并编辑演示文稿的内容，如果输入的不是修改密码而是打开密码，则会弹出如图 12-36 所示的对话框。单击【只读】按钮，则只能以只读方式打开，只能浏览演示文稿，不能做任何编辑操作，并且在演示文稿窗口中显示"只读"字样，如图 12-37 所示。

图 12-36　单击【只读】按钮

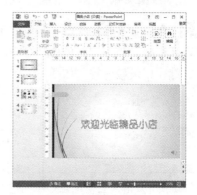

图 12-37　显示"只读"字样

图 12-35　【密码】对话框

12.4 打包与解包演示文稿

创建的演示文稿并不只会在本机上放映，如果需要放到其他计算机中放映，就需要将制作好的演示文稿打包，放映时将其解包。

12.4.1 打包演示文稿

演示文稿打包主要用于在另一台计算机上不启动 PowerPoint 2013 程序的情况下，就可以放映演示文稿。使用 PowerPoint 2013 提供的"打包"功能可以将所有需要打包的文件放到一个文件夹中，并将其复制到磁盘或网络位置上，然后将该文件解包到目标计算机或网络上并运行该演示文稿。打包演示文稿的具体操作步骤如下。

步骤 **1** 切换到【文件】选项卡，进入到【文件】设置界面，然后选择【导出】选项，进入到【导出】界面。

步骤 **2** 单击【将演示文稿打包成 CD】按钮，进入到【将演示文稿打包成 CD】界面，如图 12-38 所示。

图 12-38　【将演示文稿打包成 CD】界面

步骤 **3** 单击【打包成 CD】按钮，即可打开【打包成 CD】对话框，如图 12-39 所示。

图 12-39　【打包成 CD】对话框

步骤 4 单击【选项】按钮，打开【选项】对话框，根据实际情况设置打包的相关选项，选中【链接的文件】复选框，然后在【打开每个演示文稿时所用密码】和【修改每个演示文稿时所用密码】文本框中输入相应的密码，如图 12-40 所示。

图 12-40　【选项】对话框

步骤 5 单击【确定】按钮，弹出【确认密码】对话框，在【重新输入打开权限密码】文本框中输入刚刚设置的打开密码，如图 12-41 所示。

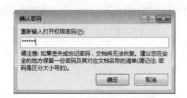

图 12-41　确认打开密码

步骤 6 单击【确定】按钮，弹出【确认密码】对话框，在【重新输入修改权限密码】文本框中输入刚刚设置的修改密码，如图 12-42 所示。

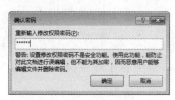

图 12-42　确认修改密码

步骤 7 单击【确定】按钮，返回到【打包成 CD】对话框，单击【复制到文件夹】按钮。打开【复制到文件夹】对话框，在【文件夹名称】文本框中输入相应的内容，如图 12-43 所示。

图 12-43　【复制到文件夹】对话框

步骤 8 单击【浏览】按钮，弹出【选择位置】对话框，从中选择文件的保存位置，如图 12-44 所示。

图 12-44　【选择位置】对话框

步骤 9 单击【选择】按钮，返回到【复制到文件夹】对话框，如图 12-45 所示，然后单击【确定】按钮，即可弹出如图 12-46 所示的信息提示框。

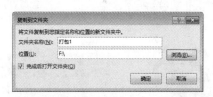

图 12-45　完成保存位置的选择

图 12-46　信息提示框

步骤 10 单击【是】按钮，即可开始复制文件，如图 12-47 所示。复制完毕后单击【关闭】按钮，即可完成演示文稿的打包操作。

图 12-47　复制文件

用户如果希望在打包的时候包括其他演示

文稿文件，则需要在【打包成 CD】对话框中单击【添加】按钮，从打开的如图 12-48 所示的【添加文件】对话框中选择需要的其他演示文稿文件即可。

图 12-48　【添加文件】对话框

12.4.2　解包演示文稿

被打包的演示文稿复制到其他地方后，可以将其解包，完成放映操作，具体的操作步骤如下。

步骤 1 在电脑中找到打包文件夹并将其打开，如图 12-49 所示。

图 12-49　打开打包文件夹

步骤 2 双击文件夹中的幻灯片标志即可打开打包的演示文稿，如图 12-50 所示。

图 12-50　打开演示文稿

12.5　课后练习疑难解答

疑问 1：如何快速跳转播放页面？

答：在幻灯片的播放过程中，如果希望快速跳转播放页面，则只需输入要快速跳转到的幻灯片的序号并按 Enter 键。

疑问 2：如何把幻灯片变图片？

答：在保存幻灯片的过程中，需要在【另存为】对话框中将【保存类型】设置为【TIFF Tag 图像文件格式】选项，然后进行保存即可。

第13章

综合实例：制作店铺宣传演示文稿

● **本章导读：**

　　本章将通过制作一个店铺宣传演示文稿来综合讲解 PowerPoint 的基本功能。包括幻灯片母版的设计、封面和结束语的设置、店铺内容的制作、幻灯片的链接、动画效果的设置以及演示文稿的打包、解包与发布等内容，从而对整个 PowerPoint 知识做一个全面的总结。

● **学习目标：**

◎ 设计幻灯片母版

◎ 设计封面和结束语

◎ 制作店铺宣传的首页

◎ 制作店铺宣传的相关内容

◎ 演示文稿的打包、解包和发布

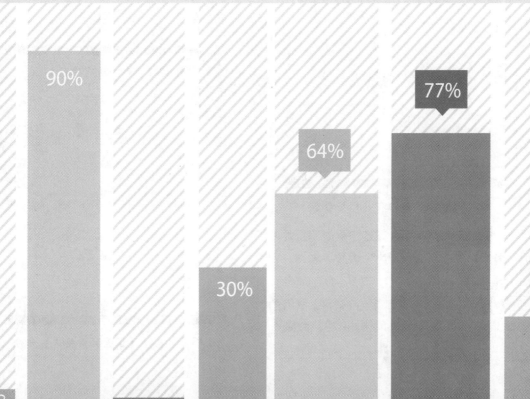

13.1 设计演示文稿母版效果

店铺宣传的重点是宣传，所以在制作演示文稿的过程中，重点应该放到店铺宣传的设计上，这个设计的第一步就是设计演示文稿的母版效果。

13.1.1 设计幻灯片标题母版

细心的读者也许会发现，无论任何类型的幻灯片，总是运用幻灯片标题母版样式作为封面和结束语，其目的就在于突出整个幻灯片的视觉效果，因此设计幻灯片标题模板就是一项重要的工作。具体的操作步骤如下。

步骤 1 打开演示文稿，单击【视图】选项卡下【母版视图】选项组中的【幻灯片母版】按钮，此时系统会自动地切换到幻灯片母版视图，并切换到【幻灯片母版】选项卡。在幻灯片浏览窗格中选择【标题幻灯片版式：由幻灯片 1 使用】选项，切换到幻灯片标题母版中，如图 13-1 所示。

图 13-1 切换到幻灯片标题母版

步骤 2 按 Ctrl+A 组合键选中标题幻灯片中的所有占位符，然后按 Delete 键将其删除，如图 13-2 所示。

步骤 3 在幻灯片窗口中右击，从弹出的快捷菜单中选择【设置背景格式】命令，

如图 13-3 所示，即可打开【设置背景格式】对话框，如图 13-4 所示。

图 13-2 删除所有占位符

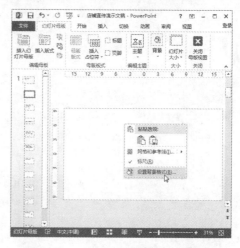

图 13-3 选择【设置背景格式】命令

图 13-4 【设置背景格式】对话框

步骤 4 切换到【填充】选项卡，选中【隐藏背景图形】复选框，然后选中【图片或纹理填充】单选按钮，如图 13-5 所示。

图 13-5 【填充】设置界面

步骤 5 单击【文件】按钮，即可打开【插入图片】对话框，从中选择要设置为背景的图片文件，如图 13-6 所示。

图 13-6 【插入图片】对话框

步骤 6 单击【插入】按钮，即可返回到【设置背景格式】对话框，然后单击【关闭】按钮即可完成图片的插入操作，如图 13-7 所示。

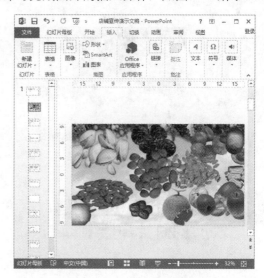

图 13-7 图片插入结果显示

步骤 7 单击【插入】选项卡下【图像】选项组中的【图片】按钮，即可弹出【插入图片】对话框。选择需要插入的图片，然后单击【插入】按钮，即可将其插入到幻灯片中，如图 13-8 所示。

图 13-8 插入另一张图片

步骤 8 根据实际需要调整图片的大小，并将其移动到合适的位置，如图 13-9 所示。

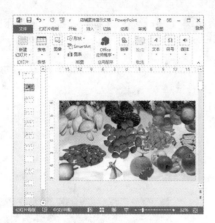

图 13-9　调整图片位置及大小

13.1.2 设计 Office 主题幻灯片母版

为了使新建的幻灯片都具有与设计母版相同的样式效果，就需要对幻灯片母版进行相应的设计操作。具体的操作步骤如下。

步骤 1　切换到幻灯片母版视图中，然后在幻灯片浏览窗格中选择【Office 主题幻灯片母版：由幻灯片 1 使用】选项，进入到【Office 主题幻灯片母版：由幻灯片 1 使用】幻灯片，如图 13-10 所示。

图 13-10　进入【Office 主题幻灯片母版：由幻灯片 1 使用】幻灯片

步骤 2　单击【背景】选项组中的【背景样式】按钮，从弹出的如图 13-11 所示的菜单中选择

【设置背景格式】选项，即可打开【设置背景格式】对话框，如图 13-12 所示。

图 13-11　选择【设置背景格式】选项

图 13-12　【设置背景格式】对话框

步骤 3　选中【渐变填充】单选按钮，然后单击【颜色】下拉按钮，从弹出的下拉列表中选择【其他颜色】选项，即可打开【颜色】对话框，如图 13-13 所示。

图 13-13　【颜色】对话框

步骤 4 切换到【标准】选项卡，并从中选择要设置的颜色，如图 13-14 所示。

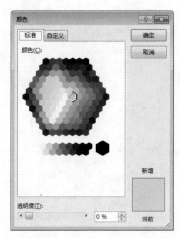

图 13-14 【标准】选项卡

步骤 5 单击【确定】按钮，返回到【设置背景格式】对话框，根据实际需要选择相应的渐变光圈，然后单击【方向】下拉按钮，从弹出的下拉列表中选择【线性对角 - 左上到右下】选项，如图 13-15 所示。

图 13-15 设置渐变光圈和方向

步骤 6 单击【关闭】按钮，即可完成背景

格式的设置操作，如图 13-16 所示。

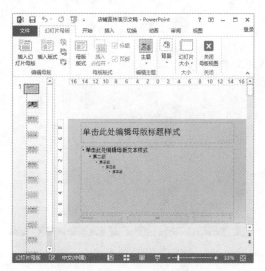

图 13-16 背景格式设置结果

步骤 7 按住 Ctrl+A 组合键选中标题幻灯片中的所有占位符，然后按 Delete 键将其删除，如图 13-17 所示。

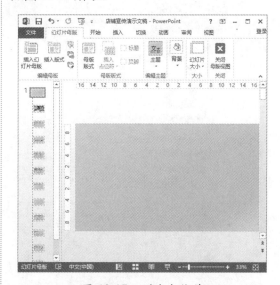

图 13-17 删除占位符

步骤 8 单击【插入】选项卡下【插图】选项组中的【形状】按钮，从弹出的下拉菜单中选择【云形】命令，此时鼠标指针呈十字形状，按下 Shift 键，在幻灯片中绘制一个云形，如图 13-18 所示。

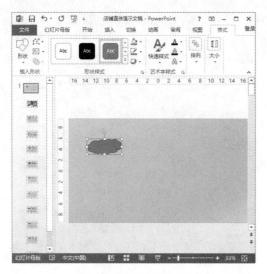

图 13-18　绘制云形

步骤 9 右击绘制的图形，从弹出的快捷菜单中选择【设置形状格式】命令，即可打开【设置形状格式】对话框，如图 13-19 所示。

图 13-19　【设置形状格式】对话框

步骤 10 选中【渐变填充】单选按钮，并选择相应的渐变光圈，接着单击【删除】按钮，即可将选中的光圈删除。然后选择需要的渐变光圈，并单击【颜色】下拉按钮，从弹出的下拉列表中选择需要的光圈颜色，如图 13-20 所示。

图 13-20　重新选择渐变光圈和颜色

步骤 11 单击【类型】下拉按钮，从弹出的下拉列表中选择【路径】选项，然后调整【位置】滑块设置结束位置为 100%，如图 13-21 所示。

图 13-21　设置形状类型和结束位置

步骤 12 单击【关闭】按钮，即可完成形状格式的设置操作，如图 13-22 所示。

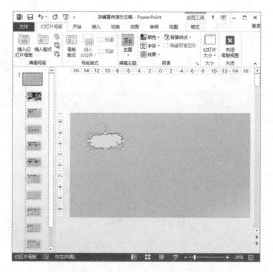

图 13-22 形状格式设置效果

步骤 13 选中云形，单击【格式】选项卡下【形状样式】选项组中的【形状轮廓】按钮，从弹出的菜单中选择【无轮廓】命令，即可显示出设置效果，如图 13-23 所示。

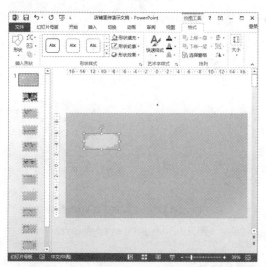

图 13-23 设置形状轮廓

步骤 14 根据实际需要调整云形的大小和位置，如图 13-24 所示。然后按 Ctrl 键的同时拖动该形状，拖动到合适的位置释放即可复制一个云形，如图 13-25 所示。

步骤 15 根据实际需要调整复制云形的大小，如图 13-26 所示。然后运用同样的方法复

制一个同第 2 个云形相同的形状，并调整其大小，如图 13-27 所示。

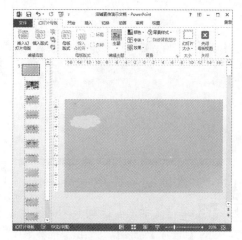

图 13-24 调整云形的大小和位置

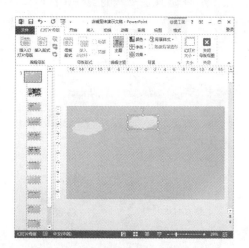

图 13-25 复制云形

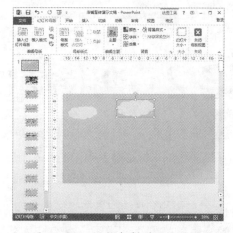

图 13-26 调整复制的云形大小

Word Excel PowerPoint 2013 高效办公实战从入门到精通（视频教学版）

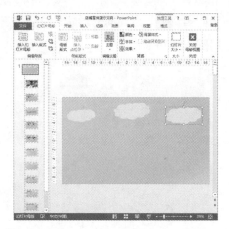

图 13-27 复制一个同第 2 个云形相同的形状

步骤 16 单击【插入】选项卡下【图像】选项组中的【图片】按钮，弹出【插入图片】对话框，从中选择要插入的图片文件，然后单击【插入】按钮，即可完成图片的插入操作，并根据实际需要调整图片的位置和大小，如图 13-28 所示。

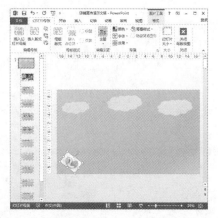

图 13-28 调整插入图片的位置和大小

步骤 17 运用同样的方法，插入其他的图片，并调整其大小和位置，如图 13-29 所示。

图 13-29 调整其他图片的位置及大小

步骤 18 退出幻灯片母版视图，回到普通视图状态，如果要新建一张幻灯片，此时新建幻灯片的样式与设置的幻灯片母版一样，如图 13-30 所示。

图 13-30 应用幻灯片母版

13.2 设计封面和结束语

通常情况下，只有含有封面和结束语的演示文稿才算是完整的演示文稿，而这个封面和结束语的样式必须是相同的，本节就对封面和结束语的设计做详细的介绍。

设计封面和结束语的具体操作步骤如下。

步骤 1 切换到页面视图，在幻灯片浏览窗格中选中第 1 张幻灯片，然后右击，从弹出的快捷菜单中选择【复制幻灯片】命令，如图 13-31 所示。

图 13-31　选择【复制幻灯片】命令

步骤 **2** 在幻灯片浏览窗格中右击，从弹出的快捷菜单中选择【粘贴】命令，如图 13-32 所示，即可创建一个与第 1 张幻灯片相同的幻灯片，如图 13-33 所示。

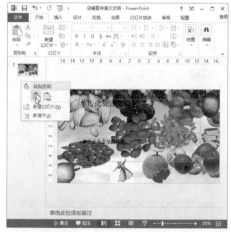

图 13-32　选择【粘贴】命令

图 13-33　复制幻灯片

步骤 **3** 切换到第 1 张幻灯片，然后在标题占位符中输入标题内容，这里输入"新疆特产店铺"，如图 13-34 所示。

图 13-34　输入标题内容

步骤 **4** 选中输入的标题内容，单击【开始】选项卡下【字体】选项组中的【字体】按钮，打开【字体】对话框，从中设置中文字体、大小和字体颜色，如图 13-35 所示。

图 13-35　【字体】对话框

步骤 **5** 单击【确定】按钮，即可完成标题字体的设置操作，如图 13-36 所示。

图 13-36　设置标题字体

步骤 **6** 在副标题占位符中输入店铺网址，如图 13-37 所示，并设置其字号和字体颜色，然后根据实际需要调整占位符的位置，如图 13-38 所示。

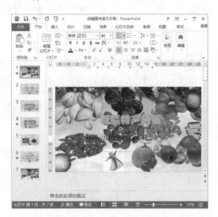

图 13-37　输入副标题

图 13-38　设置输入的副标题内容

步骤 **7** 切换到最后一张幻灯片，在标题占

位符中输入结束语，这里输入"谢谢您的惠顾"，如图 13-39 所示。

图 13-39　输入结束语

步骤 **8** 运用前面介绍的方法设置结束语的字体、大小和字体颜色，如图 13-40 所示。

图 13-40　设置结束语字体

步骤 **9** 运用同样的方法输入结束语中的副标题，并设置输入的副标题字体，如图 13-41 所示。

图 13-41　输入并设置副标题

13.3 制作店铺宣传的首页

店铺如书籍一样，有封面也要有首页，通过首页可以了解整个店铺的内容，所以制作完封面和结束语之后，还需要制作店铺宣传的首页，从而吸引更过人的眼球，使其光顾自己的店铺。

制作店铺宣传首页的具体操作步骤如下。

步骤 1 在幻灯片浏览窗格中选中第 1 张幻灯片，然后右击鼠标，从弹出的快捷菜单中选择【新建幻灯片】命令，如图 13-42 所示。此时即可在封面后面新建一张幻灯片，如图 13-43 所示。

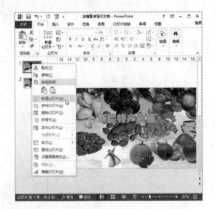
图 13-42　选择【新建幻灯片】命令

图 13-43　新建幻灯片

步骤 2 选中刚刚新建的幻灯片，然后右击鼠标，从弹出的快捷菜单中选择【版式】→【空白】命令，如图 13-44 所示，此时即可将新建的幻灯片以空白的样式显现，如图 13-45 所示。

图 13-44　选择【版式】→【空白】命令

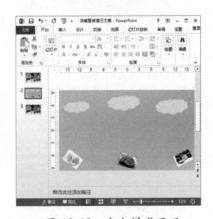
图 13-45　空白样式显现

步骤 3 单击【插入】选项卡下【插图】选项组中的【形状】按钮，从弹出的菜单中选择【圆角矩形】命令，此时鼠标指针变成十字形状，在幻灯片中的合适位置绘制一个圆角矩形，如图 13-46 所示。

图 13-46　绘制圆角矩形

步骤 4 单击【格式】选项卡下【形状样式】选项组中的【其他】按钮，从弹出的如图 13-47 所示的【形状样式】菜单中选择合适的形状，此时即可显示出设置后的效果，如图 13-48 所示。

图 13-47　选择形状样式

图 13-48　样式设置效果

步骤 5 单击【形状样式】选项组中的【形状效果】按钮，从弹出的菜单中选择【阴影】的子菜单，如图 13-49 所示，此时整个形状将显示出相应的阴影效果，如图 13-50 所示。

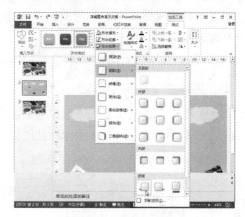

图 13-49　选择阴影选项

图 13-50　阴影设置效果

步骤 6 选中绘制的圆角矩形，右击，从弹出的快捷菜单中选择【编辑文本】命令，如图 13-51 所示，此时光标被定位到圆角矩形中，如图 13-52 所示。

图 13-51　选择【编辑文本】命令

图 13-52　光标定位到圆角矩形中

步骤 7 在圆角矩形中根据实际需要输入相应的文本内容，这里输入"店铺介绍"，如图 13-53 所示。

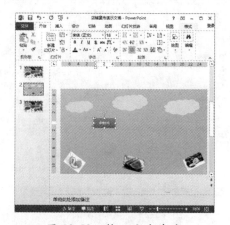

图 13-53　输入文本内容

步骤 8 选中输入的文本，然后右击，从弹出的快捷菜单中选择【字体】命令，即可打开【字体】对话框，从中设置中文字体和大小，如图 13-54 所示。

图 13-54　设置字体类型和大小

步骤 9 单击【确定】按钮，即可显示出字体的设置效果，如图 13-55 所示。

图 13-55　显示字体设置效果

步骤 10 运用 Ctrl+C 组合键和 Ctrl+V 组合键复制 3 个相同的圆角矩形，并将其调整到合适的位置，如图 13-56 所示。

图 13-56　复制圆角矩形

步骤 11 根据实际需要在复制的圆角矩形中输入相应的文本内容，如图 13-57 所示。

图 13-57　输入文本内容

13.4　制作店铺宣传的相关内容

在店铺宣传首页中已经了解到，该演示文稿包含 4 个方面的内容，所以接下来的工作就是制作这些店铺宣传的相关内容。

13.4.1　制作"店铺介绍"幻灯片

为了让更多的人快速了解本店铺的情况，还需要制作一张"店铺介绍"幻灯片，具体的操作步骤如下。

步骤 1 在店铺宣传首页的后面添加一张幻灯片，并将其设置为空白版式，如图 13-58 所示。

步骤 2 单击【插入】选项卡下【文本】选项组中的【文本框】按钮，从弹出的下拉菜单中选择【横排文本框】命令，此时鼠标指针变成如图 13-59 所示。

图 13-58　新建幻灯片

图 13-59　鼠标形状

步骤 3 在幻灯片的合适位置绘制一个横排文本框，如图 13-60 所示。

步骤 4 然后在绘制的文本框中输入标题内容"店铺介绍"，如图 13-61 所示。

图 13-60　绘制文本框

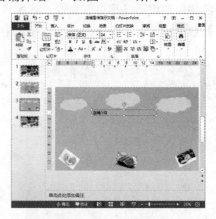
图 13-61　输入标题内容

步骤 5 选中输入的标题内容，然后单击【字体】选项组中的 按钮，即可打开【字体】对话框，从中设置字体的格式，如图 13-62 所示。

图 13-62　设置字体格式

步骤 6 单击【确定】按钮，即可完成字体格式的设置操作，如图 13-63 所示。然后单击【段落】选项组中的【居中】按钮，将其居中显示，如图 13-64 所示。

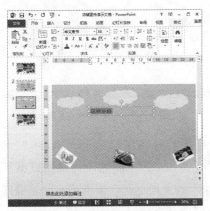

图 13-63　设置标题字体

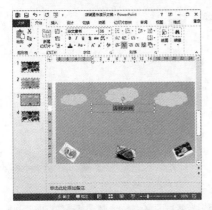

图 13-64　居中显示文本

步骤 7 单击【插入】选项卡下【文本】选项组中的【文本框】按钮，从弹出的下拉菜单中选择【横排文本框】命令，在标题内容的下面绘制另一个文本框，如图 13-65 所示。

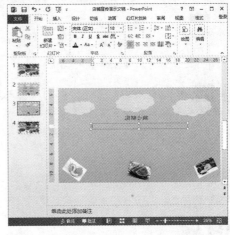

图 13-65　绘制另一个文本框

步骤 8 根据实际需要输入店铺介绍的相关内容，然后运用前面介绍的方法设置输入文本的字体、大小和颜色等选项，完成文本的设置操作，如图 13-66 所示。

图 13-66　设置字体格式

步骤 9 单击【段落】选项组中的 按钮，打开【段落】对话框，单击【特殊格式】下拉按钮，从弹出的下拉列表中选择【首行缩进】选项，如图 13-67 所示。

图 13-67　【段落】对话框

步骤 10 单击【确定】按钮，即可完成段落的设置操作。然后根据实际情况调整两个文本框的大小和位置，如图 13-68 所示。

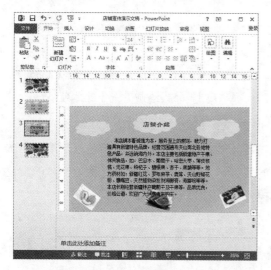

图 13-68 调整两个文本框的位置和大小

13.4.2 制作"商品套系"幻灯片

店铺里的商品不是凌乱不堪，而是分类清晰明了，如果希望用户能快速掌握整个店铺的商品，就需要制作一个"商品套系"幻灯片，具体的操作步骤如下。

步骤 1 选中需要添加新幻灯片的位置，然后单击【幻灯片】选项组中的【新建幻灯片】按钮，从弹出的菜单中选择新建幻灯片的版式，如图 13-69 所示，即可在指定位置创建一个指定版式的新幻灯片，如图 13-70 所示。

图 13-69　选择幻灯片版式

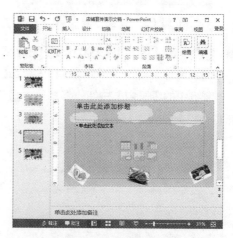

图 13-70　新建幻灯片

步骤 2 在标题占位符中输入标题文本"商品套系"，如图 13-71 所示，然后根据实际需要对输入的文本进行字体格式的设置操作，其结果如图 13-72 所示。

图 13-71　输入标题文本内容

图 13-72　设置标题文本内容

步骤 3 将光标定位到文本占位符中，接着单击【插入】选项卡下【插图】选项组中的 SmartArt 按钮，即可打开【选择 SmartArt 图形】对话框，从中选择需要的选项，如图 13-73 所示。

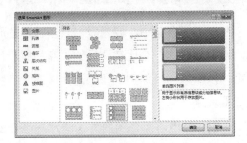

图 13-73　【选择 SmartArt 图形】对话框

步骤 4 单击【确定】按钮，即可完成 SmartArt 图形的插入操作，如图 13-74 所示。

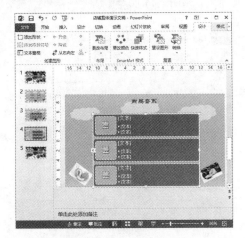

图 13-74　插入 SmartArt 图形

步骤 5 选中插入的 SmartArt 图形，单击【设计】选项卡下【SmartArt 样式】选项组中的【更改颜色】按钮，从弹出的下拉列表中选择相应的颜色，即可更改 SmartArt 样式的颜色，如图 13-75 所示。

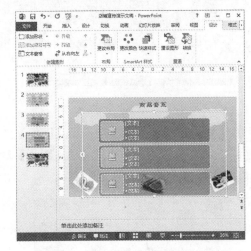

图 13-75　更改 SmartArt 样式的颜色

步骤 6 选中插入的 SmartArt 图形，单击【格式】选项卡下【艺术字样式】选项组中的【其他】按钮，从弹出的菜单中选择合适的艺术字样式，即可完成艺术字样式的设置操作，如图 13-76 所示。

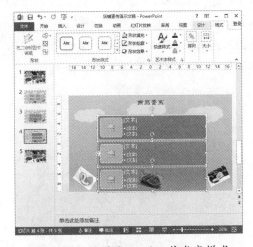

图 13-76　设置 SmartArt 艺术字样式

步骤 7 在 SmartArt 图形中输入相应的文本内容，如图 13-77 所示。

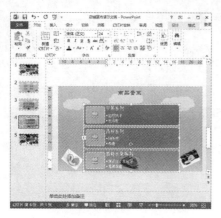

图 13-77　输入文本内容

步骤 8 单击【插入】选项卡下【图像】选项组中的【图片】按钮，打开【插入图片】对话框，如图 13-78 所示。

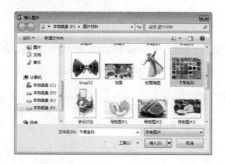

图 13-78　【插入图片】对话框

步骤 9 选择需要插入的图片文件，单击【插入】按钮，即可将图片插入到幻灯片中，然后将图片拖动到 SmartArt 图形的第一个图片中，并调整位置及大小，如图 13-79 所示。

图 13-79　插入图片

步骤 10 运用同样的方法，即可在 SmartArt 图形中插入其他的图片文件，如图 13-80 所示。

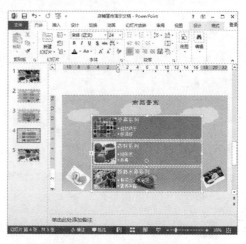

图 13-80　插入其他图片文件

13.4.3　制作"商品展示"幻灯片

在众多的店铺中，要想吸引众多客户的眼球，就需要制作一个比较醒目的"商品展示"幻灯片，给人留下深刻的印象。具体的操作步骤如下。

步骤 1 运用前面介绍的方法添加一张新幻灯片，然后右击新建的幻灯片，从弹出的快捷菜单中选择【版式】→【比较】命令，如图 13-81 所示，即可使新添加的幻灯片以比较版式显现，如图 13-82 所示。

图 13-81　选择版式

图 13-82　比较版式显现

步骤 2 在标题占位符中输入标题内容"商品展示"，然后依据前面介绍的方法设置标题文本的字体格式，如图 13-83 所示。

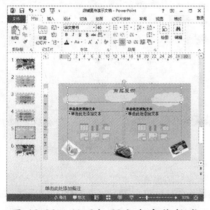

图 13-83　设置标题文本字体格式

步骤 3 运用同样的方法在正文占位符中输入正文文本，并设置其文本的字体格式，如图 13-84 所示。

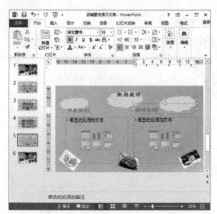

图 13-84　设置正文文本字体格式

步骤 4 单击左侧占位符中的【插入来自文件的图片】按钮，打开【插入图片】对话框，从中选择需要插入的图片，然后单击【插入】按钮，即可完成图片的插入操作，并根据实际需要调整其大小和位置，如图 13-85 所示。

图 13-85　在左侧占位符中插入图片

步骤 5 运用同样的方法，在右侧占位符中插入需要的图片，并调整其大小和位置，如图 13-86 所示。

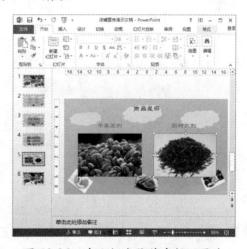

图 13-86　在右侧占位符中插入图片

13.4.4　制作"联系我们"幻灯片

"联系我们"幻灯片在整个店铺演示文稿中的地位也不容忽视，因为只有通过这个幻灯片顾客才能快速地联系到店主，所以也需要对"联系我们"幻灯片进行制作。具体的操作步骤如下。

步骤 1 在"商品展示"幻灯片的后面添加一张新幻灯片，并将其版式设置为"标题和内容"，如图 13-87 所示。

图 13-87　新建幻灯片

步骤 2 选中标题占位符，然后按 Delete 键将其删除，如图 13-88 所示。

图 13-88　删除标题占位符

步骤 3 单击【插入】选项卡下【文本】选项组中的【艺术字】按钮，从弹出的菜单中选择合适的艺术字样式，此时即可在幻灯片中插入一个艺术字文本框，如图 13-89 所示。

步骤 4 在文本框中输入文本内容，这里输入"联系我们"，并将其调整到合适的位置，如图 13-90 所示。

图 13-89　插入艺术字文本框

图 13-90　输入文本内容

步骤 5 选中输入的文本，单击【开始】选项卡下【字体】选项组中的【其他】按钮，打开【字体】对话框，从中设置中文字体和字体样式，如图 13-91 所示。

图 13-91　设置字体格式

步骤 6 单击【确定】按钮，即可完成字体的设置操作，如图 13-92 所示。

图 13-92　设置结果显示

图 13-93　输入联系方式的内容

步骤 7 在下方的文本占位符中输入联系方式的相关内容，如图 13-93 所示，然后根据实际情况设置其字体格式，如图 13-94 所示。

图 13-94　设置字体格式

13.5　链接幻灯片

为了使演示文稿中的幻灯片之间快速地进行切换，就需要链接各个幻灯片，具体的操作步骤如下。

步骤 1 切换到店铺宣传首页幻灯片，选中"店铺介绍"形状，然后右击，从弹出的快捷菜单中选择【超链接】命令，如图 13-95 所示，即可打开【插入超链接】对话框，如图 13-96 所示。

图 13-95　选择【超链接】命令

图 13-96　【插入超链接】对话框

步骤 2 在左侧的列表框中选择【本文档中的位置】选项，然后在右侧的列表框中选择要链接到的幻灯片，如图 13-97 所示。

步骤 3 单击【确定】按钮，即可完成链接操作。然后按照同样的方法为其他的形状添加超链接，如图 13-98 所示。

图 13-97　选择要链接到的幻灯片

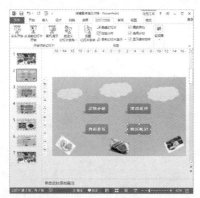

图 13-98　完成所有的链接操作

步骤 4 切换到【幻灯片放映】选项卡，进

入到【幻灯片放映】界面，然后单击【开始放映幻灯片】选项组中的【从当前幻灯片开始】按钮，即可进入幻灯片放映状态，将鼠标指针移动到形状"商品展示"上，此时鼠标指针将变成如图 13-99 所示。

图 13-99　链接标志

步骤 5 单击该形状即可切换到"商品展示"幻灯片中，如图 13-100 所示。

图 13-100　快速切换幻灯片

13.6 设置幻灯片动画

为了增强幻灯片的动感效果，还需要设置幻灯片的动画效果，具体的操作步骤如下。

步骤 1 切换到【动画】选项卡，选中标题占位符，然后单击【动画】选项组中的【动画样式】按钮，从弹出的菜单中选择【旋转】命令，如图 13-101 所示。即可添加一个旋转的动画效果，如图 13-102 所示。

图 13-101　选择【旋转】命令

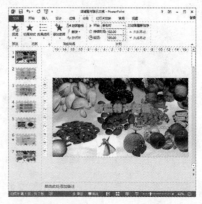

图 13-102　添加动画效果

步骤 2 单击【计时】选项组中的【开始】下拉按钮，从弹出的下拉菜单中选择动画的播放形式，如图 13-103 所示。

图 13-103　设置播放形式

步骤 3 选中副标题占位符，然后单击【高级动画】选项组中的【添加动画】按钮，从弹出的菜单中选择相应的选项，即可为副标题添加相应的动画效果，并设置相应的播放形式，

如图 13-104 所示。运用同样的方法，即可为其他的幻灯片设置各种动画效果。

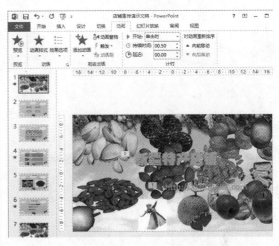

图 13-104　为副标题占位符添加动画效果

13.7　课后练习疑难解答

疑问 1：如何设置 PowerPoint 的默认视图？

答：设置 PowerPoint 的默认视图的方法很简单，只需在【文件】界面中单击【选项】按钮，打开【PowerPoint 选项】窗口，然后切换到【高级】选项卡，进入【高级】设置界面，在【显示】列表框中单击【用此视图打开全部文档】下拉按钮，从弹出的下拉列表中选择所需的视图，最后单击【确定】按钮，即可完成默认视图的设置操作。

疑问 2：如何解决行尾英文单词分行显示问题？

答：在向演示文稿中输入中英文混合的文本时会发现，在行的末尾输入一个英文单词时，整个单词被作为一个整体在下一行显示，这样文本的末尾就会出现一个大的空当，如果要避免文章中出现此类情况，就需要进行相应的设置。具体的方法如下。

首先选中出现空白的段落，并右击鼠标，从弹出的快捷菜单中选择【段落】命令，即可打开【段落】对话框。在其中切换到【中文版式】选项卡，进入到【中文版式】设置界面，选中【允许西文在单词中间换行】复选框，最后单击【确定】按钮，即可解决行尾出现空白处的现象。

第**4**篇

行业应用案例

　　Office 2013 具有的强大办公处理功能在各行各业都有广泛的应用，本篇将通过职业案例来进一步学习 Word 2013、Excel 2013 和 PowerPoint 2013 在各行业中应用的强大功能。

第14章

Word 2013 在高效办公中的应用

● **本章导读：**

　　在办公中使用 Word 2013，可以制作公司的考勤制度、求职信息登记表、营销计划书等，极大地简化了传统方式下单调而又重复的工作。

● **学习目标：**

◎ 掌握使用 Word 2013 制作公司考勤制度的方法

◎ 掌握使用 Word 2013 制作公司求职信息登记表的方法

◎ 掌握使用 Word 2013 制作营销计划书的方法

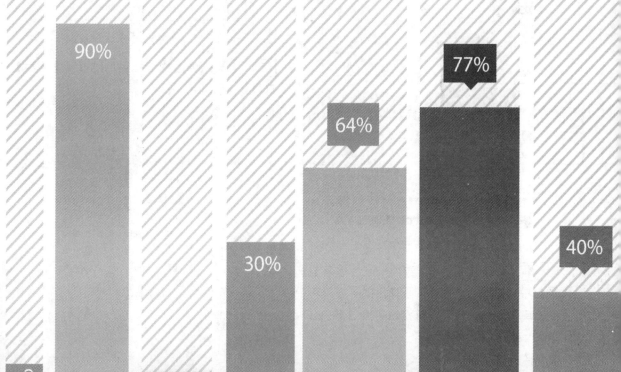

14.1 制作公司考勤制度

利用 Office 2013 中的 Word 组件可以制作公司考勤制度，帮助公司更加规范化地管理员工。制作公司考勤制度包括输入内容、设置页眉/页脚、设计版式等内容，具体操作如下。

步骤 1 打开 Word 2013，在文档中输入公司的考勤管理制度，如图 14-1 所示。

图 14-1 输入文本信息

步骤 2 输入完成后，用户可以根据需要修改序号的样式，单击【第一条】序号就可以选中所有的序号，如图 14-2 所示。

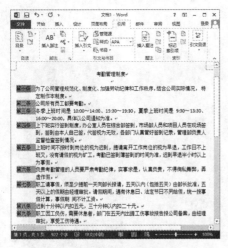

图 14-2 选择序号

步骤 3 单击【开始】选项卡下【段落】选项组中的【编号】按钮，从弹出的下拉菜单中选择需要的编号样式即可，如图 14-3 所示。

图 14-3 选择需要的编号样式

步骤 4 对公司考勤制度内容分栏。选中所有内容，单击【页面布局】选项卡下【页面设置】选项组中的【分栏】按钮，如图 14-4 所示。

图 14-4 单击【分栏】按钮

步骤 5 从弹出的下拉菜单中选择【两栏】选项，如图 14-5 所示。

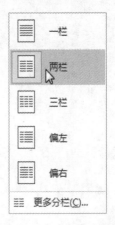

图 14-5 选择分栏数

步骤 6　分栏后的效果如图 14-6 所示。

图 14-6　分栏显示文本

步骤 7　单击【插入】选项卡下【页眉和页脚】选项组中的【页眉】按钮，从弹出的下拉菜单中选择【空白】选项，如图 14-7 所示。

图 14-7　【页眉】下拉菜单

步骤 8　这时页眉中插入【在此处键入】文本框，在该文本框中输入页眉内容，如这里输入"公司考勤制度"，并设置字体为【微软雅黑】，字号为【五号】，如图 14-8 所示。

图 14-8　输入页眉信息

步骤 9　单击【页眉布局】选项卡下【页眉和页脚】选项组中的【页脚】按钮，从弹出的下拉菜单中选择【空白】选项，如图 14-9 所示。

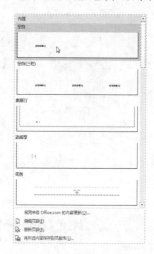

图 14-9　【页脚】下拉菜单

步骤 10　在页脚左下方的【在此处键入】文本框内输入页脚名称，如这里输入"新建千谷网络科技有限公司"，将字体设置为【微软雅黑】，字号为【五号】，设置为【居中】，如图 14-10 所示。

图 14-10　输入页脚信息

步骤 11　单击【页眉和页脚工具】→【设计】选项卡下【关闭】选项组中的【关闭页眉和页脚】按钮，即可退出页眉和页脚设计窗口，如图 14-11 所示。

步骤 12　切换到【文件】选项卡，进入【文件】设置界面，在该界面左侧选择【另存为】选项，然后选择【计算机】选项，单击【浏览】按钮，弹出【另存为】对话框。选择保存的路径及文件名，如这里在【文件名】文本框内输入"制作公司考勤制度"，然后单击【确定】按钮，即可完成公司考勤制度文档的创建和保存操作，如图 14-12 所示。

图 14-11　关闭页眉和页脚

图 14-12　【另存为】对话框

14.2　制作求职信息登记表

使用 Office 2013 系列中的 Word 2013 软件可以帮助人力资源管理者轻松、快速地制作求职信息登记表，具体操作如下。

步骤 1 打开 Word 2013 软件，单击【空白文档】选项，新建一份文档，如图 14-13 所示。

步骤 2 在新建的文档中输入表格的名称，如这里输入"求职信息登记表"，将字体设置为【华文琥珀】，字号为【二号】，然后选中文字，将对齐方式设置为【居中】，如图 14-14 所示。

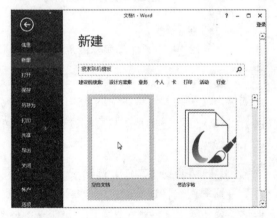

图 14-13　新建文档

图 14-14　输入文档标题

步骤 3 按 Enter 键，另起一行，在表名的左侧制作应聘岗位的填写位置，右侧制作填表日期，将字体设置为【宋体】，字号为【五号】，如图 14-15 所示。

步骤 4 单击【插入】选项卡下【表格】选项组中的【表格】按钮，从弹出的下拉菜单中选择【插入表格】命令，如图 14-16 所示。

图 14-15　输入文本信息

图 14-16　选择【插入表格】命令

步骤 5　弹出【插入表格】对话框，在该对话框中可自定义表格的行数和列数，如这里先将表格设置为 8 行 7 列，然后单击【确定】按钮，如图 14-17 所示。

图 14-17　【插入表格】对话框

步骤 6　设置表格的行高和列宽。选中插入到文档中的表格，右击，从弹出的快捷菜单中选择【表格属性】命令，如图 14-18 所示。

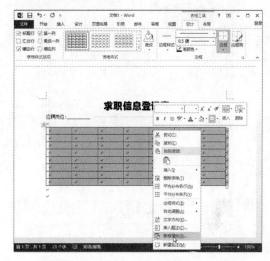

图 14-18　选择【表格属性】命令

步骤 7　弹出【表格属性】对话框，选中【行】选项卡下【尺寸】选项组中的【指定高度】复选框，在其后面的微调框内输入行高值，如这里输入 "1 厘米"，如图 14-19 所示。

图 14-19　【表格属性】对话框

步骤 8　选中【列】选项卡下【字号】选项组中的【指定宽度】复选框，在其后面的微调框内自定义宽度值，如这里输入 "2.2 厘米"，如图 14-20 所示。

图 14-20　【列】选项卡

步骤 9 单击【确定】按钮，退出【表格属性】对话框，调整行高和列宽后的表格效果如图 14-21 所示。

图 14-21　调整行高和列宽

步骤 10 设置输入表格内的文字对齐方式。选中表格，单击【表格工具】→【布局】选项卡下【对齐方式】选项组中的【水平居中】按钮，如图 14-22 所示。

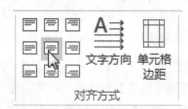

图 14-22　单击【水平居中】按钮

步骤 11 在插入的表格中输入求职人员需要填写的基本项目，如图 14-23 所示。

图 14-23　输入表格信息

步骤 12 合并上述表格中相关事项的单元格。选中如图 14-24 所示的单元格。

图 14-24　选择单元格

步骤 13 右击，从弹出的快捷菜单中选择【合并单元格】命令，如图 14-25 所示。

图 14-25　选择【合并单元格】命令

步骤 14 合并单元格后，在其中输入"一寸照片"，如图 14-26 所示。

图 14-29　【符号】对话框

姓名		性别		民族		
身高		体重		籍贯		一寸照片
学历		专业				
毕业院校				政治面貌		
婚姻状况				电子邮箱		
现所居地				通讯地址		
联系电话				紧急联系电话		

图 14-26　输入文本信息

步骤 18 在 Wingdings 字体的列表框内选择【正方形】选项，如图 14-30 所示。

步骤 15 按照上述方法依次合并相关事项的单元格，效果如图 14-27 所示。

姓名		性别		民族		
身高		体重		籍贯		一寸照片
学历		专业				
毕业院校				政治面貌		
婚姻状况				电子邮箱		
现所居地				通讯地址		
联系电话				紧急联系电话		

图 14-27　合并单元格

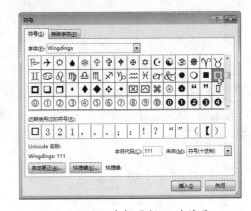

图 14-30　选择要插入的符号

步骤 16 在【婚姻状况】的文本框内还需添加三个复选框，用于求职者在填写信息时进行选择。单击【插入】选项卡下【符号】选项组中的【符号】按钮，从弹出的下拉菜单中选择【其他符号】命令，如图 14-28 所示。

步骤 19 单击【插入】按钮，然后再单击【关闭】按钮，即可将选中的符号插入到表格中，效果如图 14-31 所示。

图 14-28　【其他符号】命令

姓名		性别		民族		
身高		体重		籍贯		一寸照片
学历		专业				
毕业院校				政治面貌		
婚姻状况	□			电子邮箱		
现所居地				通讯地址		
联系电话				紧急联系电话		

图 14-31　插入符号到文档中

步骤 17 弹出【符号】对话框，单击【符号】选项卡下【字体】下拉列表框右侧的下拉按钮，从弹出的下拉列表中选择 Wingdings 选项，如图 14-29 所示。

步骤 20 按照上述方法再添加两个相同的符号，然后在符号后面分别输入文本内容，如这里输入"未婚""已婚""离异"，如图 14-32 所示。

姓名		性别		民族		
身高		体重		籍贯		一寸照片
学历		专业				
毕业院校				政治面貌		
婚姻状况	□未婚 …… □已婚 …… □离异			电子邮箱		
现所居地				通讯地址		
联系电话				紧急联系电话		

图 14-32　插入其他符号信息

步骤 21 制作求职信息登记表中的"求职意向"相关内容。将光标停留在表格外，如图 14-33 所示。

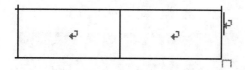

图 14-33　定位光标

步骤 22 按 Enter 键在表格中插入一行，依照这种方法插入多行，最终效果如图 14-34 所示。

姓名		性别		民族		
身高		体重		籍贯		一寸照片
学历		专业				
毕业院校				政治面貌		
婚姻状况	□未婚 …… □已婚 …… □离异			电子邮箱		
现所居地				通讯地址		
联系电话				紧急联系电话		

图 14-34　插入多个行

步骤 23 输入求职意向的相关内容后，用户可根据需要合并单元格，如图 14-35 所示。

步骤 24 继续完成求职信息登记表中的"教育/培训经历""工作/实践经历"和"自我评价"相关内容的制作，效果如图 14-36 所示。

姓名		性别		民族		
身高		体重		籍贯		一寸照片
学历		专业				
毕业院校				政治面貌		
婚姻状况	□未婚	□已婚		电子邮箱		
现所居地				通讯地址		
联系电话				紧急联系电话		

图 14-35　合并相关单元格

求职意向				
期望薪水		最低薪水		工总地点	
到岗时间		其他要求			

教育/培训经历			
时间	院校名称/培训机构	专业/内容	荣誉/成果

工作/实践经历			
时间	公司名称	职务	离职原因

图 14-36　完成其他表格模块的制作

步骤 25 在求职信息登记表的结束处输入求职者的相关承诺内容以及签名等信息，如图 14-37 所示。

自我评价

本人承诺：
　　本人提供的以上信息均为属实，并同意对此表中的任何信息进行调查，本人明白并同意提供虚假不实信息会成为该求职申请的被拒绝或以后被立即辞退的原因，而公司为此不必承担任何经济补偿。
　　　　　　　　　　　　签名：　　　　　　　　　　　时间：　　年　　月　　日

图 14-37　输入文本信息

步骤 26 为该表中的各类事项添加底纹。选择"求职意向"文本，如图 14-38 所示。

姓名		性别		民族		
身高		体重		籍贯		一寸照片
学历		专业				
毕业院校				政治面貌		
婚姻状况	□未婚 …… □已婚 …… □离异			电子邮箱		
现所居地				通讯地址		
联系电话				紧急联系电话		
求职意向						
期望薪水		最低薪水		工总地点		
到尚时间		其他要求				

图 14-38　选择文字

步骤 27 右击,从弹出的快捷菜单中选择【表格属性】命令,如图 14-39 所示。

图 14-39　选择【表格属性】命令

步骤 28 弹出【表格属性】对话框,单击该对话框右下角的【边框和底纹】按钮,如图 14-40 所示。

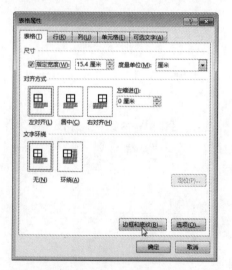

图 14-40　单击【边框和底纹】按钮

步骤 29 弹出【边框和底纹】对话框,单击【底纹】选项卡的【填充】选项组中的【无颜色】文本框,从弹出的下拉列表中选择【主题颜色】选项组中的【蓝色,着色 1,淡色 40%】选项,

如图 14-41 所示。

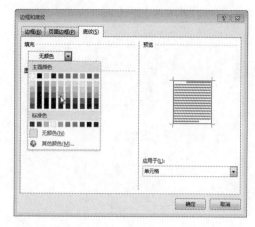

图 14-41　【边框和底纹】对话框

步骤 30 单击【确定】按钮,返回到【表格属性】对话框,在该对话框中单击【确定】按钮,即可将选择的底纹颜色应用到"求职意向"所在的单元格中,效果如图 14-42 所示。

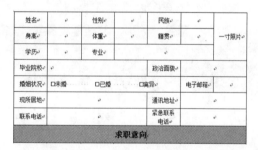

图 14-42　添加表格底纹效果

步骤 31 按照以上方法将表格内剩下的事项依次添加相同的底纹颜色。然后将纸张大小设置为 A3,这样制作的表格就会显示在同一页面中。单击【页面布局】选项卡下【页面设置】选项组中的【纸张大小】按钮,从弹出的下拉菜单中选择 A3 选项,如图 14-43 所示。

步骤 32 切换到【文件】选项卡,进入到【文件】设置界面,在左侧的选项列表中选择【打印】选项,此时可在【打印】界面中查看求职信息登记表的最终效果,如图 14-44 所示。

图 14-43　选择纸张大小

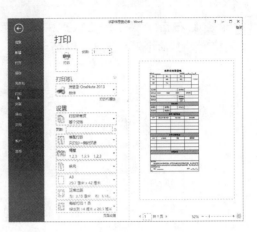

图 14-44　打印预览

14.3　制作营销计划书

制订营销计划是应对市场环境变化的最重要的手段之一，在某种程度上来说，可以帮助企业合理安排资源，因此制作一份精准的营销计划书是极为重要的。本节将为读者介绍如何制作营销计划书，包括首页和具体内容格式的制作。

14.3.1　制作营销计划书首页

营销计划书的首页一般由计划书的名称、计划公司以及制作人组成。制作营销计划书首页的具体操作如下。

步骤 1　打开 Word 2013，单击【空白文档】选项，新建一个空白 Word 文档，如图 14-45 所示。

步骤 2　在新建的 Word 文档中输入首页的标题，如这里输入"营销计划书"，将每一个字设置为一个段落，即将鼠标光标停留在每一个字后面，然后按 Enter 键，使每个字后面都显示回车标识符，如图 14-46 所示。

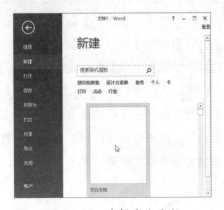

图 14-45　选择空白文档

图 14-46　输入首页文本信息

步骤 3 选中文字，将字体设置为【微软雅黑】，字号为 48，对齐方式为【居中】，效果如图 14-47 所示。

图 14-47　设置首页标题的字体格式

步骤 4 设置字体之间的间距。选中文字，单击【开始】选项卡下【段落】选项组中的【段落设置】按钮，弹出【段落】对话框，如图 14-48 所示。

图 14-48　【段落】对话框

步骤 5 在【缩进和间距】选项卡的【间距】选项组中的【段前】微调框和【段后】微调框中分别输入间距值，如这里都输入"0.5 行"，然后单击【确定】按钮，如图 14-49 所示。

图 14-49　设置段落间距

步骤 6 在营销计划书的首页中还需要输入计划公司名称、计划者姓名以及计划时间等落款信息，然后选中文字，将字体设置为【宋体】，字号为【五号】，如图 14-50 所示。

图 14-50　输入其他信息

步骤 7 选中首页中的落款，单击【开始】选项卡下【段落】选项组中的【右对齐】按钮，如图 14-51 所示。

图 14-51　设置段落对齐方式

步骤 8 此时即可将落款中的文本内容设置

为右对齐，如图 14-52 所示。

图 14-52　右对齐落款信息

步骤 9 调整各项落款的相对位置，使其相对于冒号对齐，如图 14-53 所示。

图 14-53　调整位置

步骤 10 选中落款项目后的文字，如这里选中"千谷网络科技有限公司"，单击【开始】选项卡下【字体】选项组中的【下划线】按钮，如图 14-54 所示。

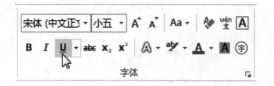

图 14-54　单击【下划线】按钮

步骤 11 添加下划线之后的效果如图 14-55 所示。

图 14-55　添加下划线后的效果

步骤 12 依照上述方法为其余落款项后的文本内容添加下划线，最终的效果如图 14-56 所示，至此，就完成了营销计划书首页的制作。

图 14-56　完成首页的制作

14.3.2　制作营销计划书内容

制作营销计划书内容的具体操作如下。

步骤 1 在营销计划书的正文中输入具体内容，包括计划概要、营销状况、营销目标、营销计划、营销方案等内容，如图 14-57 所示。

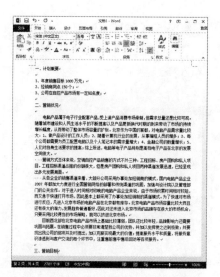

图 14-57　输入营销计划的内容

步骤 2 设置段落之间的行距，如这里选中"营销状况"下方的文本内容进行设置行距的介绍，其他段落不再一一介绍。单击【开始】选项卡下【段落】选项组中的【段落设置】按钮，弹出【段落】对话框，如图 14-58 所示。

图 14-58　【段落】对话框

步骤 3 单击【缩进和间距】选项卡下【间距】选项组中的【行距】下拉列表框的下拉按钮，从弹出的下拉列表中选择【多倍行距】选项，如图 14-59 所示。

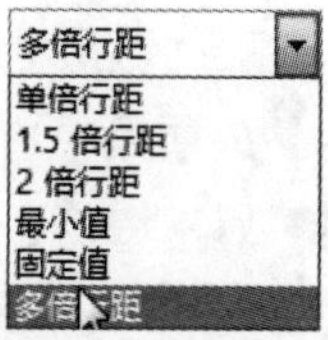

图 14-59　设置行距

步骤 4 在【间距】选项组中的【设置值】微调框中自定义多倍行距的值，如这里设置为 1.25，如图 14-60 所示。

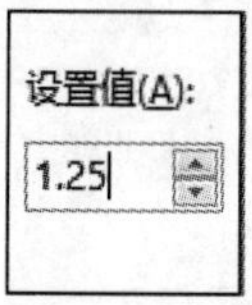

图 14-60　输入间距值

步骤 5 单击【确定】按钮，退出【段落】对话框，设置行距后的段落效果如图 14-61 所示。

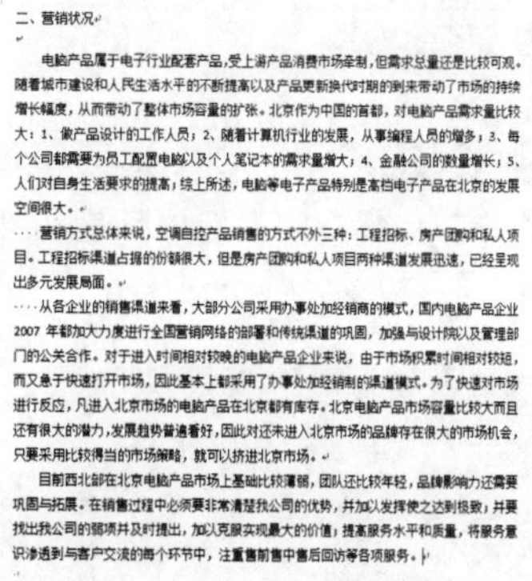

图 14-61　设置段落后的显示效果

步骤 6 设置标题的格式。选中标题，将字体设置为【宋体】，字号为【小二】，并将字体设置为加粗显示，如图 14-62 所示。

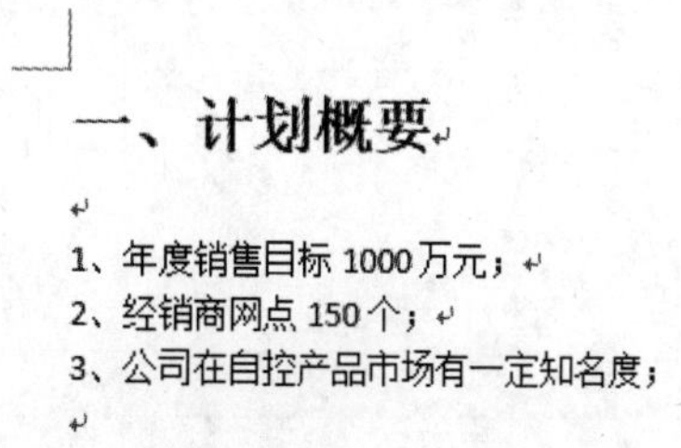

一、计划概要

1、年度销售目标 1000 万元；
2、经销商网点 150 个；
3、公司在自控产品市场有一定知名度；

图 14-62　设置标题的文本格式

步骤 7 设置标题的大纲级别。单击【开始】选项卡下【段落】选项组中的【段落设置】按钮，弹出【段落】对话框，如图 14-63 所示。

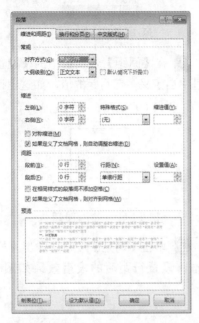

图 14-63 【段落】对话框

步骤 8 在【缩进和间距】选项卡下【常规】选项组中的【大纲级别】下拉列表框中选择【1级】选项，如图 14-64 所示。

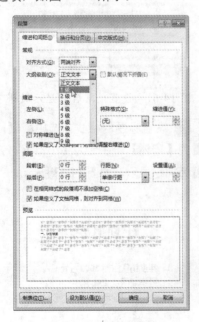

图 14-64 选择级别

步骤 9 单击【确定】按钮，退出【段落】对话框，即可将选中的标题设置为 1 级标题，如图 14-65 所示。

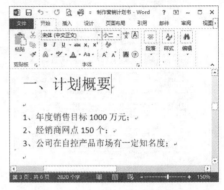

图 14-65 标题为 1 级级别

步骤 10 使用格式刷将剩下的 1 级标题设置成相同的格式。将鼠标光标停留在已设置好格式的 1 级标题中，单击【开始】选项卡下【剪贴板】选项组中的【格式刷】按钮，如图 14-66 所示。

图 14-66 单击【格式刷】按钮

步骤 11 此时光标变成刷子的形状，按住鼠标左键从左至右选中标题"二、营销状况"，如图 14-67 所示。

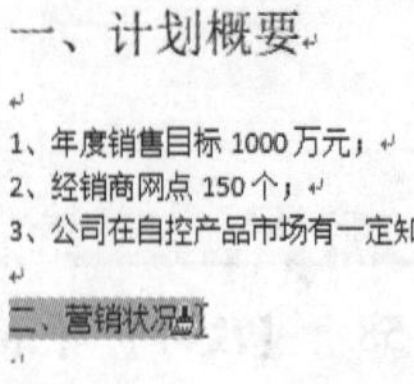

一、计划概要

1、年度销售目标 1000 万元；
2、经销商网点 150 个；
3、公司在自控产品市场有一定知名度；

二、营销状况

图 14-67 使用格式刷

步骤 12 选中之后释放鼠标，即可将该标题与设置好的标题刷成相同的格式，如图 14-68 所示。

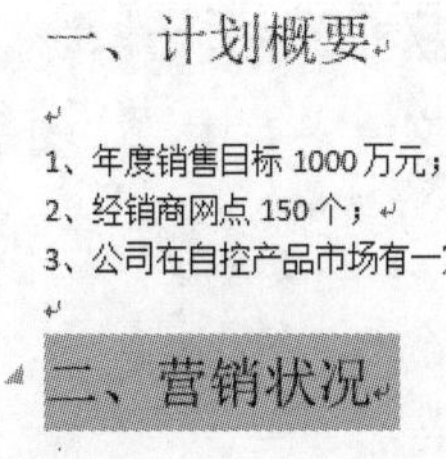

一、计划概要

1、年度销售目标 1000 万元；
2、经销商网点 150 个；
3、公司在自控产品市场有一定知名度；

二、营销状况

图 14-68　应用格式

步骤 13 按照上述方法将剩下的标题刷成相同的格式，这里不再一一赘述，如图 14-69 所示。

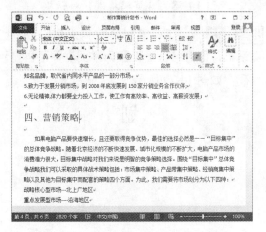

图 14-69　设置其他标题文本的格式

步骤 14 设置页眉。单击【插入】选项卡下【页眉和页脚】选项组中的【页眉】按钮，从弹出的下拉菜单中选择【空白】选项，如图 14-70 所示。

图 14-70　选择【空白】选项

步骤 15 即可进入页眉和页脚编辑模式，在【在此处键入】文本框内输入自定义的页眉内容，如这里输入"千谷网络科技有限公司"，并将字体设置为【黑体】，字号为【小五】，如图 14-71 所示。

图 14-71　输入页眉信息

步骤 16 此时会看到首页也显示编辑好的页眉内容，一般首页不设置页眉，因此将首页的页眉去掉。在页眉和页脚编辑模式中选中【页眉和页脚工具】→【设计】选项卡下【选项】选项组中的【首页不同】复选框，如图 14-72 所示。

图 14-72　【选项】选项组

步骤 17 这样即可将首页的页眉内容去掉，如图 14-73 所示。

图 14-73 删除的页面内容

步骤 18 单击【开始】选项卡下【样式】选项组中的【正文】按钮，即可将首页的页眉格式框删除，如图 14-74 所示。

图 14-74　选择正文样式

步骤 19 单击【页眉和页脚工具】→【设计】选项卡下【关闭】选项组中的【关闭页眉和页脚】按钮，即可退出页眉和页脚编辑模式，如图 14-75 所示。

图 14-75　单击【关闭页眉和页脚】按钮

步骤 20 设置页码。单击【插入】选项卡下【页眉和页脚】选项组中的【页码】按钮，从弹出的下拉菜单中选择【页面底端】子菜单中的【加粗显示的数字 2】选项，如图 14-76 所示。

图 14-76　选择【加粗显示的数字 2】选项

步骤 21 设置页码格式，去掉首页的页码。单击【插入】选项卡下【页眉和页脚】选项组中的【页码】按钮，从弹出的下拉菜单中选择【设置页码格式】命令，如图 14-77 所示。

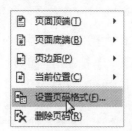

图 14-77　选择【设置页码格式】命令

步骤 22 弹出【页码格式】对话框，在【页码编号】选项组中选中【起始页码】单选按钮，并在后面的微调框内输入"0"，即页码从零开始，如图 14-78 所示。

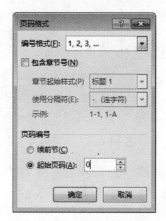

图 14-78　【页码格式】对话框

步骤 23 单击【确定】按钮，退出【页码格式】对话框，即可将首页设置为零页，并不再显示页码，如图 14-79 所示。

图 14-79　首页不显示页码

步骤 24 生成营销计划书的目录。将光标停留在首页的底端，然后单击【插入】选项卡下【页面】选项组中的【空白页】按钮，即可在首页下方插入一张空白页，如图 14-80 所示。

图 14-80　单击【空白页】按钮

步骤 25 单击【引用】选项卡下【目录】选项组中的【目录】按钮，从弹出的下拉菜单中选择【自动目录1】选项，如图 14-81 所示。

步骤 26 此时即可在插入的空白页内生成目录，如图 14-82 所示。

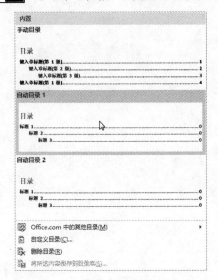

图 14-81 选择【自动目录1】选项   图 14-82 插入目录

步骤 27 选中"目录"，将字体设置为【宋体】，字号为【二号】，对齐方式为【居中】，然后选中目录下方的文本内容，将字号设置为【小四】，并将光标停留在每一个目录的页码后，按 Enter 键插入一行，最后的效果如图 14-83 所示。至此，就完成了营销计划书的制作。

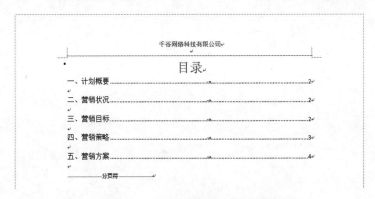

图 14-83 设置目录文字的字体格式

第15章

Excel 2013 在高效办公中的应用

● **本章导读：**

　　在高效办公的过程中，经常会用到表格的设计与建立，以及系统的建立和信息的筛选等操作，利用 Excel 2013 可以让这些工作事半功倍。

● **学习目标：**

◎ 掌握使用 Excel 2013 制作员工年度考核信息表的方法

◎ 掌握使用 Excel 2013 制作产品销售统计表的方法

◎ 掌握使用 Excel 2013 制作会议记录表的方法

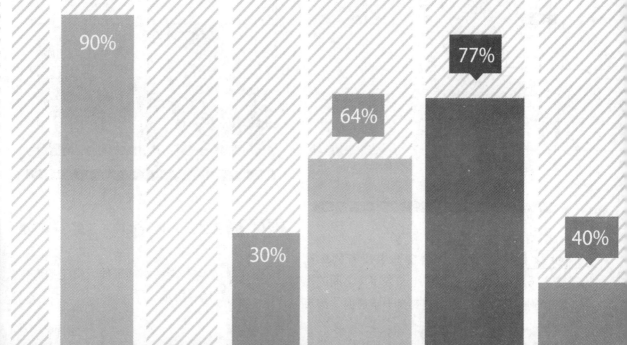

15.1 制作员工年度考核信息表

员工年度考核信息表用于对员工的业绩、能力、出勤等内容进行综合的评价，使用 Office 2013 中的 Excel 2013 软件制作员工年度考核信息表的具体操作如下。

步骤 1 打开 Excel 2013 软件并新建一个空白工作簿，在其左下角的 Sheet1 工作表标签处右击，从弹出的快捷菜单中选择【重命名】命令，如图 15-1 所示。

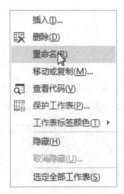

图 15-1 选择【重命名】命令

步骤 2 将 Sheet1 工作表重命名为"年度考核系统"，如图 15-2 所示。

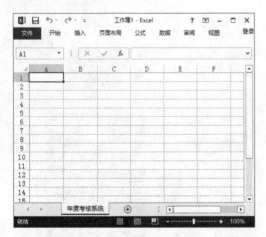

图 15-2 重命名工作表

步骤 3 按 Ctrl+A 组合键选中所有的单元格，将鼠标指针放在数字 1 和数字 2 之间的黑色分割线上，当鼠标指针变为十字形时，即可

按住鼠标左键向下移动分割线来改变行高，如图 15-3 所示。

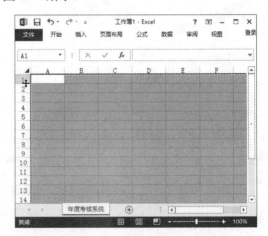

图 15-3 选中所有表格

步骤 4 改变行高后的效果如图 15-4 所示。

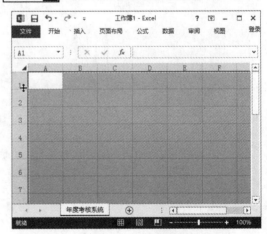

图 15-4 调整行高

步骤 5 在单元格内分别输入年度考核的事项，如图 15-5 所示。

步骤 6 在各个考核事项下输入员工的考核信息，如图 15-6 所示。

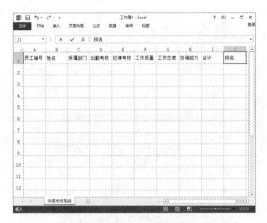

图 15-5　输入年度考核事项

图 15-6　输入考核信息

步骤 7 在【合计】栏中计算出每个员工的总分数。选中所有员工的各项考核分数，如图 15-7 所示。

步骤 8 单击【开始】选项卡下【编辑】选项组中的【自动求和】按钮，如图 15-8 所示。

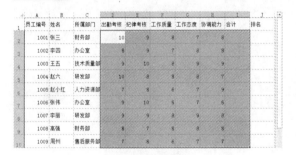

图 15-7　选中考试分数单元格区域

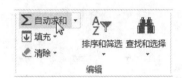

图 15-8　单击【自动求和】按钮

步骤 9 系统会自动求出每一位员工的考核总分数，如图 15-9 所示。

步骤 10 对员工的考核总分进行排名。单击【插入函数】按钮，如图 15-10 所示。

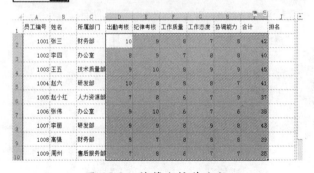

图 15-9　计算考核总分数

图 15-10　单击【插入函数】按钮

步骤 11 弹出【插入函数】对话框，单击【或选择类别】下拉按钮，从弹出的下拉列表中选择【全部】选项，如图 15-11 所示。

步骤 12 在【选择函数】列表框内选择 RANK 选项，如图 15-12 所示。

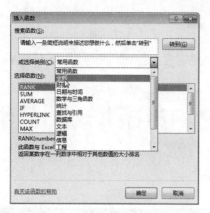

图 15-11　选择【全部】选项

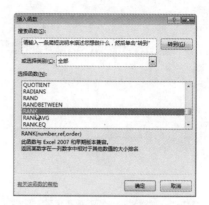

图 15-12　选择要插入的函数

步骤 13 单击【确定】按钮，弹出【函数参数】对话框，将光标停留在 Number 文本框内，然后单击年度考核系统中需要排序的数字，使该数字处于选中状态，如图 15-13 所示。

步骤 14 再将光标停留在 Ref 文本框内，选中需要排序数字所在的单元格区域，使该单元格区域处于选中状态，如图 15-14 所示。

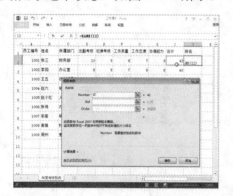

图 15-13　选中单元格中的数字

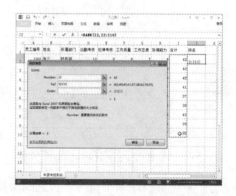

图 15-14　选中单元格区域

步骤 15 单击【确定】按钮，系统将自动对选择的数字进行排序，如图 15-15 所示。

步骤 16 按照上述方法对其他员工的总分进行排名，最终的效果如图 15-16 所示。至此，就完成了员工年度考核信息表的制作。

员工编号	姓名	所属部门	出勤考核	纪律考核	工作质量	工作态度	协调能力	合计	排名
1001	张三	财务部	10	9	8	7	8	42	3
1002	李四	办公室	8	9	7	8	8	40	
1003	王五	技术质量部	9	10	8	9	9	45	
1004	赵六	研发部	10	8	8	8	7	41	
1005	赵小红	人力资源部	7	8	6	7	9	37	
1006	张伟	办公室	9	10	6	7	6	38	
1007	李丽	研发部	9	9	8	9	8	43	
1008	高强	财务部	8	7	8	8	8	39	
1009	周州	售后服务部	7	8	6	7	7	35	

图 15-15　计算排名

员工编号	姓名	所属部门	出勤考核	纪律考核	工作质量	工作态度	协调能力	合计	排名
1001	张三	财务部	10	9	8	7	8	42	3
1002	李四	办公室	8	9	7	8	8	40	5
1003	王五	技术质量部	9	10	8	9	9	45	1
1004	赵六	研发部	10	8	8	8	7	41	4
1005	赵小红	人力资源部	7	8	6	7	9	37	8
1006	张伟	办公室	9	10	6	7	6	38	7
1007	李丽	研发部	9	9	8	9	8	43	2
1008	高强	财务部	8	7	8	8	8	39	6
1009	周州	售后服务部	7	8	6	7	7	35	9

图 15-16　最终的显示效果

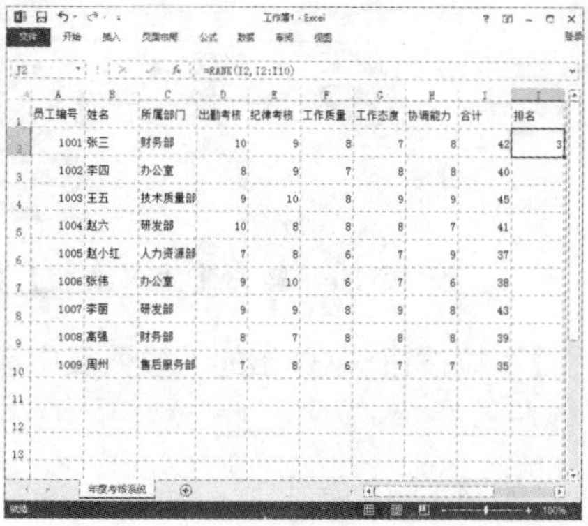

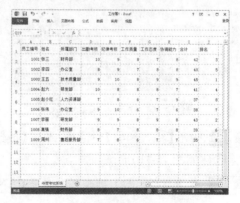

15.2 制作产品销售统计报表

使用 Excel 2013 制作销售统计报表，可以帮助市场营销管理人员更好地分析产品销售情况，并根据销售统计报表制作完善的计划来提高公司的利润。制作产品销售统计报表的具体操作如下。

步骤 1 打开 Excel 2013 软件，单击【空白工作簿】选项，如图 15-17 所示。

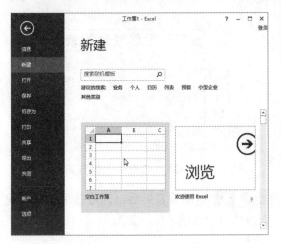

图 15-17　选择空白工作簿

步骤 2 在新建的空白工作簿左下角的 Sheet1 工作表标签处右击，从弹出的快捷菜单中选择【重命名】命令，如图 15-18 所示。

图 15-18　选择【重命名】命令

步骤 3 将 Sheet1 工作表重命名为"产品销售统计报表"，如图 15-19 所示。

图 15-19　重命名工作表

步骤 4 选中 A1 单元格，在该单元格内输入表名，如这里输入"产品销售统计报表"，然后设置字体为【黑体】，字号为 16，如图 15-20 所示。

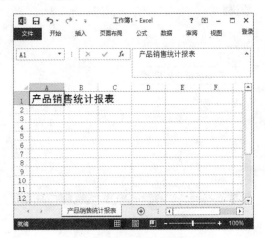

图 15-20　输入报表标题

步骤 5 将光标放在 A1 单元格内，按住鼠标左键从左至右拖动鼠标选中 A1、B1、C1 单元格，如图 15-21 所示。

图 15-21　选中 A1:C1 单元格区域

步骤 6 单击【开始】选项卡下【对齐方式】选项组中的【合并后居中】按钮，如图 15-22 所示。

图 15-22　单击【合并后居中】按钮

步骤 7 此时即可将选中的三个单元格合并成一个单元格，如图 15-23 所示。

图 15-23　合并单元格

步骤 8 按 Ctrl+A 组合键选中所有的单元格，然后将光标放在数字 2 和数字 3 之间的黑色分割线上，鼠标指针变成"双箭头"形状，如图 15-24 所示。

图 15-24　选中所有表格

步骤 9 按住鼠标左键向下拖动分割线来改变行高，如图 15-25 所示。

图 15-25　调整单元格行高

步骤 10 行高设置好后，即可在单元格内输入表格内的各项名称，如图 15-26 所示。

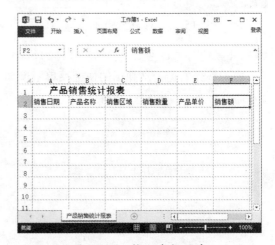

图 15-26　输入表格信息

步骤 11 在各项名称下输入相关的产品销售数据，如图 15-27 所示。

步骤 12 求销售额。选中 F3 单元格，在该单元格内输入"=D3*E3"，此时 D3 单元格和 E3 单元格内的数据处于选中状态，如图 15-28 所示。

图 15-27　输入销售数据

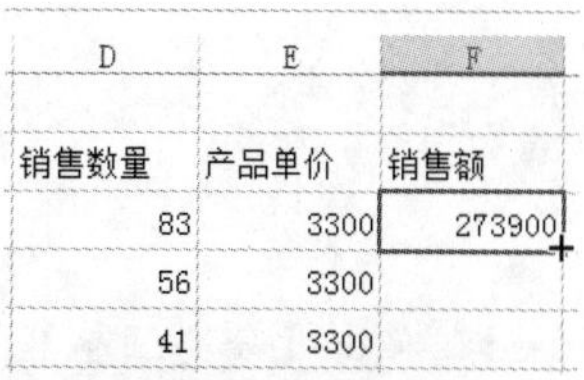

图 15-30　复制公式

步骤 15 此时按住鼠标左键向下拖动，选中销售额下的单元格，如图 15-31 所示。

图 15-31　复制公式到其他单元格

步骤 16 选中之后释放鼠标，系统会自动求出销售额，如图 15-32 所示。

图 15-28　输入公式

步骤 13 按 Enter 键，系统自动求出销售额，如图 15-29 所示。

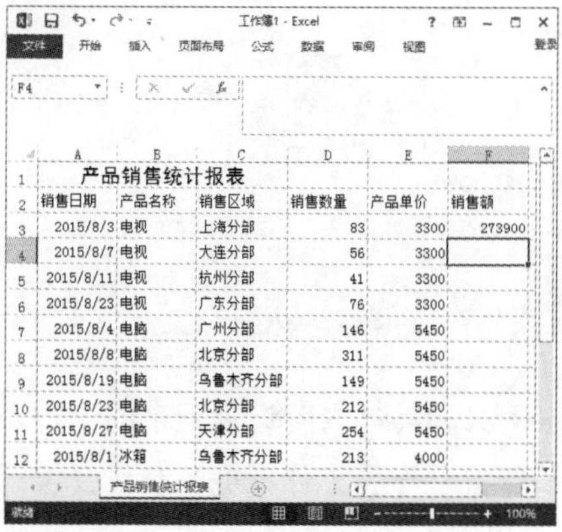

图 15-32　计算出所有的销售额

步骤 17 对产品分类进行汇总。选中"产品名称"列中的任意单元格，单击【数据】选项卡下【分级显示】选项组中的【分类汇总】按钮，如图 15-33 所示。

图 15-29　计算销售额

步骤 14 重新选中 F3 单元格，将鼠标指针放在单元格右下角处，使指针变成十字形，如图 15-30 所示。

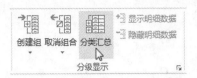

图 15-33　单击【分类汇总】按钮

步骤 18 弹出【分类汇总】对话框，在该对话框中单击【分类字段】下拉按钮，从弹出的下拉列表中选择【产品名称】选项，如图 15-34 所示。

图 15-34　【分类汇总】对话框

步骤 19 单击【汇总方式】下拉按钮，从弹出的下拉列表中选择【求和】选项，如图 15-35 所示。

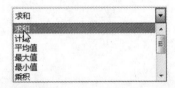

图 15-35　选择【求和】选项

步骤 20 选中【选定汇总项】列表框中的【销售额】复选框，如图 15-36 所示。

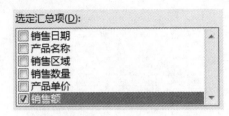

图 15-36　选中【销售额】复选框

步骤 21 设置好后，单击【确定】按钮，退出【分类汇总】对话框，即可对设置的产品分类的销售额进行汇总。至此，一个简单的产品销售统计表就制作完成了，如图 15-37 所示。

图 15-37　产品销售统计表

15.3 制作会议记录表

会议记录表是由专门的记录人员把会议的组织情况和具体内容记录下来的一种表格，该表格方便公司领导了解会议召开情况，进而便于部署下一步工作任务。制作会议记录表的具体步骤如下。

步骤 1 打开 Excel 2013，在其左下角的 Sheet1 工作表标签处右击，从弹出的快捷菜单中选择【重命名】命令，如图 15-38 所示。

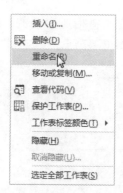

图 15-38　选择【重命名】命令

步骤 2 将 Sheet1 工作表重命名为【会议记录表】，如图 15-39 所示。

图 15-39　重命名工作表

步骤 3 Excel 2013 默认的单元格比较窄，为了使会议记录表的内容看起来不拥挤，可以先设置单元格的行高。按 Ctrl+A 组合键选中所有的单元格，然后单击【开始】选项卡下【单元格】选项组中的【格式】按钮，如图 15-40 所示。

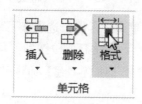

图 15-40　单击【格式】按钮

步骤 4 从弹出的下拉菜单中选择【行高】命令，弹出【行高】对话框，在对话框中自定

义行高值，如这里设置为 24.5，单击【确定】按钮即可完成单元格的行高设置，如图 15-41 所示。

图 15-41　【行高】对话框

步骤 5 在单元格内分别输入记录会议的事项，如图 15-42 所示。

图 15-42　输入表格信息

步骤 6 选中"会议记录表"单元格，将鼠标指针移到单元格右下角，当指针变为十字形状时按住鼠标左键不放并拖动鼠标到需要的位置，然后释放鼠标，如图 15-43 所示。

图 15-43　拖动表格标题

步骤 7 单击【开始】选项卡下【对齐方式】选项组中的【合并后居中】按钮，弹出 Microsoft Excel 提示框，单击【确定】按钮即可，如图 15-44 所示。

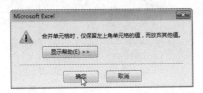

图 15-44　信息提示框

步骤 8 合并后的效果如图 15-45 所示。

图 15-45　合并并居中显示表格标题

步骤 9 选中"会议主题"右侧的第一个单元格，依照步骤 6、7 的方法合并单元格，效果如图 15-46 所示。

图 15-46　合并【会议主题】右侧的单元格

步骤 10 依次将相关事项的单元格进行合并，效果如图 15-47 所示。

图 15-47　合并单元格

步骤 11 将鼠标指针放在"会议记录表"单元格的空白处，按住鼠标左键拖动鼠标直到合适的位置，然后释放鼠标，如图 15-48 所示。

图 15-48　调整表格大小

步骤 12 单击【开始】选项卡下【字体】选项组中的【下框线】下拉按钮，从弹出的下拉菜单中选择【所有框线】命令，如图 15-49 所示。

图 15-49　选择【所有框线】命令

步骤 13 应用边框线后的效果如图 15-50 所示。

图 15-50　添加表格框线

步骤 14 此时可对会议记录表中的字体进行设置，如这里设置"会议记录表"字体为【宋体】，字号为 16，并将文字加粗，如图 15-51 所示。

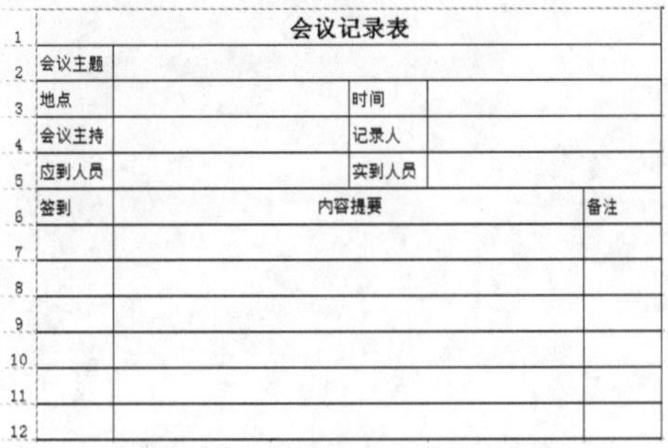

图 15-51　加粗显示表格标题

步骤 15 在 Excel 2013 中制作好会议记录表后，即可将该表打印出来使用。选中表格，单击【页面布局】选项卡下【页面设置】选项组中的【打印区域】按钮，从弹出的下拉菜单中选择【设置打印区域】命令，如图 15-52 所示。

图 15-52　选择【设置打印区域】命令

步骤 16 设置好打印区域后，切换到【文件】选项卡，进入到【文件】设置界面，在该界面的左侧选择【打印】选项，进入到【打印】设置界面即可查看会议记录表的打印预览效果，如图 15-53 所示。

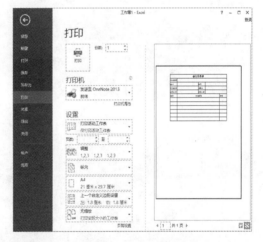

图 15-53　打印预览效果

步骤 17 单击【打印】按钮，即可完成会议记录表的打印。

第 16 章

PowerPoint 2013
在高效办公中的应用

● **本章导读：**

　　PPT 的灵魂是"内容"，在使用 PPT 给观众传达信息时，首先要考虑内容的实用性和易读性，力求做到简单和实用，特别是用于讲演、员工培训、公司会议等情况下的 PPT，更要如此。

● **学习目标：**

◎ 掌握使用 PowerPoint 2013 制作营销会议 PPT 的方法

◎ 掌握使用 PowerPoint 2013 制作公司会议 PPT 的方法

◎ 掌握使用 PowerPoint 2013 制作员工培训 PPT 的方法

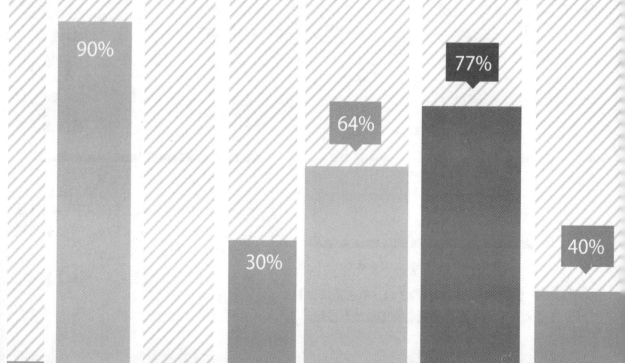

16.1 营销会议PPT

使用 Office 2013 套系中的 PowerPoint 2013 软件可以制作营销会议 PPT，帮助营销管理人员通过演示文稿的展示更好地传达营销会议的思想。

16.1.1 制作首页幻灯片

制作营销会议首页幻灯片的具体操作如下。

步骤 1 打开 PowerPoint 2013 软件，单击【空白演示文稿】图标，如图 16-1 所示。

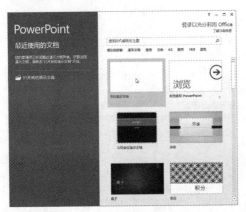

图 16-1 选择空白演示文稿

步骤 2 新建一个空白演示文稿，如图 16-2 所示。

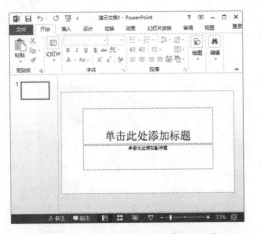

图 16-2 新建一个空白演示文稿

步骤 3 更换演示文稿的主题。单击【设计】选项卡下【主题】选项组中的【其他】按钮，

从弹出的下拉菜单中选择【平面】命令，如图 16-3 所示。

图 16-3 选择主题类型

步骤 4 在【单击此处添加标题】文本框内输入标题名称，如这里输入"营销会议"，设置字体为【方正姚体】，字号为 66，对齐方式为【居中】，如图 16-4 所示。

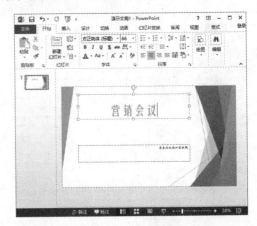

图 16-4 应用主题

步骤 5 选中标题文本框内的文字，单击【绘图工具 - 格式】选项卡下【艺术字样式】选项组中的【其他】按钮，从弹出的下拉菜单中选择【填充 - 白色，轮廓 - 着色 1，阴影】选项，如图 16-5 所示。

图 16-5　选择艺术字样式

步骤 **6** 更换艺术字样式后的效果如图 16-6 所示。

图 16-6　更换艺术字样式后的效果

步骤 **7** 在【单击此处添加副标题】文本框内输入主讲人的姓名，如这里输入"主讲人：刘经理"，设置字体为【黑体】，字号为 28，对齐方式为【居中】，如图 16-7 所示。

图 16-7　输入"主讲人"信息

步骤 **8** 选中副标题文本框，设置动画效果。单击【动画】选项卡下【动画】选项组中的【其他】按钮，从弹出的下拉菜单中选择【进入】区域内的【翻转式由远及近】选项，如图 16-8 所示。

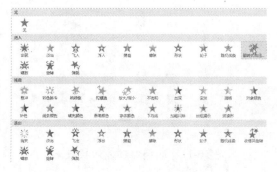

图 16-8　选择动画类型

步骤 **9** 设置【翻转式由远及近】动画效果的开始模式。单击【动画】选项卡下【计时】选项组中【开始】后面的下拉按钮，从弹出的下拉列表框中选择【单击时】命令，如图 16-9 所示。

图 16-9　设置动画开始条件

步骤 **10** 单击【动画】选项卡下【预览】选项组中的【预览】按钮，可以预览设置的动画效果，如图 16-10 所示。

图 16-10　预览动画

步骤 **11** 设置幻灯片的切换效果。单击【切换】选项卡下【切换到此幻灯片】选项组中【细微型】区域内的【覆盖】选项，如图 16-11 所示。

步骤 **12** 单击【切换】选项卡下【预览】选项组中的【预览】按钮，可以预览设置的幻灯片切换效果，如图 16-12 所示。至此，就完成了营销会议 PPT 首页的制作。

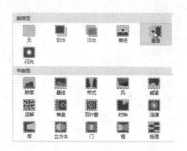

图 16-11　选择幻灯片切换效果

图 16-12　预览幻灯片

16.1.2　制作营销定义幻灯片

制作营销的定义幻灯片的具体操作如下。

步骤 1 单击【开始】选项卡下【幻灯片】选项组中的【新建幻灯片】按钮，从弹出的下拉菜单中选择【两栏内容】命令，如图 16-13 所示。

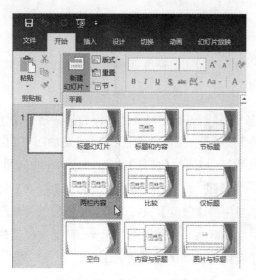

图 16-13　选择幻灯片版式

步骤 2 即可新建一张幻灯片，如图 16-14 所示。

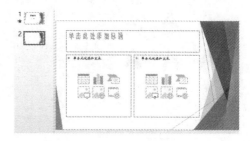

图 16-14　新建一张幻灯片

步骤 3 在【单击此处添加标题】文本框内输入标题名称，如这里输入"营销的定义"，并设置字体为【宋体】，字号为 40，如图 16-15 所示。

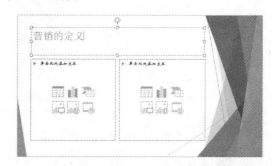

图 16-15　输入标题信息

步骤 4 设置艺术字样式。选中标题框内的文字，单击【绘图工具 - 格式】选项卡下【艺术字样式】选项组中的【其他】按钮，从弹出的下拉列表中选择【渐变填充 - 橙色，着色 4，轮廓 - 着色 4】选项，如图 16-16 所示。

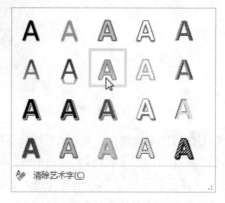

图 16-16　选择艺术字样式

步骤 5 应用艺术字样式后的效果如图 16-17 所示。

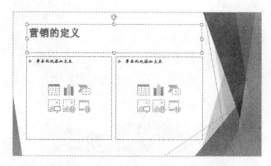

图 16-17　应用艺术字样式

步骤 6 在左侧【单击此处添加文本】文本框内输入文本标题，如这里输入"营销的核心"，设置字体为【华文新魏】，字号为 20，如图 16-18 所示。

图 16-18　在左侧输入文本信息

步骤 7 在左侧【单击此处添加文本】文本框内输入相关的文本内容，然后设置字体为【华文新魏】，字号为 18，如图 16-19 所示。

图 16-19　在左侧输入相关内容

步骤 8 在右侧的【单击此处添加文本】文本框内输入标题及相关内容，如图 16-20 所示。

图 16-20　在右侧输入相关内容

步骤 9 按 Ctrl 键的同时单击【营销定义】标题下方的两个文本框，使两个文本框处于选中状态，如图 16-21 所示。

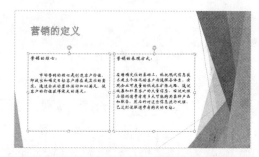

图 16-21　选择幻灯片中的两个文本框

步骤 10 为选中的文本框设置动画效果。单击【动画】选项卡下【动画】选项组中的【其他】按钮，从弹出的下拉列表中选择【进入】区域内的【浮入】选项，如图 16-22 所示。

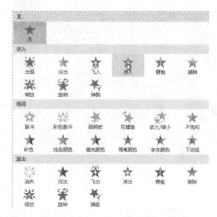

图 16-22　选择动画效果

步骤 11 设置动画效果的开始模式。单击【动画】选项卡下【计时】选项组中【开始】右侧的下拉按钮，从弹出的下拉列表中选择【单击时】选项,如图 16-23 所示。

图 16-23 设置动画开始条件

步骤 12 单击【动画】选项卡下【预览】选项组中的【预览】按钮,即可预览设置的动画效果,如图 16-24 所示。

图 16-24 预览动画效果

步骤 13 设置幻灯片的切换效果。单击【切换】选项卡下【切换到此幻灯片】选项组中的【其他】按钮,从弹出的下拉列表中选择【华丽型】区域内的【切换】选项,如图 16-25 所示。

图 16-25 设置幻灯片切换效果

步骤 14 单击【切换】选项卡下【预览】选项组中的【预览】按钮,即可预览设置的幻灯片切换效果,如图 16-26 所示。至此,就完成了营销会议 PPT 营销定义幻灯片的制作。

图 16-26 预览切换效果

16.1.3 制作营销特点幻灯片

制作营销特点幻灯片的具体操作如下。

步骤 1 单击【开始】选项卡下【幻灯片】选项组中的【新建幻灯片】按钮,从弹出的下拉列表中选择【标题与内容】选项,如图 16-27 所示。

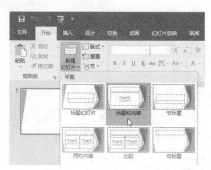

图 16-27 选择幻灯片版式

步骤 2 在新建幻灯片中的标题文本框内输入标题名称,如这里输入"营销的特点",如图 16-28 所示。

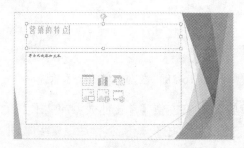

图 16-28 输入标题内容

步骤 3 使用格式刷将第二张幻灯片的标题格式应用到当前幻灯片的标题上,最终的效果如图 16-29 所示。

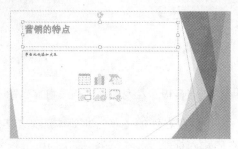

图 16-29 使用格式刷复制标题格式

步骤 4 在【单击此处添加文本】文本框内单击【图片】按钮，如图 16-30 所示。

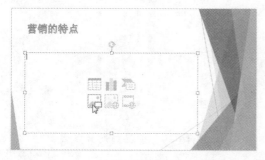

图 16-30　单击【图片】按钮

步骤 5 弹出【插入图片】对话框，在该对话框中选择要添加的图片，然后单击【插入】按钮，如图 16-31 所示。

图 16-31　选择要插入的图片

步骤 6 即可将选中的图片插入到幻灯片中，如图 16-32 所示。

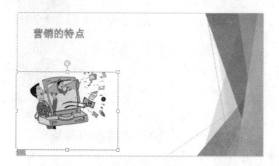

图 16-32　插入图片到幻灯片中

步骤 7 单击【插入】选项卡下【文本】选

项组中的【文本框】按钮，从弹出的下拉菜单中选择【横排文本框】命令，如图 16-33 所示。

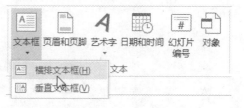

图 16-33　选择【横排文本框】命令

步骤 8 即可在幻灯片中插入一个文本框，选中插入的横排文本框，按住鼠标左键拖动文本框改变其大小并调整到适当的位置，如图 16-34 所示。

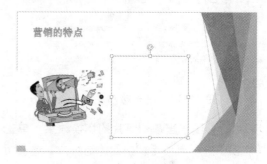

图 16-34　调整文本框的大小和位置

步骤 9 在插入的文本框内输入营销特点的相关内容，如图 16-35 所示。

图 16-35　输入相关内容

步骤 10 设置插入的文本框动画效果。单击【动画】选项卡下【动画】选项组中的【其他】按钮，从弹出的下拉列表中选择【进入】区域内的【弹跳】选项，如图 16-36 所示。

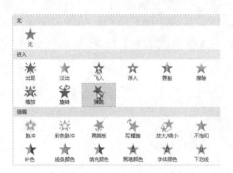

图 16-36 选择动画效果

步骤 11 设置【弹跳】动画效果的开始模式。单击【动画】选项卡下【计时】选项组中【开始】右侧的下拉按钮，从弹出的下拉列表中选择【单击时】选项，如图 16-37 所示。

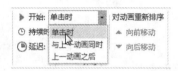

图 16-37 设置动画开始条件

步骤 12 设置当前幻灯片的切换效果。单击【切换】选项卡下【切换到此幻灯片】选项组中的【其他】按钮，从弹出的下拉列表中选择【华丽型】区域内的【剥离】选项，如图 16-38 所示。至此，就完成了营销特点幻灯片的制作。

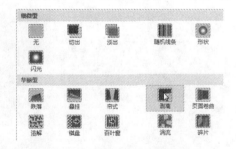

图 16-38 选择动画切换效果

16.1.4 制作营销战略幻灯片

制作营销战略幻灯片的具体操作如下。

步骤 1 单击【开始】选项卡下【幻灯片】选项组中的【新建幻灯片】按钮，从弹出的下拉列表中选择【两栏内容】选项，如图 16-39 所示。

图 16-39 选择幻灯片版式

步骤 2 在新建幻灯片的添加标题文本框内输入标题的名称，如这里输入"营销战略"，如图 16-40 所示。

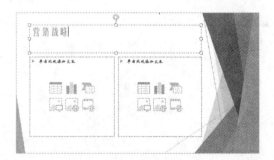

图 16-40 输入标题信息

步骤 3 使用格式刷将第三张幻灯片的标题格式应用到当前幻灯片的标题上，应用后的效果如图 16-41 所示。

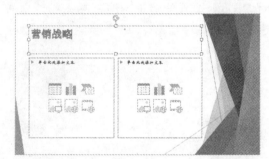

图 16-41 使用格式刷复制标题格式

步骤 4 在左侧【单击此处添加文本】文本框内输入相关文本的标题及内容，设置标题的字体为【华文新魏】，字号为 24，标题下方的字体为【华文新魏】，字号为 18，如图 16-42 所示。

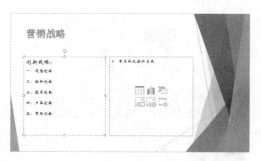

图 16-42　在左侧输入标题与内容

步骤 5 在右侧【单击此处添加文本】文本框内输入标题及内容，使用格式刷将左侧文本框内的字体格式应用到当前文本框内的字体上，如图 16-43 所示。

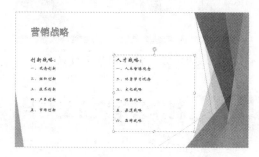

图 16-43　在右侧输入相关内容

步骤 6 将左侧文本框中的内容转换为 Smart Art 图形。单击【开始】选项卡下【段落】选项组中的【转换为 SmartArt 图形】按钮，从弹出的下拉列表中选择【垂直块列表】选项，如图 16-44 所示。

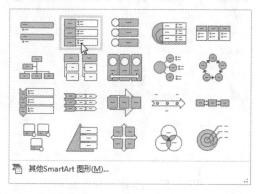

图 16-44　选择 SmartArt 图形

步骤 7 即可将选中的文本内容转换为 SmartArt 图形，如图 16-45 所示。

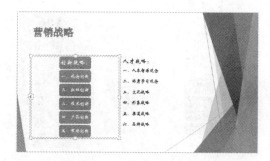

图 16-45　将文本转换为 SmartArt 图形

步骤 8 根据上述方法将右侧文本框中的文本内容转换为 SmartArt 图形，如图 16-46 所示。

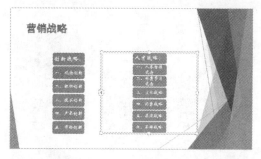

图 16-46　转换其他文本内容

步骤 9 更改 SmartArt 图形的颜色。选中左侧的文本框，单击【SmartArt 工具】→【设计】选项卡下【SmartArt 样式】选项组中的【更改颜色】按钮，从弹出的下拉列表中选择【彩色】区域内的【彩色】→【着色】选项，为图形着色，如图 16-47 所示。

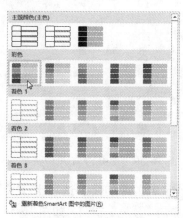

图 16-47　为图形着色

步骤 10 更改颜色后的效果如图16-48所示。

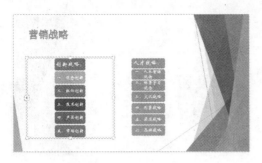

图 16-48　应用后的效果

步骤 11 根据上述方法将右侧的 SmartArt 图形更改成相同的颜色，最终的效果如图 16-49 所示。

图 16-49　为其他图形着色

步骤 12 设置幻灯片的切换效果。单击【切换】选项卡下【切换到此幻灯片】选项组中的【其他】按钮，从弹出的下拉列表中选择【动态内容】区域内的【轨道】选项，如图 16-50 所示。

图 16-50　选择幻灯片切换效果

步骤 13 单击【切换】选项卡下【预览】选项组中的【预览】按钮，如图 16-51 所示，即可预览设置的幻灯片切换效果。至此，就完成了营销战略幻灯片的制作，最终效果如图 16-52 所示。

图 16-51　预览切换效果

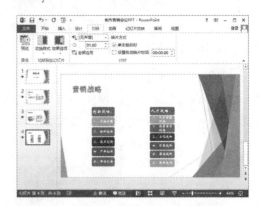

图 16-52　最终的显示效果

16.1.5 制作营销意义幻灯片

制作营销意义幻灯片的具体操作如下。

步骤 1 单击【开始】选项卡下【幻灯片】选项组中的【新建幻灯片】按钮，从弹出的下拉列表中选择【标题与内容】选项，如图 16-53 所示。

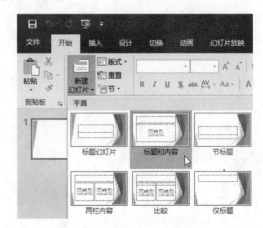

图 16-53　选择幻灯片版式

步骤 2 在新建幻灯片的添加标题文本框内输入标题名称，如这里输入"营销意义"，如图 16-54 所示。

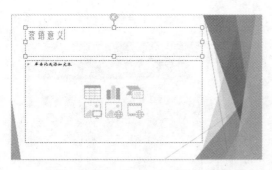

图 16-54　新建一张幻灯片

步骤 3 使用格式刷将第四张幻灯片标题的格式应用到当前幻灯片的标题上，应用后的效果如图 16-55 所示。

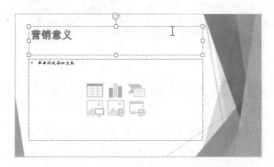

图 16-55　使用格式刷复制标题格式

步骤 4 在【单击此处添加文本】文本框内输入营销意义相关的内容，设置字体为【华文新魏】，字号为 20，如图 16-56 所示。

图 16-56　输入相关内容

步骤 5 将文本框内的文本内容转换为 SmartArt 图形。单击【开始】选项卡下【段落】选项组中的【转换为 SmartArt 图形】按钮，从弹出的下拉列表中选择【目标图列表】选项，如图 16-57 所示。

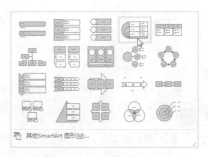

图 16-57　选择 SmartArt 图形

步骤 6 即可将文本内容转换为 SmartArt 图形，如图 16-58 所示。

图 16-58　转换文本为图形

步骤 7 选中 SmartArt 图形，单击【动画】选项卡下【动画】选项组中的【其他】按钮，从弹出的下拉列表中选择【进入】区域内的【翻转式由远及近】选项，如图 16-59 所示。

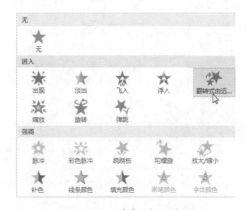

图 16-59　选择动画效果

步骤 8 为【翻转式由远及近】动画效果设置开始模式。单击【动画】选项卡下【计时】选项组中【开始】右侧的下拉按钮，从弹出的下拉列表中选择【单击时】选项，如图 16-60 所示。

图 16-60　设置动画开始条件

步骤 9 设置幻灯片切换效果。单击【切换】选项卡下【切换到此幻灯片】选项组中的【其他】按钮，从弹出的下拉列表中选择【华丽型】区域内的【随机】选项，如图 16-61 所示。

图 16-61　选择幻灯片切换效果

步骤 10 选中左侧幻灯片浏览区域内的第五张幻灯片，然后单击幻灯片编号下方的【播放动画】图标，如图 16-62 所示，即可预览当前幻灯片中设置的动画效果以及幻灯片切换效果。至此，就完成了营销意义幻灯片的制作。

图 16-62　预览幻灯片切换效果

16.1.6　制作结束页幻灯片

制作结束页的具体操作如下。

步骤 1 单击【开始】选项卡下【幻灯片】选项组中的【新建幻灯片】按钮，从弹出的下拉列表中选择【空白】选项，如图 16-63 所示。

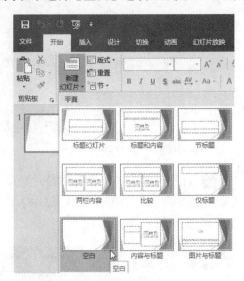

图 16-63　选择幻灯片版式

步骤 2 单击【插入】选项卡下【文本】选项组中的【文本框艺术字】按钮，从弹出的下拉列表中选择【图案填充 - 蓝 - 灰，文本 2，深色上对角线，清晰阴影 - 文本 2】选项，如图 16-64 所示。

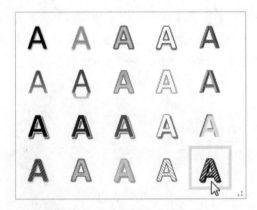

图 16-64　选择艺术字样式

步骤 3 在【请在此放置您的文字】文本框内输入"完"，设置字体为【宋体】，字号为 150，如图 16-65 所示。

步骤 4 选中艺术字文本框，单击【动画】选项卡下【动画】选项组中的【其他】按钮，从弹出的下拉列表中选择【退出】区域内的【收缩并旋转】选项，如图 16-66 所示。

图 16-65　输入文字

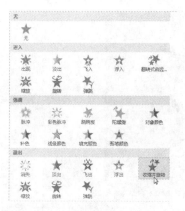

图 16-66　选择动画效果

步骤 5 设置幻灯片的切换效果。单击【切换】选项卡下【切换到此幻灯片】选项组中的【其他】按钮，从弹出的下拉列表中选择【华丽型】区域内的【涟漪】选项，如图 16-67 所示。

步骤 6 选中左侧幻灯片浏览区域内的第六张幻灯片，然后单击幻灯片编号下方的【播放动画】图标，即可预览当前幻灯片中设置的动画效果以及幻灯片切换效果，如图 16-68 所示。至此，就完成了营销会议结束页幻灯片的制作。

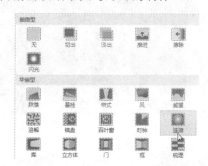

图 16-67　选择幻灯片切换效果

图 16-68　预览幻灯片效果

16.2　制作公司会议PPT

使用 Office 2013 系列中的 PowerPoint 2013 软件制作公司会议 PPT，能帮助主讲人以文字、图片、色彩以及动画的方式更好地传达会议内容。

16.2.1　制作会议首页

制作会议首页幻灯片的具体操作如下。

步骤 1 打开 PowerPoint 2013 软件，在【搜索联机模板和主题】文本框中输入"会议"，然后单击文本框右侧的搜索按钮 🔍 搜索相关的主题，如图 16-69 所示。

步骤 2 在弹出的【新建】界面中选择需要的会议模板，如选择【公司会议演示文稿】模板，如图 16-70 所示。

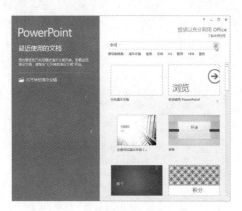

图 16-69　搜索"会议"主题模板

图 16-70　【新建】界面

步骤 3 弹出【公司会议演示文稿】对话框，单击【创建】按钮，如图 16-71 所示。

图 16-71　【公司会议演示文稿】对话框

步骤 4 即可应用该主题模板创建演示文稿，效果如图 16-72 所示。

步骤 5 选中第一张幻灯片，单击【公司会议】文本框，将文本框内的文字删除，然后输

入本次会议的名称，如这里输入"公司发展规划讨论会"，如图 16-73 所示。

图 16-72　应用主题模板创建演示文稿

图 16-73　输入会议名称

步骤 6 选中该字体，设置字体为【方正姚体】，字号为 44，颜色为【靛蓝】，如图 16-74 所示。

图 16-74　设置字体格式

步骤 7 选中【公司名称】文本框，将文本框内的文字删除，输入此次会议的演讲者姓名，

如这里输入"主讲人：刘经理"，如图 16-75 所示。

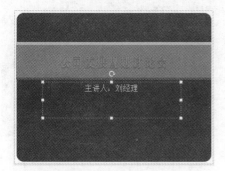

图 16-75　输入主讲人信息

步骤 8　为首页设置切换效果。单击【切换】选项卡下【切换到此幻灯片】选项组中的【其他】按钮，从弹出的下拉列表中选择【华丽型】区域内的【梳理】选项，如图 16-76 所示。

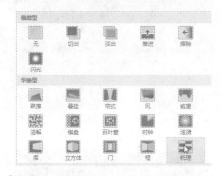

图 16-76　选择幻灯片切换效果

步骤 9　单击【切换】选项卡下【预览】选项组中的【预览】按钮，即可查看应用的切换效果，如图 16-77 所示。

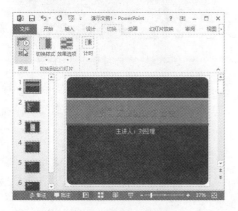

图 16-77　预览切换效果

16.2.2　制作会议议程幻灯片

制作会议议程幻灯片的具体操作如下。

步骤 1　选中会议模板的第二张幻灯片，将此幻灯片设置为【两栏内容】版式，如图 16-78 所示。

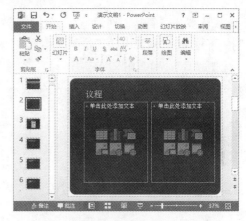

图 16-78　选择第二张幻灯片

步骤 2　在左侧的【单击此处添加文本】文本框内输入会议讨论的主要内容，如图 16-79 所示。

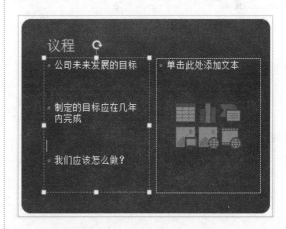

图 16-79　输入"议程"信息

步骤 3　用户也可以根据需要改变议程事项前的序号，将鼠标指针放在序号与事项的中间，按 Backspace 键即可删除序号，然后单击【插入】选项卡下【符号】选项组中的【符号】按钮，如图 16-80 所示。

图 16-80　单击【符号】按钮

步骤 4 弹出【符号】对话框，单击【字体】右侧的下拉按钮，从弹出的下拉列表中选择【普通文本】选项，如图 16-81 所示。

图 16-81　【符号】对话框

步骤 5 在【普通文本】字体列表框中选择需要的符号，如这里选择数字 1，然后单击【插入】按钮，如图 16-82 所示。

图 16-82　选择要插入的符号

步骤 6 单击【关闭】按钮即可退出【符号】对话框，应用后的效果如图 16-83 所示。

步骤 7 依照上述步骤分别将数字"2"和"3"插入到剩下的事项前，如图 16-84 所示。

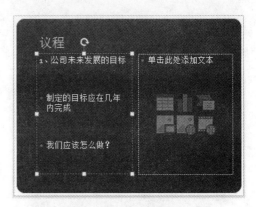

图 16-83　添加段落编号

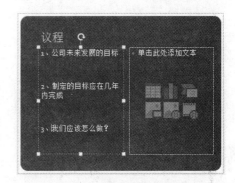

图 16-84　添加其他段落符号

步骤 8 单击右侧文本框内的【图片】按钮，如图 16-85 所示。

图 16-85　单击【图片】按钮

步骤 9 弹出【插入图片】对话框，在其中选择要插入的图片，如这里选择"会议讨论.jpg"图片，然后单击【插入】按钮，如图 16-86 所示。

步骤 10 即可将图片插入到幻灯片中，选中图片并拖动鼠标调整图片的大小及位置，最终效果如图 16-87 所示。

图 16-86　选择要插入的图片

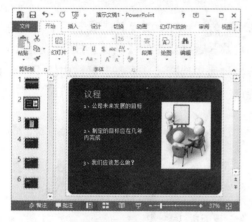

图 16-87　插入图片

步骤 11 单击【切换】选项卡下【切换到此幻灯片】选项组中的【其他】按钮，从弹出的下拉列表中选择【华丽型】区域内的【切换】选项，即可为该幻灯片添加切换效果，如图 16-88 所示。

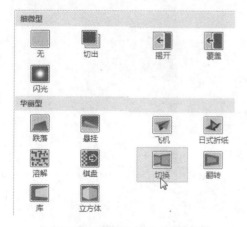

图 16-88　添加幻灯片切换效果

16.2.3　制作议程 1 幻灯片

制作议程 1 幻灯片的具体操作如下。

步骤 1 选中左侧幻灯片快速浏览区域内的第二张幻灯片，右击，从弹出的快捷菜单中选择【新建幻灯片】命令，如图 16-89 所示。

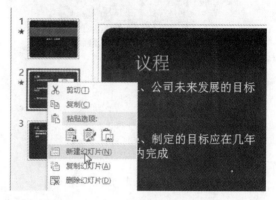

图 16-89　选择【新建幻灯片】命令

步骤 2 选中新建的幻灯片，右击，从弹出的快捷菜单中选择【版式】→【标题与内容】命令，如图 16-90 所示。

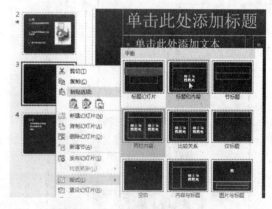

图 16-90　选择幻灯片的版式

步骤 3 在【单击此处添加标题】文本框内输入标题，如这里输入"公司未来发展目标"，然后选中文本，如图 16-91 所示。

步骤 4 单击【绘图工具】→【格式】选项卡下【艺术字样式】选项组中的【其他】按钮，从弹出的下拉列表中选择【填充金色，着色 2，轮廓 - 着色 2】选项，如图 16-92 所示。

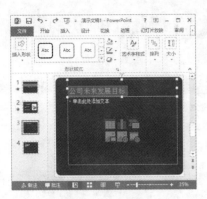

图 16-91　输入文本信息

图 16-92　设置文本的艺术字效果

步骤 5 文本应用艺术字样式后的效果如图 16-93 所示。

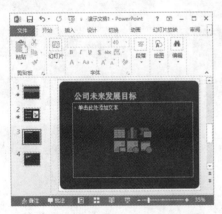

图 16-93　艺术字显示效果

步骤 6 在【单击此处添加文本】文本框内输入公司未来发展目标的具体内容，然后选中文本，设置字体为【宋体】，字号为 18，如图 16-94 所示。

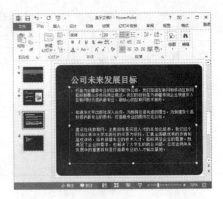

图 16-94　输入其他文本信息

步骤 7 单击【切换】选项卡下【切换到此幻灯片】选项组中的【其他】按钮，从弹出的下拉列表中选择【华丽型】区域内的【悬挂】选项，如图 16-95 所示。

图 16-95 添加切换效果

步骤 8 单击【切换】选项卡下【计时】选项组中的【声音】右侧的下拉按钮，从弹出的下拉列表中选择【微风】选项，如图 16-96 所示。

图 16-96　为切换效果添加声音

步骤 9 选中【切换】选项卡下【计时】选项组中的【持续时间】文本框，在该文本框内自定义切换幻灯片的持续时间，如这里将切换时间设置为 2 秒，即可完成制作议程 1 幻灯片的全过程，如图 16-97 所示。

图 16-97 设置计时时间

16.2.4 制作议程 2 幻灯片

议程 2 的主要内容是讨论制定的发展目标完成时间，制作议程 2 的幻灯片的具体操作如下。

步骤 1 选中左侧快速浏览区域内的第三张幻灯片，如图 16-98 所示。

图 16-98 选择第三张幻灯片

步骤 2 右击，从弹出的快捷菜单中选择【新建幻灯片】命令，如图 16-99 所示。

图 16-99 选择【新建幻灯片】命令

步骤 3 即可新建一张幻灯片，如图 16-100 所示。

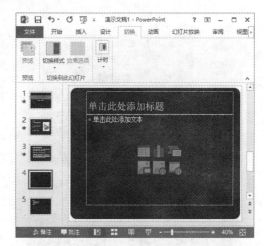

图 16-100 新建一张幻灯片

步骤 4 选中【单击此处添加标题】文本框，在其中输入标题，如这里输入"制定的目标应在几年内完成？"，如图 16-101 所示。

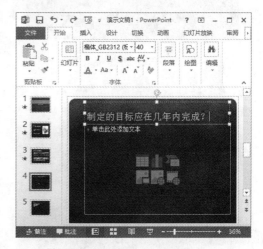

图 16-101 输入文本信息

步骤 5 使用格式刷将第三张幻灯片的标题格式应用到当前幻灯片的标题上。选中第三张幻灯片，将光标停留在标题后，如图 16-102 所示。

步骤 6 单击【开始】选项卡下【剪贴板】选项组中的【格式刷】按钮，返回到当前幻灯片，此时可看到鼠标指针变成刷子的形状，如图 16-103 所示。

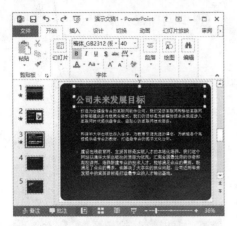

图 16-102　选择幻灯片中的标题

图 16-103　选择格式刷

步骤 7 按住鼠标左键开始拖动鼠标直到选中所有的文字，如图 16-104 所示。

图 16-104　选中整个标题

步骤 8 选中文字后释放鼠标，即可将第三张幻灯片的标题格式应用到当前幻灯片的标题上，如图 16-105 所示。

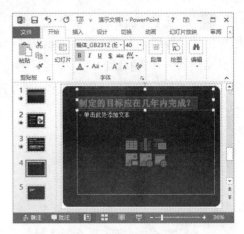

图 16-105　应用格式刷

步骤 9 在【单击此处添加文本】文本框内输入该张幻灯片的具体内容，如图 16-106 所示。

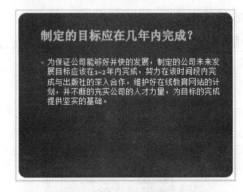

图 16-106　输入文本信息

步骤 10 单击【切换】选项卡下【切换到此幻灯片】选项组中的【其他】按钮，从弹出的下拉列表中选择【动态内容】区域内的【轨道】选项，为该张幻灯片添加切换效果，如图 16-107 所示。

图 16-107　添加幻灯片切换效果

16.2.5 制作议程 3 幻灯片

制作议程 3 幻灯片的主要内容是应该怎么做才能在规定的时间内完成目标。制作议程 3 幻灯片的具体操作如下。

步骤 1 选中左侧快速浏览区域内的第 4 张幻灯片，然后单击【开始】选项卡下【幻灯片】选项组中的【新建幻灯片】按钮，从弹出的下拉列表中选择【标题与内容】选项，如图 16-108 所示。

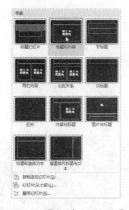

图 16-108 【新建幻灯片】面板

步骤 2 在新建幻灯片中的【单击此处添加标题】文本框内输入标题，如这里输入"我们应该怎么做？"，如图 16-109 所示。

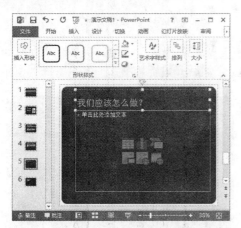

图 16-109 输入文本信息

步骤 3 使用格式刷将第 4 张幻灯片的标题格式应用到当前幻灯片的标题上，如图 16-110 所示。

图 16-110 使用格式刷应用格式

步骤 4 在【我们应该怎么做】文本框下插入一条分割线。单击【插入】选项卡下【插图】选项组中的【形状】按钮，从弹出的下拉列表中选择【线条】区域内的【直线】选项，如图 16-111 所示。

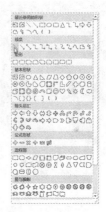

图 16-111 选择形状

步骤 5 当光标变为十字形时开始从左至右绘制直线，如图 16-112 所示。

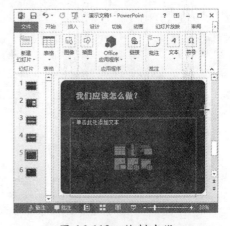

图 16-112 绘制直线

步骤 6 选中该条直线，单击【绘图工具】→【格式】选项卡下【形状样式】选项组中的【其他】按钮，从弹出的列表中选择【粗线，强调颜色6】选项，如图 16-113 所示。

图 16-113　添加直线样式

步骤 7 直线应用样式后的效果如图 16-114 所示。

图 16-114　直线显示效果

步骤 8 单击【插入】选项卡下【图像】选项组中的【图片】按钮，弹出【插入图片】对话框，在该对话框中选择要插入的图片，如图 16-115 所示。

图 16-115　【插入图片】对话框

步骤 9 单击【插入】按钮，即可将图片插入到当前幻灯片中，如图 16-116 所示。

图 16-116　插入图片到幻灯片中

步骤 10 选中图片，将光标移到右上角边框上，当鼠标指针变为"双箭头"时可对图片进行缩放，然后根据需要拖动图片到相应的位置，如图 16-117 所示。

图 16-117　调整图片大小与位置

步骤 11 选中图片，将鼠标指针放在旋转按钮上，然后开始旋转图片，如图 16-118 所示。

图 16-118　旋转图片

步骤 12 旋转到合适的位置释放鼠标，最终效果如图 16-119 所示。

图 16-119　图片显示效果

步骤 13 在分割线下方插入一个横排文本框。单击【插入】选项卡下【文本】选项组中的【文本框】按钮，从弹出的下拉菜单中选择【横排文本框】命令，如图 16-120 所示。

图 16-120　选择【横排文本框】命令

步骤 14 在幻灯片空白处单击鼠标左键，文本框即可出现，调整适当的位置和大小后，输入相关的内容，如图 16-121 所示。

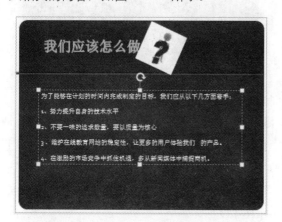

图 16-121　输入文本信息

步骤 15 单击【切换】选项卡下【切换到此幻灯片】选项组中的【其他】按钮，从弹出的下拉列表中选择【细微型】区域内的【分割】选项，为该张幻灯片添加切换效果，如图 16-122 所示。

图 16-122　添加幻灯片切换效果

16.2.6 制作结束页

制作结束页的具体操作如下。

步骤 1 单击【开始】选项卡下【幻灯片】选项组中的【新建幻灯片】按钮，从弹出的下拉列表中选择【空白】版式，如图 16-123 所示。

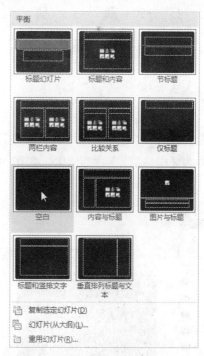

图 16-123　【新建幻灯片】面板

步骤 2 新建的幻灯片如图 16-124 所示。

图 16-124 　新建一张幻灯片

步骤 3 单击【插入】选项卡下【文本】选项组中的【艺术字】按钮，从弹出的下拉列表中选择【填充-白色，文本，轮廓-背景1，清晰阴影-背景1】选项，如图 16-125 所示。

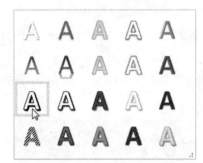

图 16-125 　选择艺术字样式

步骤 4 在【请在此放置您的文字】文本框内输入结束语，如这里输入"谢谢观赏"，设置字体为【楷体】，字号为 100，如图 16-126 所示。

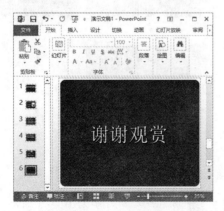

图 16-126 　输入艺术字

步骤 5 选中文本框，为艺术字体设置动画效果。单击【动画】选项卡下【动画】选项组中的【其他】按钮，从弹出的下拉列表中选择【进入】区域内的【弹跳】选项，如图 16-127 所示。

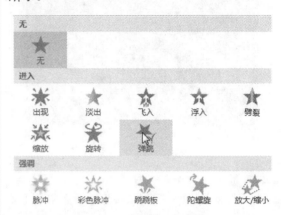

图 16-127 　添加动画效果

步骤 6 设置好动画效果后，艺术字文本框前会显示一个动画编号，如图 16-128 所示。

图 16-128 　显示动画编号

步骤 7 为当前幻灯片设置切换效果。单击【切换】选项卡下【切换到此幻灯片】选项组中的【其他】按钮，从弹出的下拉列表中选择【华丽型】区域内的【日式折纸】选项，如图 16-129 所示。

步骤 8 单击【切换】选项卡下【预览】选项组中的【预览】按钮，即可预览当前幻灯片的切换效果，如图 16-130 所示。

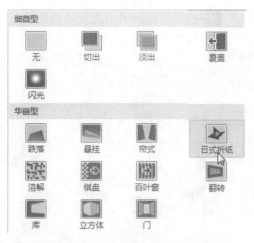

图 16-129　添加幻灯片切换效果

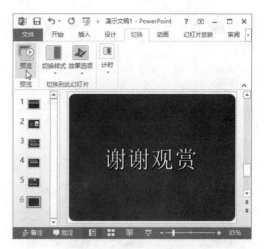

图 16-130　预览效果

16.3 制作员工培训PPT

使用 Office 2013 系列中的 PowerPoint 2013 软件制作员工培训 PPT，可以帮助主讲人更加深刻形象地传达此次培训的内容，以达到引起员工共鸣和思考的目的。

16.3.1 制作首页幻灯片

制作首页幻灯片的具体操作如下。

步骤 1 打开 PowerPoint 2013 软件，单击【空白演示文稿】图标，新建一份演示文稿，如图 16-131 所示。

步骤 2 为新建的演示文稿设置主题效果。单击【设计】选项卡【主题】选项组中的【其他】按钮，从弹出的下拉列表中选择【丝状】选项，如图 16-132 所示。

图 16-131　选择空白演示文稿

图 16-132　选择主题样式

步骤 3 应用丝状主题后的效果如图 16-133 所示。

图 16-133　应用主题

步骤 4 用户还可根据需要改变丝状主题的颜色。单击【设计】选项卡下【变体】选项组中的【其他】按钮，从弹出的下拉菜单中选择【颜色】命令，如图 16-134 所示。

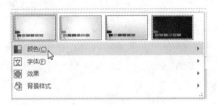

图 16-134　选择【颜色】命令

步骤 5 弹出【颜色】下拉列表，在该列表中选择【紫罗兰色】选项，如图 16-135 所示。

图 16-135　选择颜色样式

步骤 6 应用后的效果如图 16-136 所示。

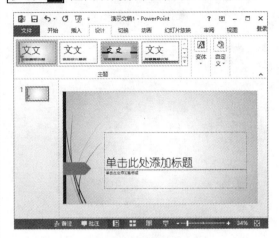

图 16-136　应用颜色

步骤 7 在【单击此处添加标题】文本框内输入"员工培训"，将字体设置为【华文行楷】，字号为 66，对齐方式设置为【居中】，然后选中文本框并拖动文本框调整其位置，如图 16-137 所示。

图 16-137　输入信息

步骤 8 为标题设置艺术字样式。选中文本框内的文字，单击【绘图工具】→【格式】选项卡下【艺术字样式】选项组中的【其他】按钮，从弹出下拉列表中选择【填充 - 蓝色，着色 3，锋利棱台】选项，如图 16-138 所示。

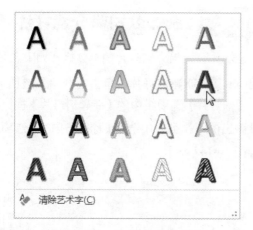

图 16-138　选择艺术字样式

步骤 9 应用后的效果如图 16-139 所示。

图 16-139　应用艺术字样式

步骤 10 在【单击此处添加副标题】文本框内输入此次主讲人的姓名，如这里输入"主讲人：刘经理"，然后选中文本框内的文字，设置字体为【微软雅黑】，字号为 28，并调整文本框的位置，使其与标题文本框相适应，如图 16-140 所示。

图 16-140　输入其他信息

步骤 11 为副标题文本框设置动画效果。单击【动画】选项卡下【动画】选项组中的【其他】按钮，从弹出的下拉列表中选择【翻转式由远及近】选项，如图 16-141 所示。

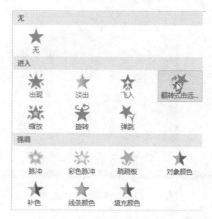

图 16-141　选择动画效果

步骤 12 设置【翻转式由远及近】动画效果的开始模式。单击【动画】选项卡下【计时】选项组中【开始】右侧的下拉按钮，从弹出的下拉列表中选择【单击时】选项，如图 16-142 所示。

图 16-142　设置动画开始条件

步骤 13 此时设置动画效果及开始模式的文本框前面会显示一个动画编号，如图 16-143 所示。

图 16-143　为"主讲人"添加动画

步骤 14 单击【动画】选项卡下【预览】选项组中的【预览】按钮，可以预览设置的动画效果，如图 16-144 所示。

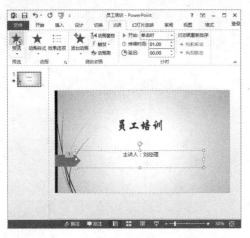

图 16-144　预览动画效果

步骤 15 设置当前幻灯片的切换效果。单击【切换】选项卡下【切换到此幻灯片】选项组中的【其他】按钮，从弹出的下拉列表中选择【华丽型】区域内的【悬挂】选项，如图 16-145 所示。

图 16-145　为幻灯片添加切换效果

步骤 16 单击【切换】选项卡下【预览】选项组中的【预览】按钮，可以预览设置的幻灯片切换效果，如图 16-146 所示。至此，就完成了员工培训 PPT 首页的制作。

图 16-146　预览切换效果

16.3.2　制作公司简介幻灯片

制作公司简介幻灯片的具体操作如下。

步骤 1 新建幻灯片。单击【开始】选项卡下【幻灯片】选项组中的【新建幻灯片】按钮，从弹出的下拉列表中选择【标题与内容】选项，如图 16-147 所示。

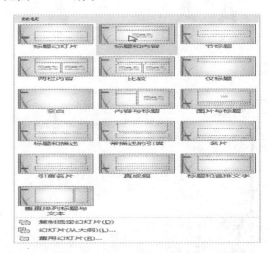

图 16-147　选择幻灯片版式

步骤 2 单击【插入】选项卡下【文本】选项组中的【艺术字】按钮，从弹出的下拉列表中选择【渐变填充 - 水绿色，着色 4，轮廓 - 着色 4】选项，如图 16-148 所示。

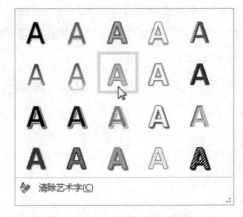

图 16-148　选择艺术字样式

步骤 3 选中【单击此处添加标题】文本框的边框，按 Delete 键删除文本框，并将插入的艺术字文本框拖到此位置，如图 16-149 所示。

图 16-149　插入艺术字文本框

步骤 4 在【请在此放置您的文字】文本框内输入"公司简介",如图 16-150 所示。

图 16-150　输入文本信息

步骤 5 在【单击此处添加文本】文本框内输入公司简介的具体内容,然后设置字体为【华文楷体】,字号为 18,如图 16-151 所示。

图 16-151　输入其他信息

步骤 6 设置行距。选中文本框内的文字,单击【开始】选项卡下【段落】选项组中的【段落】按钮,弹出【段落】对话框,如图 16-152 所示。

图 16-152　【段落】对话框

步骤 7 切换到【缩进和间距】选项卡,在【间距】区域内单击【行距】右侧的下拉按钮,从弹出的下拉列表中选择【多倍行距】选项,如图 16-153 所示。

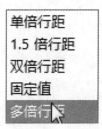

图 16-153　选择行距

步骤 8 在【间距】区域内的【设置值】文本框内自定义行距值,如这里将行距设置为 1.3,然后单击【确定】按钮,如图 16-154 所示。

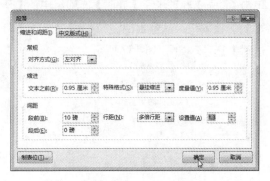

图 16-154　设置行距

步骤 9 行距设置后的效果如图 16-155 所示。

图 16-155　添加段落行距后的效果

步骤 10 设置文本框的动画效果。选中该文本框，单击【动画】选项卡下【动画】选项组中的【其他】按钮，从弹出的下拉列表中选择【进入】区域内的【弹跳】选项，如图 16-156 所示。

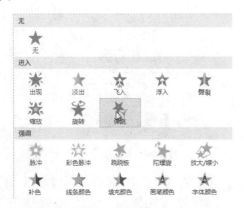

图 16-156　选择动画类型

步骤 11 设置【弹跳】动画效果的开始模式。单击【动画】选项卡下【计时】选项组中的【开始】下拉按钮，从弹出的下拉列表中选择【单击时】选项，如图 16-157 所示。

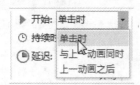

图 16-157　设置动画开始条件

步骤 12 设置幻灯片的切换效果。单击【切换】选项卡下【切换到此幻灯片】选项组中的【其他】按钮，从弹出的下拉列表中选择【华丽型】区域内的【剥离】选项，为幻灯片添加

切换效果，如图 16-158 所示。至此，就完成了公司简介幻灯片的制作。

图 16-158　为幻灯片添加切换效果

16.3.3　制作员工福利幻灯片

制作员工福利幻灯片的具体操作如下。

步骤 1 新建一张幻灯片。单击【开始】选项卡下【幻灯片】选项组中的【新建幻灯片】按钮，从弹出的下拉列表中选择【标题和内容】选项，如图 16-159 所示。

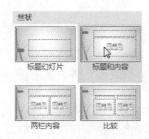

图 16-159　选择幻灯片的版式

步骤 2 在【单击此处添加标题】文本框内输入标题"员工福利"，然后使用格式刷将第二张幻灯片标题的格式应用到当前幻灯片的标题上，应用后的效果如图 16-160 所示。

图 16-160　输入标题

步骤 3 单击【单击此处添加文本】文本框内的【插入表格】按钮，如图 16-161 所示。

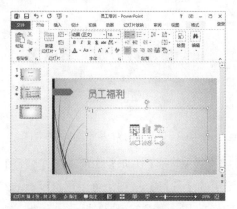

图 16-161　单击【插入表格】按钮

步骤 4 弹出【插入表格】对话框，在该对话框中可自定义行数和列数，如这里将表格设置为 7 行 2 列，然后单击【确定】按钮，如图 16-162 所示。

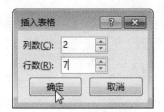

图 16-162　【插入表格】对话框

步骤 5 单击插入的表格，将鼠标指针放到表格右下角的边框上，当鼠标指针变为"双箭头"形状时，按住鼠标左键并拖动鼠标改变表格的大小，如图 16-163 所示。

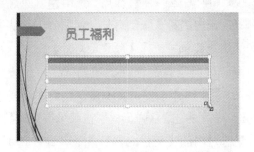

图 16-163　选择插入的表格

步骤 6 拖动中的部分效果如图 16-164 所示。

图 16-164　调整表格大小

步骤 7 改变列宽。将鼠标指针放在两列之间的分割线上，当鼠标指针变为 形状时可按住鼠标左键并拖动鼠标来改变列宽，如图 16-165 所示。

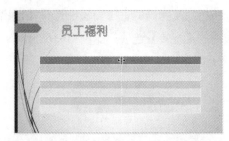

图 16-165　改变表格列宽

步骤 8 拖动中的效果如图 16-166 所示。

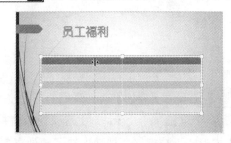

图 16-166　移动鼠标

步骤 9 改变行高与列宽之后，表格的最终效果如图 16-167 所示。

图 16-167　表格的最终效果

步骤 10 表格设置好后，在表格内输入向新员工介绍的相关福利内容，如图 16-168 所示。

图 16-168　输入表格内容

步骤 11 设置表格的动画效果。选中表格，单击【动画】选项卡下【动画】选项组中的【其他】按钮，从弹出的下拉列表中选择【退出】区域内的【旋转】选项，如图 16-169 所示。

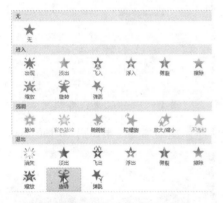

图 16-169　为表格添加动画

步骤 12 设置【旋转】动画效果的开始模式。单击【动画】选项卡下【计时】选项组中的【开始】右侧的下拉按钮，从弹出的下拉列表中选择【单击时】选项，如图 16-170 所示。

图 16-170　设置动画开始条件

步骤 13 设置幻灯片的切换效果。单击【切换】选项卡下【切换到此幻灯片】选项组中的【其他】按钮，从弹出的下拉列表中选择【动态内容】区域内的【摩天轮】选项，如图 16-171 所示。

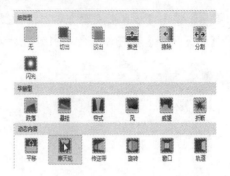

图 16-171　为幻灯片添加切换效果

步骤 14 单击【切换】选项卡下【预览】选项组中的【预览】按钮，可以预览设置的幻灯片切换效果，如图 16-172 所示。至此，就完成了员工福利幻灯片的制作。

图 16-172　预览切换效果

16.3.4　制作培训目的幻灯片

制作培训目的幻灯片的具体操作如下。

步骤 1 新建一张幻灯片。选中左侧幻灯片浏览区域内的第 3 张幻灯片，然后右击，从弹出的快捷菜单中选择【新建幻灯片】命令，如图 16-173 所示。

步骤 2 在左侧幻灯片浏览区域内选中新建的幻灯片，右击，从弹出的下拉菜单中选择【版式】区域内的【两栏内容】命令，如图 16-174 所示。

步骤 3 应用【两栏内容】版式后的幻灯片效果如图 16-175 所示。

图 16-173　选择【新建幻灯片】命令

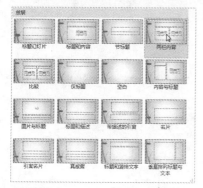

图 16-174　选择幻灯片版式

图 16-175　幻灯片效果

步骤 4 在【单击此处添加标题】文本框内输入标题"培训目的",然后使用格式刷将第三张幻灯片标题的格式应用到当前幻灯片的标题上,应用后的效果如图 16-176 所示。

图 16-176　输入标题

步骤 5 在左侧的【单击此处添加文本】文本框内输入培训目的的相关内容 1,然后选中文本内容,设置字体为【宋体】,字号为 18,如图 16-177 所示。

图 16-177　在左侧输入信息

步骤 6 在右侧的【单击此处添加文本】文本框内输入培训目的的相关内容 2,然后选中文本内容,设置字体为【宋体】,字号为 18,如图 16-178 所示。

图 16-178　在右侧输入信息

步骤 7 设置左侧文本框的动画效果。选中左侧的文本框,单击【动画】选项卡下【动画】选项组中的【其他】按钮,从弹出下拉列表中选择【进入】区域内的【飞入】选项,如图 16-179 所示。

图 16-179　选择动画效果

步骤 8 为左侧文本框的动画效果设置开始模式。单击【动画】选项卡下【计时】选项组中的【开始】右侧的下拉按钮，从弹出的下拉列表中选择【单击时】选项，如图 16-180 所示。

图 16-180　设置动画开始条件

步骤 9 设置右侧文本框的动画效果。选中右侧的文本框，单击【动画】选项卡下【动画】选项组中的【其他】按钮，从弹出下拉列表中选择【进入】区域内的【飞入】选项，如图 16-181 所示。

图 16-181　选择动画效果

步骤 10 为右侧文本框的动画效果设置开始模式。单击【动画】选项卡下【计时】选项组中【开始】右侧的下拉按钮，从弹出的下拉列表中选择【单击时】选项，如图 16-182 所示。

图 16-182　设置动画开始条件

步骤 11 设置幻灯片切换效果。单击【切换】选项卡下【切换到此幻灯片】选项组中的【其他】按钮，从弹出的下拉列表中选择【华丽型】区域内的【切换】选项，如图 16-183 所示。

步骤 12 单击【切换】选项卡下【预览】选项组中的【预览】按钮，可以预览设置的幻灯

片切换效果，如图 16-184 所示。至此，就完成了培训目的幻灯片的制作。

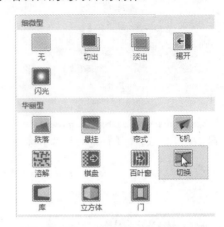

图 16-183　选择幻灯片切换效果

图 16-184　最终的显示效果

16.3.5　制作培训准则幻灯片

制作培训准则幻灯片的具体操作如下。

步骤 1 新建一张幻灯片，并设置为【标题与内容】版式，如图 16-185 所示。

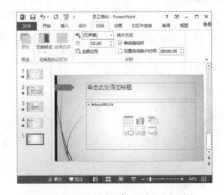

图 16-185　新建一个幻灯片

步骤 2 在【单击此处添加标题】文本框内输入标题"培训准则"，然后使用格式刷将第四张幻灯片标题的格式应用到当前幻灯片的标题上，应用后的效果如图 16-186 所示。

图 16-186　输入标题

步骤 3 在【单击此处添加文本】文本框内输入培训准则的相关内容，然后选中文本内容，设置字体为【宋体】，字号为 20，如图 16-187 所示。

图 16-187　输入培训准则内容

步骤 4 选中添加文本内容的文本框，为其设置动画效果，并将开始模式设置为【单击时】。单击【动画】选项卡下【动画】选项组中的【其他】按钮，从弹出的下拉列表中选择【退出】区域内的【缩放】选项，如图 16-188 所示。

图 16-188　选择动画效果

步骤 5 单击【动画】选项卡下【预览】选项组中的【预览】按钮，可预览设置的动画效果，如图 16-189 所示。

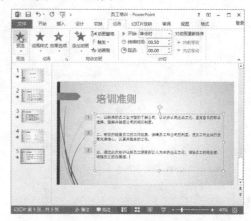

图 16-189　预览动画效果

步骤 6 设置当前幻灯片的切换效果。单击【切换】选项卡下【切换到此幻灯片】选项组中的【其他】按钮，从弹出的下拉列表中选择【华丽型】区域内的【翻转】选项，至此，就完成了培训准则幻灯片的制作，如图 16-190 所示。

图 16-190　设置幻灯片切换效果

16.3.6　制作培训过程幻灯片

制作培训过程幻灯片的具体操作如下。

步骤 1 新建一张幻灯片，将其设置为【标题与内容】版式，如图 16-191 所示。

步骤 2 在【单击此处添加标题】文本框内输入标题"培训过程"，然后使用格式刷将第五张幻灯片标题的格式应用到当前幻灯片的标题上，应用后的效果如图 16-192 所示。

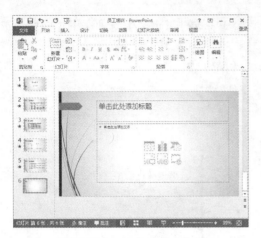

图 16-191　新建一张幻灯片

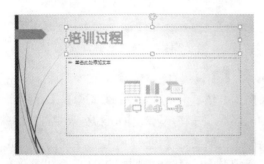

图 16-192　输入标题

步骤 3　单击【单击此处添加文本】文本框内的【插入 SmartArt 图形】按钮，如图 16-193 所示。

图 16-193　单击【Smart Art 图形】按钮

步骤 4　弹出【选择 SmartArt 图形】对话框，在左侧列表中选择【流程】选项，从打开的界面中选择【连续块状流程】选项，如图 16-194 所示。

步骤 5　单击【确定】按钮，将 SmartArt 图形插入到幻灯片中，如图 16-195 所示。

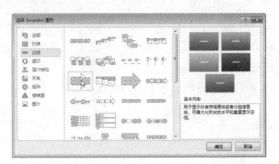

图 16-194　【选择 Smart Art 图形】对话框

图 16-195　插入 SmartArt 图形

步骤 6　选中插入到幻灯片中的 SmartArt 图形，单击【绘图工具】→【设计】选项卡下【SmartArt 样式】选项组中的【其他】按钮，从弹出的下拉列表中选择【强烈效果】选项，如图 16-196 所示。

图 16-196　设置图形样式

步骤 7　在 SmartArt 图形中的文本框内输入培训流程相关文字，如图 16-197 所示。

图 16-197　输入文本信息

步骤 8 选中 SmartArt 图形，单击【动画】选项卡下【动画】选项组中的【其他】按钮，从弹出下拉列表中选择【强调】区域内的【陀螺旋】选项，如图 16-198 所示。

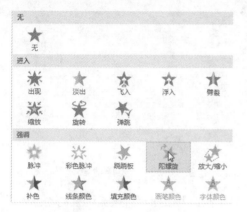

图 16-198　选择动画效果

步骤 9 单击【动画】选项卡下【预览】选项组中的【预览】按钮，可预览设置的动画效果，如图 16-199 所示。

图 16-199　预览动画效果

步骤 10 设置幻灯片的切换效果。单击【切换】选项卡下【切换到此幻灯片】选项组中的【其他】按钮，从弹出的下拉列表中选择【华丽型】区域内的【页面卷曲】选项，如图 16-200 所示。至此，就完成了培训过程幻灯片的制作。

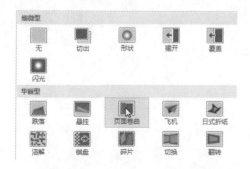

图 16-200　设置幻灯片切换效果

16.3.7　制作结束页幻灯片

制作结束页的具体操作如下。

步骤 1 新建一张幻灯片，将其设置为【空白】版式，如图 16-201 所示。

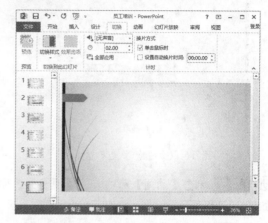

图 16-201　新建一张幻灯片

步骤 2 单击【插入】选项卡下【文本】选项组中的【艺术字】按钮，从弹出的下拉列表中选择【填充 - 水绿色，着色 4，软棱台】选项，如图 16-202 所示。

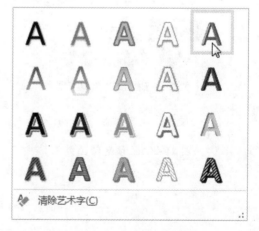

图 16-202　选择艺术字样式

步骤 3 在【请在此放置您的文字】文本框内输入文本内容，如这里输入"谢谢观看"，设置字体为【华文琥珀】，字号为 100，如图 16-203 所示。

步骤 4 选中文本框，单击【动画】选项卡下【动画】选项组中的【其他】按钮，从弹出的下拉列表中选择【强调】区域内的【放大 / 缩小】选项，如图 16-204 所示。

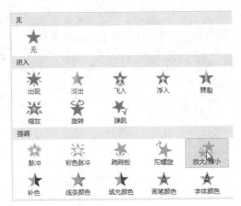

图 16-203　输入文本信息　　　　　　　　　　图 16-204　选择动画效果

步骤 5 单击【动画】选项卡下【预览】选项组中的【预览】按钮，可预览设置的动画效果，如图 16-205 所示。

步骤 6 设置幻灯片的切换效果。单击【切换】选项卡下【切换到此幻灯片】选项组中的【其他】按钮，从弹出的下拉列表中选择【华丽型】区域内的【日式折纸】选项，至此，就完成了结束页幻灯片的制作，如图 16-206 所示。

图 16-205　预览动画效果　　　　　　　　　　图 16-206　添加幻灯片切换效果

第 5 篇

高手办公秘籍

　　高效办公正是被各个公司所追逐的目标和要求，也是对电脑办公人员最基本的技能要求。本篇将学习和探讨 Word、Excel 和 PowerPoint 各个组件如何配合工作的知识、现代网络高效办公应用。

△ 第 17 章　Word、Excel 和 PowerPoint 之间协作办公

△ 第 18 章　现代网络高效办公应用

第 17 章

Word、Excel 和 PowerPoint 之间 协作办公

● **本章导读：**

Office 组件之间的协同办公主要包括 Word 与 Excel 之间的协作、Word 与 PowerPoint 之间的协作、Excel 与 PowerPoint 之间的协作以及 Outlook 与其他组件之间的协作等。

● **学习目标：**

◎ 掌握 Word 与 Excel 之间的协作技巧与方法
◎ 掌握 Word 与 PowerPoint 之间的协作技巧与方法
◎ 掌握 Excel 与 PowerPoint 之间的协作技巧与方法
◎ 掌握 Outlook 与其他组件之间的协作关系

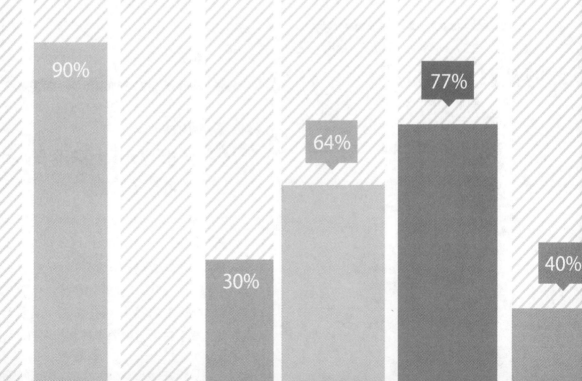

17.1 Word与Excel之间的协作

　　Word 与 Excel 都是现代化办公所必不可少的工具，熟练掌握 Word 与 Excel 的协同办公技能可以说是每个办公人员所必需的。

17.1.1 在 Word 文档中创建 Excel 工作表

　　在 Office 2013 的 Word 组件中提供了创建 Excel 工作表的功能，这样就可以直接在 Word 中创建 Excel 工作表，而不用在两款软件之间来回切换进行工作了。

　　在 Word 文档中创建 Excel 工作表的具体操作步骤如下。

步骤 1 在 Word 2013 的工作界面中切换到【插入】选项卡，在打开的功能界面中单击【文本】选项组中的【对象】按钮，如图 17-1 所示。

图 17-1　单击【对象】按钮

步骤 2 弹出【对象】对话框，在【对象类型】列表框中选择【Microsoft Excel 工作表】选项，如图 17-2 所示。

图 17-2　【对象】对话框

步骤 3 单击【确定】按钮，文档中就会出现 Excel 工作表的状态，同时当前窗口最上方的功能区显示的是 Excel 软件的功能区，然后直接在工作表中输入需要的数据即可，如图 17-3 所示。

图 17-3　在 Word 中创建 Excel

17.1.2 在 Word 中调用 Excel 工作表

　　除了可以在 Word 中创建 Excel 工作表之外，还可以在 Word 中调用已经创建好的工作表，具体的操作步骤如下。

步骤 1 打开 Word 软件，在其工作界面中切换到【插入】选项卡，在打开的功能界面中单击【文本】选项组中的【对象】按钮，弹出

【对象】对话框，切换到【由文件创建】选项卡，如图 17-4 所示。

步骤 2　单击【浏览】按钮，在弹出的【浏览】对话框中选择需要插入的 Excel 文件，这里选择随书光盘中的"素材 \ch17\ 销售统计表 .xlsx"文件，单击【插入】按钮，如图 17-5 所示。

图 17-4　【由文件创建】选项卡

图 17-5　【浏览】对话框

步骤 3　返回到【对象】对话框，如图 17-6 所示。

步骤 4　单击【确定】按钮，即可将 Excel 工作表插入 Word 文档中，如图 17-7 所示。

图 17-6　【对象】对话框

图 17-7　在 Word 中调用 Excel 工作表

17.1.3　在 Word 文档中编辑 Excel 工作表

在 Word 中除了可以创建和调用 Excel 工作表之外，还可以对创建或调用的 Excel 工作表进行编辑操作。具体的操作步骤如下。

步骤 1　参照调用 Excel 工作表的方法在 Word 中插入一个需要编辑的工作表，如图 17-8 所示。

步骤 2　修改姓名为王艳的销售数量，如将"38"修改为"42"，这时就可以双击插入的工作表，进入工作表编辑状态，然后选择"38"所在的单元格并选中文字，在其中直接输入"42"即可，如图 17-9 所示。

图 17-8　打开要编辑的 Excel 工作表　　　　图 17-9　修改表格中的数据

> **提示**　参照相同的方法可以编辑工作表中其他单元格的数值。

17.2　Word与PowerPoint之间的协作

Word 与 PowerPoint 之间也可以协同办公，将 PowerPoint 演示文稿制作成 Word 文档的方法有两种：一种是在 Word 状态下将演示文稿导入到 Word 文档中；另一种是将演示文稿发送到 Word 文档中。

17.2.1　在 Word 文档中创建 PowerPoint 演示文稿

在 Word 文档中创建 PowerPoint 演示文稿的具体操作步骤如下。

步骤 1　打开 Word 软件，在其工作界面中切换到【插入】选项卡，在打开的功能界面中单击【文本】选项组中的【对象】按钮，弹出【对象】对话框，在【新建】选项卡中选择【Microsoft PowerPoint 幻灯片】选项，如图 17-10 所示。

步骤 2　单击【确定】按钮，即可在 Word 文档中添加一个幻灯片，如图 17-11 所示。

图 17-10　【对象】对话框

图 17-11　在 Word 中创建幻灯片

步骤 3 在【单击此处添加标题】占位符中输入标题信息，如输入"产品介绍报告"，如图 17-12 所示。

图 17-12　输入标题信息

步骤 4 在【单击此处添加副标题】占位符中输入幻灯片的副标题，如这里输入"——蜂蜜系列产品"，如图 17-13 所示。

图 17-13　输入副标题信息

步骤 5 右击创建的幻灯片，在弹出的快捷菜单中选择【设置背景格式】命令，如图 17-14 所示。

图 17-14　选择【设置背景格式】命令

步骤 6 打开【设置背景格式】对话框，在其中将填充颜色设置为蓝色，如图 17-15 所示。

图 17-15　选择蓝色填充颜色

步骤 7 单击【关闭】按钮，返回到 Word 文档中，即可看到设置之后的幻灯片背景，如图 17-16 所示。

图 17-16　添加的幻灯片背景颜色

步骤 8 选中该幻灯片的边框，当鼠标变为双向箭头时，按下鼠标左键不放，拖曳鼠标可以调整幻灯片的大小，如图 17-17 所示。

图 17-17　改变幻灯片的大小

17.2.2 在 Word 文档中添加 PowerPoint 演示文稿

当在 PowerPoint 中创建好演示文稿之后，用户除了可以在 PowerPoint 中进行编辑和放映外，还可以将 PowerPoint 演示文稿插入到 Word 软件中进行编辑及放映，具体的操作步骤如下。

步骤 1 打开 Word 软件，单击【插入】选项卡下【文本】选项组中的【对象】按钮，在弹出的【对象】对话框中切换到【由文件创建】选项卡，单击【浏览】按钮，如图 17-18 所示。

步骤 2 打开【浏览】对话框，在其中选择需要插入的 PowerPoint 文件，这里选择随书光盘中的"素材 \ch17\ 电子相册 .pptx"文件，然后单击【插入】按钮，如图 17-19 所示。

图 17-18 【对象】对话框

图 17-19 【浏览】对话框

步骤 3 返回到【对象】对话框，如图 17-20 所示。

步骤 4 单击【确定】按钮，即可在文档中插入所选的演示文稿，如图 17-21 所示。

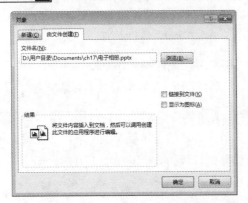

图 17-20 【对象】对话框

图 17-21 在 Word 中调用演示文稿

17.2.3 在 Word 中编辑 PowerPoint 演示文稿

插入到 Word 文档中的 PowerPoint 幻灯片作为一个对象，也可以像其他对象一样进行调整大小或者移动位置等操作。

在 Word 中编辑 PowerPoint 演示文稿的具体操作步骤如下。

步骤 1 参照上述在 Word 文档中添加 PowerPoint 演示文稿的方法，将需要在 Word 中编辑的 PowerPoint 演示文稿添加到 Word 文档中，如图 17-22 所示。

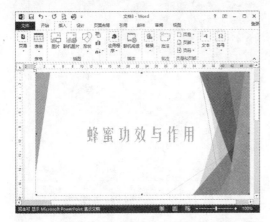

图 17-22　在 Word 中调用需要编辑的演示文稿

步骤 2 双击插入的幻灯片对象，或者在该对象上右击，然后在弹出的快捷菜单中选择【"演示文稿"对象】→【显示】命令，如图 17-23 所示。

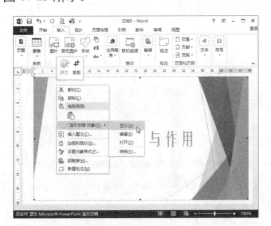

图 17-23　选择【显示】命令

步骤 3 即可进入幻灯片的放映视图开始放映幻灯片，如图 17-24 所示。

步骤 4 在插入的幻灯片对象上右击，在弹出的快捷菜单中选择【"演示文稿"对象】→【打开】命令，如图 17-25 所示。

图 17-24　放映幻灯片

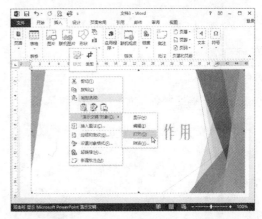

图 17-25　选择【打开】命令

步骤 5 弹出 PowerPoint 程序窗口，进入该演示文稿的编辑状态，如图 17-26 所示。

图 17-26　进入幻灯片编辑状态

步骤 6 右击插入的幻灯片，在弹出的快捷菜单中选择【"演示文稿"对象】→【编辑】命令，如图 17-27 所示。

图 17-27　选择【编辑】命令

步骤 7 则可在 Word 中显示 PowerPoint 程序的菜单栏和工具栏等，通过这些工具可以对幻灯片进行编辑操作，如图 17-28 所示。

图 17-28　开始编辑

步骤 8 右击插入的幻灯片，在弹出的快捷菜单选择【边框和底纹】命令，如图 17-29 所示。

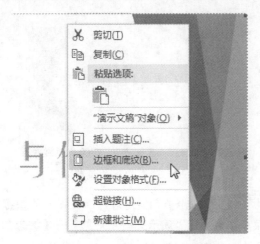

图 17-29　选择【边框和底纹】命令

步骤 9 打开【边框】对话框，在【边框】选项卡的【设置】列表框中选择【方框】选项，如图 17-30 所示。

图 17-30　【边框】选项卡

步骤 10 设置完成后单击【确定】按钮，返回到 Word 文档中，即可看到为幻灯片添加的方框效果，如图 17-31 所示。

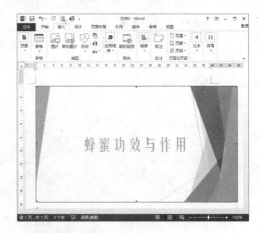

图 17-31　添加的边框效果

步骤 11 右击插入的幻灯片，在弹出的快捷菜单中选择【设置对象格式】命令，如图 17-32 所示。

步骤 12 打开【设置对象格式】对话框，切换到【版式】选项卡，然后在【环绕方式】选项组中设置该对象的文字环绕方式，最后单击【确定】按钮，如图 17-33 所示。

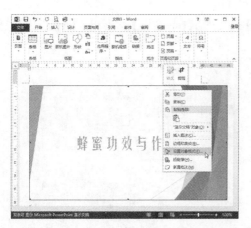

图 17-32　选择【设置对象格式】选项

图 17-33　【设置对象格式】对话框

17.3　Excel与PowerPoint之间的协作

除了 Word 与 Excel、Word 与 PowerPoint 之间存在着相互的协同办公关系外，Excel 与 PowerPoint 之间也存在着信息的相互共享与调用关系。

17.3.1　在 PowerPoint 中调用 Excel 工作表

在使用 PowerPoint 进行放映讲解的过程中，用户可以直接将制作好的 Excel 工作表调用到 PowerPoint 软件中进行放映，具体操作步骤如下。

步骤 1　打开随书光盘中的"素材 \ch17\ 学院人员统计表 .xlsx"文件，如图 17-34 所示。

步骤 2　将需要复制的数据区域选中，然后右击，在弹出的快捷菜单中选择【复制】命令，如图 17-35 所示。

图 17-34　打开素材文件　　　　　　　　图 17-35　选择【复制】命令

步骤 3 切换到 PowerPoint 软件中，单击【开始】选项卡下【剪贴板】选项组中的【粘贴】按钮，如图 17-36 所示。

步骤 4 最终效果如图 17-37 所示。

图 17-36　单击【粘贴】按钮

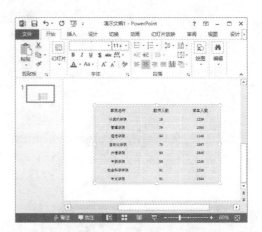

图 17-37　粘贴工作表

17.3.2　在 PowerPoint 中调用 Excel 图表

用户也可以在 PowerPoint 中播放 Excel 图表，将 Excel 图表复制到 PowerPoint 中的具体操作步骤如下。

步骤 1 打开随书光盘中的"素材 \ch17\ 图表 .xlsx"文件，如图 17-38 所示。

步骤 2 选中要复制的图表，然后右击，在弹出的快捷菜单中选择【复制】命令，复制图表，如图 17-39 所示。

图 17-38　打开素材文件

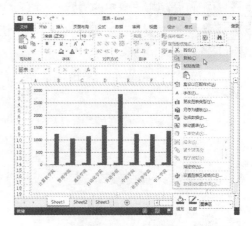

图 17-39　复制图表

步骤 3 切换到 PowerPoint 软件中，单击【开始】选项卡下【剪贴板】选项组中的【粘贴】按钮，如图 17-40 所示。

步骤 4 最终效果如图 17-41 所示。

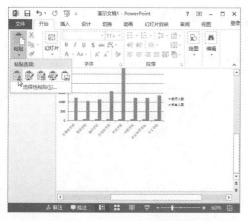

图 17-40　单击【粘贴】按钮

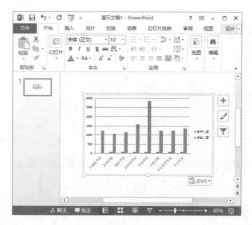

图 17-41　粘贴图表

17.4　高效办公技能实战

17.4.1　高效办公技能 1——使用 Word 和 Excel 组合逐个打印工资表

本实例介绍如何使用 Word 和 Excel 组合逐个打印工资表。作为公司财务人员，能够熟练并快速打印工资表是一项基本技能，首先需要将所有员工的工资都输入到 Excel 中进行计算，然后就可以使用 Word 与 Excel 的联合功能制作每一位员工的工资条，最后打印即可。具体的操作步骤如下。

步骤 1　打开随书光盘中的"素材 \ch17\ 工资表 .xlsx"文件，如图 17-42 所示。

步骤 2　新建一个 Word，并按"工资表 .xlsx"文件格式创建表格，如图 17-43 所示。

图 17-42　打开素材文件

图 17-43　创建表格

步骤 3　选择 Word 文档中的【邮件】选项卡下【开始邮件合并】选项组中的【开始邮件合并】按钮，在弹出的下拉菜单中选择【邮件合并分布向导】命令，如图 17-44 所示。

图 17-44　选择【邮件合并分步向导】命令

步骤 **4** 在窗口的右侧弹出【邮件合并】对话框，选择文档类型为【信函】，如图 17-45 所示。

图 17-45　【邮件合并】对话框

步骤 **5** 单击【下一步：开始文档】选项，进入邮件合并第 2 步，保持默认设置，如图 17-46 所示。

图 17-46　邮件合并第 2 步

步骤 **6** 单击【下一步：选择收件人】选项，在打开的界面中单击【浏览】超链接，如图 17-47 所示。

图 17-47　邮件合并第 3 步

步骤 **7** 打开【选取数据源】对话框，选择随书光盘中的"素材 \ch17\ 工资表 .xlsx"文件，如图 17-48 所示。

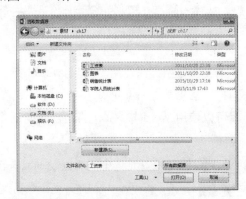

图 17-48　【选取数据源】对话框

步骤 **8** 单击【打开】按钮，弹出【选择表格】对话框，选择步骤 1 所打开的工作表，如图 17-49 所示。

图 17-49　【选择表格】对话框

步骤 9 单击【确定】按钮，弹出【邮件合并收件人】对话框，保持默认，单击【确定】按钮，如图 17-50 所示。

图 17-50　【邮件合并收件人】对话框

步骤 10 返回到【邮件合并】对话框，连续单击【下一步】选项直至最后一步，如图 17-51 所示。

图 17-51　邮件合并第 3 步

步骤 11 单击【邮件】选项卡下【编写和插入域】选项组中的【插入合并域】按钮，在弹出的下拉菜单中选择【姓名】选项，如图 17-52 所示。

图 17-52　选择【姓名】选项

步骤 12 根据表格标题设计，依次将第 1 条"工资表 .xlsx"文件中的数据填充至表格中，如图 17-53 所示。

图 17-53　插入合并域的其他内容

步骤 13 单击【邮件合并】对话框中的【编辑单个信函】超链接，如图 17-54 所示。

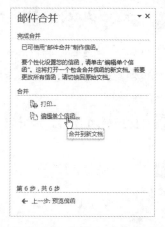

图 17-54　邮件合并第 6 步

步骤 14 打开【合并到新文档】对话框，选中【全部】单选按钮，如图 17-55 所示。

图 17-55　【合并到新文档】对话框

步骤 15 单击【确定】按钮，将新生成一个信函文档，该文档中对每一个员工的工资分页显示，如图 17-56 所示。

步骤 16 删除文档中的分页符号，将员工工资条放置在一页当中，然后就可以保存并打印工资条了，如图 17-57 所示。

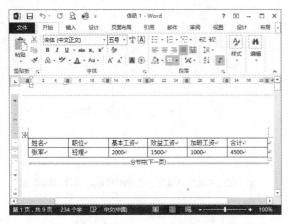

图 17-56　生成信函文件

图 17-57　保存工资条

17.4.2　高效办公技能 2——Outlook 与其他组件之间的协作

使用 Word 可以查看、编辑和编写电子邮件，其中，Outlook 与 Word 之间最常用的是使用 Outlook 通讯簿查找地址，两者关系非常紧密。在 Word 中查找 Outlook 通讯簿的具体操作步骤如下。

步骤 1 打开 Word 软件，单击【邮件】选项卡下【创建】选项组中的【信封】按钮，如图 17-58 所示。

步骤 2 打开【信封和标签】对话框，可以在【收信人地址】文本框中输入对方的邮件地址，如图 17-59 所示。

图 17-58　单击【信封】按钮

图 17-59　【信封和标签】对话框

> **提示** 用户还可以在【信封和标签】对话框中单击【通讯簿】按钮，从 Outlook 中查找对方的邮箱地址。

17.5　课后练习疑难解答

疑问 1：在 Excel 2013 工作表中导入外部数据时，由于数据信息比较长，在导入到 Excel 工作表中后会显示不出全部的文字或数值信息，那么如何才能调整 Excel 的列宽以显示全部的数据信息呢？

答：首先将光标放在需要调整宽度的列的列标志符（A、B、C…）的右边框处，当光标变成一个两边都带箭头的形状后，左右拖动光标，即可改变该列的列宽。除了上述方法外，还可以在列标志符上右击，从弹出的快捷菜单中选择【列宽】命令，即可打开【列宽】对话框，在其中的文本框中输入想要设置的列宽数值，最后单击【确定】按钮，即可将显示不完全的数据信息全部显示出来。同时，还可以用类似的方法来设置工作表的行高。

疑问 2：在制作公司员工的工资条时，由于公司的员工很多，为了避免出现差错，则需要将已经制作好的工资条隐藏起来，那么如何隐藏这些工资条呢？

答：隐藏工资条的操作很简单，首先需要选中已经制作好的工资条所在的行和列，然后右击，从弹出的快捷菜单中选择【隐藏】命令或在 Excel 工作界面中单击【视图】→【隐藏】命令即可。制作完毕后，如果想要取消隐藏，则可以使用相同的方法，在打开的菜单项中选择【取消隐藏】命令即可。

第 **18** 章

现代网络高效
办公应用

● **本章导读：**

作为办公室人员，需要充分使用网络上的资源，通过资源共享发挥资源的最大作用，从而给工作和生活带来更大的方便，有效地提高工作效率。

● **学习目标：**

◎ 掌握共享局域网资源的方法

◎ 掌握共享打印机的方法

◎ 掌握在局域网中传输数据的方法

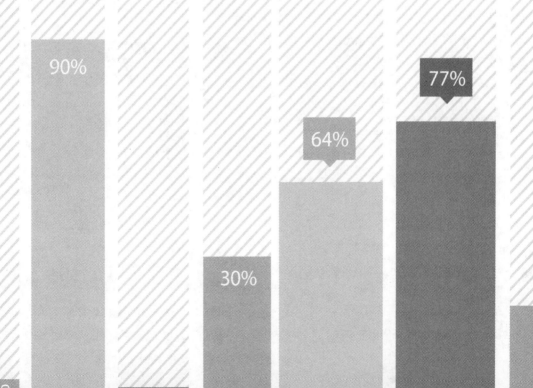

18.1 共享局域网资源

实现网络化协同办公的首要任务就是实现局域网内资源的共享，这个共享包括磁盘的共享、文件夹的共享、打印机的共享以及网络资源的共享等。

18.1.1 启用网络发现和文件共享

启用网络发现和文件共享功能可以轻松实现网络的共享。下面以在员工电脑上启用网络发现和文件共享为例进行讲解，具体操作步骤如下。

步骤 1 双击桌面上的【网络】图标，打开【网络】窗口，在其中提示用户网络发现和文件共享已经关闭，如图 18-1 所示。

图 18-1 【网络】窗口

步骤 2 单击其中的提示信息，弹出其下列列表，在其中选择【启用网络发现和文件共享】选项，如图 18-2 所示。

图 18-2 选择【启用网络发现和文件共享】选项

步骤 3 弹出【网络发现和文件共享】对话

框，在其中选择【是，启用所有公用网络的网络发现和文件共享】选项，如图 18-3 所示。

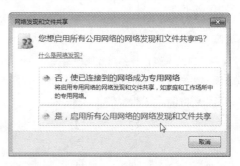

图 18-3 【网络发现和文件共享】对话框

步骤 4 返回到【网络】窗口，在其中可以看到已经共享的计算机和网络设备，如图 18-4 所示。

图 18-4 【网络】窗口

18.1.2 共享公用文件夹

在安装好 Windows 7 操作系统之后，系统会自动创建一个公用文件夹，存放在库当中。要想共享公用文件夹，用户可以通过高级共享设置来完成，具体的操作步骤如下。

步骤 1 右击桌面上的【网络】图标，在弹出的快捷菜单中选择【属性】命令，打开【网络和共享中心】窗口，单击【更改高级共享设置】超链接，如图18-5所示。

图18-5 【网络和共享中心】窗口

步骤 2 弹出【高级共享设置】窗口，选中【启用共享以便可以访问网络的用户可以读取和写入公用文件夹中的文件】单选按钮，如图18-6所示。

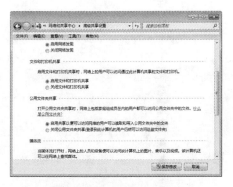

图18-6 设置相关参数

步骤 3 击【保存修改】按钮，即可完成公用文件夹的共享操作。

18.1.3 共享任意文件夹

任意文件夹可以在网络上共享，而文件不可以，所以用户如果想共享某个文件，需要将

其放到文件夹中。共享任意文件夹的具体操作步骤如下。

步骤 1 选择需要共享的文件夹，右击并在弹出的快捷菜单中选择【属性】命令，如图18-7所示。

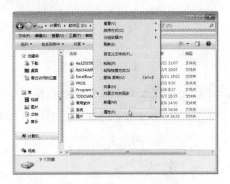

图18-7 选择【属性】命令

步骤 2 弹出【图片 属性】对话框，切换到【共享】选项卡，单击【共享】按钮，如图18-8所示。

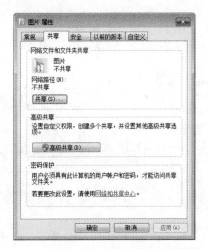

图18-8 【共享】选项卡

步骤 3 弹出【文件共享】对话框，单击【添加】左侧的下拉按钮，从弹出的列表中选择要与其共享的用户，本实例选择每一个用户Everyone选项，如图18-9所示。

步骤 4 单击【添加】按钮，即可将与其共享的用户添加到下方的用户列表中，如图18-10所示。

图 18-9 【文件共享】对话框

图 18-10 添加共享用户

步骤 5 单击【共享】按钮，即可将选中的文件夹与任何一个人共享，如图 18-11 所示。

步骤 6 单击【完成】按钮，即可将文件夹设为共享文件夹，如图 18-12 所示。

图 18-11 选中要共享的文件夹

图 18-12 共享文件夹

18.2 共享打印机

通常情况下，办公室中打印机的数量是有限的，所以共享打印机显得尤为重要。

18.2.1 将打印机设为共享设备

要想访问共享打印机，用户首先要将服务器上的打印机设为共享设备，具体操作步骤如下。

步骤 1 单击【开始】按钮，在弹出的【开始】菜单中选择【设备和打印机】命令，如图 18-13 所示。

步骤 2 弹出【设备和打印机】窗口，选择需要共享的打印机并右击，在弹出的快捷菜单中选择【打印机属性】命令，如图 18-14 所示。

图 18-13 选择【设备和打印机】命令

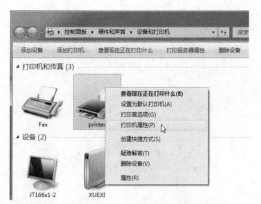

图 18-14　【设备和打印机】窗口

步骤 3 弹出【Printer 属性】对话框，切换到【共享】选项卡，然后选中【共享这台打印机】复选框，在【共享名】文本框中输入名称"Printer"，选中【在客户端计算机上呈现打印作业】复选框，如图 18-15 所示。

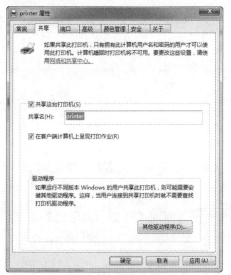

图 18-15　【共享】选项卡

步骤 4 切换到【安全】选项卡，在【组或用户名】列表框中选择 Everyone 选项，然后在【Everyone 的权限】列表框中选中【打印】后的【允许】复选框，单击【确定】按钮，即可实现其他用户访问共享打印机的功能，如图 18-16 所示。

步骤 5 返回到【设备和打印机】窗口中，选择共享的打印机上有了共享的图标，如图 18-17 所示。

图 18-16　【安全】选项卡

图 18-17　共享打印机

18.2.2　访问共享的打印机

打印机设备共享后，网络中的其他用户就可以访问共享打印机。访问共享打印机的具体操作步骤如下。

步骤 1 单击【开始】按钮，从弹出的菜单中选择【设备和打印机】命令，打开【设备和打印机】窗口，如图 18-18 所示。

图 18-18　【设备和打印机】窗口

步骤 2 单击【添加打印机】按钮，打开【添加打印机】对话框，如图 18-19 所示。

图 18-19 【添加打印机】对话框

步骤 3 选择【添加网络、无线或 Bluetooth 打印机】选项，如图 18-20 所示。

图 18-20 选择打印机类型

步骤 4 弹出【正在搜索可用的打印机】界面，在【打印机名称】列表中选择搜索到的打印机，单击【下一步】按钮，如图 18-21 所示。

图 18-21 搜索可用的打印机

步骤 5 弹出【已成功添加 printer】界面，在【打印机名称】文本框中输入名称"printer"，

单击【下一步】按钮，如图 18-22 所示。

图 18-22 输入打印机的名称

步骤 6 弹出【您已经成功添加 printer】界面，选中【设置默认打印机】复选框，单击【完成】按钮，如图 18-23 所示。

图 18-23 成功添加打印机

步骤 7 返回到【设备和打印机】窗口，即可看到局域网中的共享打印机 printer 已成功添加并被设为当前计算机的默认打印机，如图 18-24 所示。

图 18-24 成功添加默认打印机

18.3 使用局域网传输工具传输文件

局域网传输工具有多种，常用的就是飞鸽传书。下面就以飞鸽传书为例，来介绍使用局域网传输工具传输文件的具体操作步骤。

步骤 1 双击飞鸽传书可执行文件，即可打开如图 18-25 所示的对话框。

步骤 2 选中需要传输给文件的局域网用户并右击，在弹出的快捷菜单中选择【传送文件】命令，如图 18-26 所示。

图 18-25　飞鸽传书工作界面

图 18-26　选择【传送文件】命令

步骤 3 弹出【添加文件】对话框，在其中选择要传输的文件，如图 18-27 所示。

步骤 4 单击【打开】按钮，即可返回到【飞鸽传书 IP Messenger（VV 纪念版）】对话框中，在其中可以看到添加的文件，选择要传送的用户，这里选择姓名为 "yingda" 的用户，如图 18-28 所示。

图 18-27　选择要传送的文件

图 18-28　选择要传送的用户

步骤 5 单击【发送】按钮，即可将文件传输给对方。

18.4 高效办公技能实战

18.4.1 高效办公技能 1——将同一部门的员工设为相同的工作组

本实例将介绍如何将同一部门的员工设为相同的工作组。如果电脑不在同一个组，用户访问共享文件夹时会提示 "Windows 无法访问" 的信息，从而导致访问失败，如图 18-29 所示。

图 18-29 【网络错误】对话框

将电脑设为同一个组的具体操作步骤如下。

步骤 1 右击桌面上的【计算机】图标，在弹出的快捷菜单中选择【属性】命令，如图 18-30 所示。

图 18-30 选择【属性】命令

步骤 2 弹出【系统】窗口，单击【更改设置】按钮，如图 18-31 所示。

图 18-31 【系统】窗口

步骤 3 弹出【系统属性】对话框，切换到【计算机名】选项卡，单击【更改】按钮，如图 18-32 所示。

图 18-32 【系统属性】对话框

步骤 4 弹出【计算机名/域更改】对话框，在【工作组】下的文本框中输入相同的名称，单击【确定】按钮，如图 18-33 所示。

图 18-33 更改计算机名称

18.4.2 高效办公技能2——让其他员工访问自己的电脑

本实例将介绍如何使局域网中的用户访问自己的计算机，具体操作步骤如下。

步骤 1 单击【开始】按钮，在弹出的【开始】菜单中选择【所有程序】→【附件】→【运行】命令，如图 18-34 所示。

步骤 2 弹出【运行】对话框，在【打开】文本框中输入"gpedit.msc"命令，单击【确定】按钮，如图 18-35 所示。

图 18-34　选择【运行】命令

图 18-35　选择【运行】命令

步骤 **3** 弹出【本地组策略编辑器】对话框，在左窗格中选择【本地计算机 策略】→【计算机配置】→【Windows 设置】→【安全设置】→【本地策略】→【用户权限分配】选项，如图 18-36 所示。

图 18-36　【本地组策略编辑器】窗口

步骤 **4** 在右窗格中选择【拒绝从网络访问这台计算机】选项，右击并在弹出的快捷菜单中选择【属性】命令，如图 18-37 所示。

步骤 **5** 弹出【拒绝从网络访问这台计算机 属性】对话框，切换到【本地安全设置】选项卡，然后选择 Guest 选项，单击【删除】按钮，单击【确定】按钮即可完成设置，如图 18-38 所示。

图 18-37　选择【属性】命令

图 18-38　【本地安全设置】选项卡

18.5　课后练习疑难解答

疑问 1：在局域网中传输文件之前，需要将文件进行压缩，这是为什么？

答：因为经过压缩的文件有效地减少了文件的字节数，从而可以节省上传和下载的传输时间。

疑问 2：为什么有时打开局域网共享文件夹中的工作簿后，却不能改写里面的相应数据呢？

答：局域网中的共享文件夹，应为其他用户可更改模式，否则其中的工作簿将为只读形式，用户只能读取却不能对其进行更改。